고대인들이 펼쳐낸 무한한 상상 속 세계로의 여행

고본 산해경 도설 하

마창의(馬昌儀) 지음 / 조현주 옮김

深目國

다른생각

국립중앙도서관 출판시도서목록(CIP)

고본 산해경 도설, 하 / 지은이: 마창의 ; 옮긴이: 조현주
. -- 서울 : 다른생각, 2013
      p. ;   cm

원표제: 古本 山海經 圖說 . 下
원저자명: 馬昌儀
중국어 원작을 한국어로 번역
ISBN 978-89-92486-16-3 94980 : ₩100000
ISBN 978-89-92486-14-9(세트) 94980

산해경 [山海經]

912.02-KDC5
951.01-DDC21   CIP2013001557

古本山海經圖說 下

마창의(馬昌儀) 지음

조현주 옮김

다른생각

古本 山海經 圖說 (下)
고본 산해경 도설 (하)

초판 1쇄 인쇄 2013년 3월 20일
초판 1쇄 발행 2013년 3월 28일

지은이 | 마창의(馬昌儀)
옮긴이 | 조현주
펴낸이 | 이재연
편집 디자인 | 박정미
표지 디자인 | 아르떼203디자인
펴낸곳 | 다른생각

주소 | 서울 종로구 창덕궁3길 3 302호
전화 | (02) 3471-5623
팩스 | (02) 395-8327
이메일 | darunbooks@naver.com
등록 | 제300-2002-252호(2002. 11. 1)

ISBN 978-89-92486-14-9(전2권)
     978-89-92486-16-3 94980
값 100,000원(전2권 세트 : 낱권 구입 불가)

* 잘못된 책은 구입하신 서점이나 저희 출판사에서 바꾸어드립니다.

古本 山海經 圖說(고본 산해경 도설)·차례

하 권 下卷

古本 山海經 圖說 (下)

차
례

vii

古 本 山 海 經 圖 說 (下)

古本 山海經 圖說 (下)

第五卷 中山經

제5권 중산경

|권5-1| 나(雖)

【경문(經文)】

「중산경(中山經)」: 감조산(甘棗山)이라는 곳에, ……어떤 짐승이 사는데, 그 생김새는 독서(蚘鼠)와 비슷하지만 이마에 무늬가 있으며, 그 이름은 나(雖)라 하고, 이것을 먹으면 혹을 없앨 수 있다.

[薄山之首, 曰甘棗之山. 共水出焉, 而西流注於河. 其上多枏木, 其下有草焉, 葵本而杏葉, 黃華而莢實, 名曰蕚, 可以已聾. 有獸焉, 其狀如蚘鼠而文題, 其名曰雖, 食之已癭.]

【해설(解說)】

나(雖 : '耐'로 발음)는 쥐처럼 생긴 짐승으로, 생김새는 쥐와 비슷하며, 자감색(紫紺色 : 진한 자주색 혹은 남보라색)이고, 털이 짧으며, 이마에 무늬가 있다. 이것을 먹으면 눈이 밝아지고, 그 가죽으로는 옷을 만들 수 있다.

[그림 1-장응호회도본(蔣應鎬繪圖本)]·[그림 2-왕불도본(汪紱圖本)]·[그림 3-『금충전(禽蟲典)』]

[그림 1] 나 명(明)·장응호회도본

[그림 2] 나 청(淸)·왕불도본

[그림 3] 나 청(淸)·『금충전』

|권5-2| 호어(豪魚)

【경문(經文)】

「중산경(中山經)」: 거저산(渠豬山)이라는 곳에서, ……거저수(渠豬水)가 시작되어, 남쪽으로 흘러 황하(黃河)로 들어간다. 그 속에 호어(豪魚)가 많이 사는데, 그 생김새는 다랑어와 비슷하고, 붉은 주둥이와 붉은 꼬리에 붉은 날개가 있으며, 백선(白癬: 흰 버짐)을 치료할 수 있다.

[又東十五里, 曰渠豬之山, 其上多竹, 渠豬之水出焉, 而南流注於河. 其中是多豪魚, 狀如鮪, 而赤喙赤尾赤羽, 食之可以已白癬[1).]

【해설(解說)】

　호어(豪魚)는 일종의 괴이한 물고기로, 생김새는 다랑어와 비슷하고, 주둥이·꼬리·날개가 모두 붉은색이다. 이것을 먹으면 백선(白癬)을 치료할 수 있다고 한다. 곽박(郭璞)의 『산해경도찬(山海經圖讚)』에서는, 호어의 버짐을 없애주는 효능은 그것의 비늘에 있다고 했다.

　[그림 1-장응호회도본(蔣應鎬繪圖本)]·[그림 2-성혹인회도본(成或因繪圖本)]·[그림 3-왕불도본(汪紱圖本)]·[그림 4-『금충전(禽蟲典)』]

　곽박의 『산해경도찬』: "호어의 비늘은 버짐을 없애주고, 천영(天嬰)은 부스럼을 낫게 한다네.[豪鱗除癬, 天嬰已痤.]"

---

1) 원래 경문에는 "赤喙尾赤羽, 可以已白癬."으로 되어 있는데, 이 책의 원문에서는 "而赤喙赤尾赤羽, 食之可以已白癬."으로 썼다. 원가(袁珂)의 주석에 보면, "『태평어람(太平御覽)』 권742에서 이 경문을 인용했는데, '尾'자 앞에 '赤'자가 있고, '可以' 앞에 '食之[그것을 먹으면]'라는 두 글자가 있다. 또 『태평어람』 권939에서도 이 경문을 인용하고 있는데, '赤喙' 앞에 '而'자가 있다.[太平御覽卷七四二引此經, 尾上有赤字, 可以上有食之二字. 同書卷九三九引此經, 赤喙上有而字.]"라고 했다. 이 책에서는 이를 따른 듯하다. 역자는 원래의 경문대로 해석했는데, 의미상 큰 차이는 없다.

[그림 1] 호어 명(明)·장응호회도본

[그림 2] 호어 청(淸)·사천(四川)성혹인회도본

676

[그림 3] 호어 청(淸)·왕불도본

[그림 4] 호어 청(淸)·『금충전』

|권5-3| 비어(飛魚)

【경문(經文)】

「중산경(中山經)」: 우수산(牛首山)이라는 곳에서, ……노수(勞水)가 시작되어 서쪽으로 흘러 휼수(潏水)로 들어간다. 그곳에 비어(飛魚)가 많이 사는데, 그 생김새는 붕어와 비슷하며, 이것을 먹으면 치질이 낫는다.

[又北三十里, 曰牛首之山, 有草焉, 名曰鬼草, 其葉如葵而赤莖, 其秀如禾, 服之不憂. 勞水出焉, 而西流注於潏水. 是多飛魚, 其狀如鮒魚, 食之已痔衕.]

【해설(解說)】

「중산경(中山經)」의 비어(飛魚)에는 두 종류가 있는데, 생김새와 효능이 모두 다르다. 첫째는 우수산(牛首山)의 노수(勞水)에 사는 붕어처럼 생긴 비어로, 이것을 먹으면 치질이 낫는다. 둘째는 괴산(騩山)의 정회수(正回水)에 사는 돼지처럼 생긴 비어로, 생김새는 돼지와 비슷하며, 이것을 먹으면 천둥을 무서워하지 않는다.

[그림 1-장응호회도본(蔣應鎬繪圖本)]·[그림 2-성혹인회도본(成或因繪圖本)]·[그림 3-왕불도본(汪紱圖本)]

곽박(郭璞)의 『산해경도찬(山海經圖讚)』: "비어는 붕어처럼 생겼는데, 구름을 타고 파도에서 헤엄친다네.[飛魚如鮒, 登雲游波.]"

[그림 3] 비어 청(淸)·왕불도본

[그림 1] 비어 명(明)·장응호회도본

[그림 2] 비어 청(淸)·사천(四川)성혹인회도본

| 권5-4 | 비비(朏朏)

【경문(經文)】

「중산경(中山經)」 : 곽산(霍山)이라는 곳에, ……어떤 짐승이 사는데, 그 생김새가 살쾡이와 비슷하고, 꼬리가 희며, 갈기가 나 있다. 그 이름은 비비(朏朏)라 하는데, 이것을 기르면 근심을 없앨 수 있다.

[又北四十里, 曰霍山, 其木多穀. 有獸焉, 其狀如狸, 而白尾有鬣, 名曰朏朏, 養之可以已憂.]

【해설(解說)】

비비(朏朏 : '匪'로 발음)는 살쾡이처럼 생긴 짐승으로, 생김새는 살쾡이 같지만, 몸에 말[馬]의 갈기가 나 있고, 흰색의 긴 꼬리가 달려 있다. 이 짐승을 기르면 근심을 없앨 수 있다. 진장기(陳藏器)의 『본초습유(本草拾遺)』에서 설명하기를, 풍리(風狸)는 토끼와 비슷하게 생겼지만 좀 더 작고, 사람들이 이것을 우리에 가두어 기른다고 했는데, 바로 이 짐승이다. 오임신(吳任臣)의 『인서(麟書)』에서 이르기를, 어떻게 하면 비비를 얻어 그 것과 노닐면서 자신의 근심을 풀 수 있겠느냐고 했다. 이를 통해 옛 사람들 역시 이 짐 승을 길러 근심을 없애던 풍속이 있었음을 알 수 있다.

[그림 1-장응호회도본(蔣應鎬繪圖本)]·[그림 2-성혹인회도본(成或因繪圖本)]·[그림 3-왕불도본(汪紱圖本)]·[그림 4-『금충전(禽蟲典)』]

곽박(郭璞)의 『산해경도찬(山海經圖讚)』 : "비비의 가죽은, 일 년 내내 노래하게 한다네.[朏朏之皮, 終年行歌.]"

朏朏

[그림 3] 비비 청(淸)·왕불도본

[그림 1] 비비 명(明)·장응호회도본

[그림 2] 비비 청(淸)·사천(四川)성혹인회도본

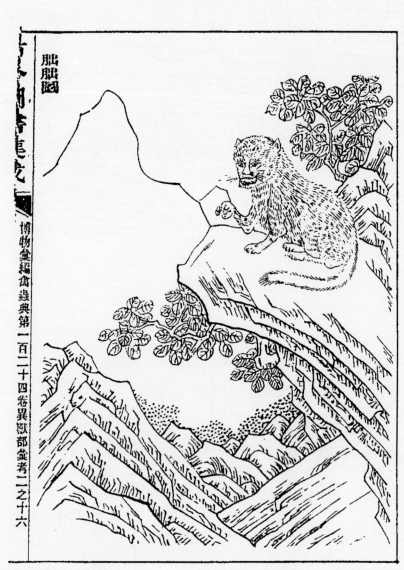

[그림 4] 비비 청(淸)·『금충전』

古本 山海經 圖說 (下)

|권5-5| 할(鶡)

【경문(經文)】

「중차이경(中次二經)」: 휘제산(煇諸山)이라는 곳이 있는데, ……그곳에 사는 새로는 할조(鶡鳥)가 많다.

[「中次二經」濟山之首, 曰煇諸之山, 其上多桑, 其獸多閭麋, 其鳥多鶡.]

【해설(解說)】

할(鶡 : '갈'으로 발음)은 용맹스런 새이다. 『옥편(玉篇)』에서 이르기를[2], 할은 꿩과 비슷하지만 크고, 푸른색이며, 모각(毛角 : 털뿔—역자)이 있고, 싸움이 나면 어느 한쪽이 죽어야만 멈춘다고 했다. 『이아익(爾雅翼)』에는 다음과 같이 기록되어 있다. 할은 검은 꿩처럼 생겼으며, 특히 같은 무리끼리 서로 돕는다. 무리 중에 어느 하나가 공격당하면 곧바로 달려가 구하는데, 싸웠다하면 대체로 한쪽이 죽고 나서야 멈춘다. 조식(曹植)의 「할부(鶡賦)」에서는, "할은 날짐승으로, 맹렬한 기세로 함께 싸우는데, 끝끝내 승부가 나지 않으면, 반드시 죽을 때까지 물러서지 않으니, 이에 곧 그것을 읊는다.[鶡之爲禽, 猛氣共鬪, 終無勝負, 期於必死, 遂賦之焉.]"라고 했다. 전하는 바에 따르면 황제(黃帝)가 염제(炎帝)와 판천(阪泉)의 벌판에서 싸울 때, 독수리·할·매·솔개를 기치(旗幟)로 삼았고, 그 후 갈관(鶡冠)[3]이라는 말이 생겨났으며, 초(楚)나라 사람들은 갈관자(鶡冠子)[4]라고 부르기도 했다고 하는데, 이는 모두 용맹함을 상징한다.

[그림 1-왕불도본(汪紱圖本)]·[그림 2-『금충전(禽蟲典)』]

곽박(郭璞)의 『산해경도찬(山海經圖讚)』: "할은 날짐승으로, 같은 무리끼리 서로 돕는다네. 다른 무리가 공격당하면 비록 죽을지라도 피하지 않는다네. 그 털로 무사(武

---

2) 『옥편』에는 다음과 같이 되어 있다. "할(鶡)은 '何'와 '葛'의 반절(反切)이다. 이 새는 암꿩과 비슷하지만 크고, 푸른색이며, 털이 있는데, 싸우면 한쪽이 죽어야 멈춘다.[鶡, 何葛切. 鳥似雉而大, 靑色, 有毛, 鬪死而止.]"

3) 갈관(鶡冠) 또는 할관이라고 한다. '鶡'은 관(冠)에 쓰일 때는 '갈'로 읽고, 새의 이름을 뜻할 때는 '할'로 읽는다. 보통 갈관은 할조(鶡鳥)의 깃털로 만든 관을 말한다.

4) 갈관자(鶡冠子)는 전국(戰國) 시대의 초(楚)나라 사람으로, 깊은 산속에 살면서, 할새의 깃털로 관을 만들어 쓰고 다녔다고 한다. 그의 저서로 알려진 『갈관자(鶡冠子)』는 3권 19편으로 이루어져 있는데, 후세 사람들의 저작이라고 보는 견해도 적지 않다. 할은 꿩 종류의 새로, 싸우기를 좋아하는 습성을 가지고 있으므로, 무사(武士)의 관에 이 새의 깃털을 꽂았다고 하며, 이것을 갈관(鶡冠)이라고 불렀다.

士)가 장식하면, 의(義)를 힘써 갖추게 되노라.[鶡之爲鳥, 同群相爲. 畸類被侵, 雖死不避. 毛飾武士, 兼厲以義.]"

鶡

[그림 1] 할 청(淸)·왕불도본

[그림 2] 할 청(淸)·『금충전』

| 권5-6 | 명사(鳴蛇)

【경문(經文)】

「중차이경(中次二經)」: 선산(鮮山)이라는 곳에는 금과 옥이 많이 나며, 초목이 자라지 않는다. 선수(鮮水)가 시작되어, 북쪽으로 흘러 이수(伊水)로 들어간다. 그 속에 명사(鳴蛇)가 많이 사는데, 그 생김새는 뱀과 비슷하지만 네 개의 날개가 있으며, 그 소리는 마치 경쇠 소리 같고, 그것이 나타나면 그 고을에 큰 가뭄이 든다.

[又西三百里, 曰鮮山, 多金·玉, 無草木. 鮮水出焉, 而北流注於伊水. 其中多鳴蛇, 其狀如蛇而四翼, 其音如磬, 見則其邑大旱.]

【해설(解說)】

명사(鳴蛇)는 재앙을 일으키는 뱀으로, 큰 가뭄이 들 징조이다. 그것의 생김새는 뱀과 비슷하지만, 두 쌍의 날개가 달려 있고, 그 울음소리는 종경(鐘磬) 소리처럼 우렁차다. 장형(張衡)은 「남도부(南都賦)」[5]에 기재하기를, 그곳에 사는 수중동물로는 곧 영구(蠑龜: 거북-역자)와 명사가 있다고 했다.

[그림 1-장응호회도본(蔣應鎬繪圖本)]·[그림 2-오임신강희도본(吳任臣康熙圖本)]·[그림 3-성혹인회도본(成或因繪圖本)]·[그림 4-왕불도본(汪紱圖本)]·[그림 5-『금충전(禽蟲典)』]

곽박(郭璞)의 『산해경도찬(山海經圖讚)』: "명사와 화사(化蛇)라는 두 뱀은, 같은 종류지만 생김새가 다르다네. 날갯짓하며 함께 헤엄치고, 파도를 타고 물결에 떠다닌다네. 이것들이 나타나면 곧 모두 재앙을 일으키니, 하나는 홍수를 일으키고, 하나는 큰 가뭄을 들게 한다네.[鳴化二蛇, 同類異狀. 拂翼俱游, 騰波漂浪. 見則竝災, 或淫或尤.]"

---

5) 「남도부(南都賦)」는 동한(東漢) 시기의 남양군(南陽郡)을 묘사한 것이다. 남양군은 진대(秦代)에 설치되었는데, 작자인 장형(張衡)의 고향일 뿐만 아니라, 동한 왕조를 개창(開創)한 광무제(光武帝) 유수(劉秀)의 고향이기도 하다. 그래서 남양군은 그 성읍(城邑)의 지위가 다른 군들보다 비교적 높았다고 한다.

[그림 1] 명사 명(明)·장응호회도본

鳴蛇如蛇而四翼其音如
磬見則大旱出鮮山

[그림 2] 명사 청(淸)·오임신강희도본

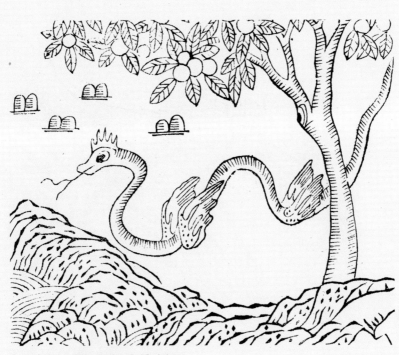

[그림 3] 명사 청(淸)·사천(四川)성혹인회도본

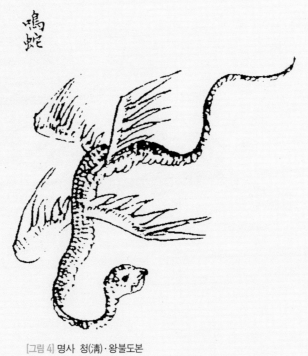

[그림 4] 명사 청(淸)·왕불도본

[그림 5] 명사 청(淸)·『금충전』

|권5-7| 화사(化蛇)

【경문(經文)】

「중차이경(中次二經)」 : 양산(陽山)에는, 돌이 많고, 초목이 자라지 않는다. 양수(陽水)가 시작되어 북쪽으로 흘러 이수(伊水)로 들어간다. 그 속에 화사(化蛇)가 많이 사는데, 그 생김새는 사람의 얼굴에 승냥이의 몸을 하고 있으며, 새의 날개가 달려 있고, 뱀처럼 기어 다닌다. 그 소리는 마치 꾸짖는 소리 같고, 그것이 나타나면 그 고을에 홍수가 난다.

[又西三百里, 曰陽山, 多石, 無草木. 陽水出焉, 而北流注於伊水. 其中多化蛇, 其狀如人面而豺身, 鳥翼而蛇行, 其音如叱呼, 見則其邑大水.]

【해설(解說)】

화사(化蛇)는 사람의 얼굴을 한 뱀이자, 재앙을 불러오는 뱀이다. 사람·승냥이·새·뱀 등 네 가지 모습의 특징을 한 몸에 지니고 있으며, 큰 홍수가 날 징조이다. 화사의 몸 윗부분은 승냥이와 비슷하고, 아랫부분은 뱀 같으며, 사람의 머리에 새의 날개가 달려 있고, 뱀처럼 기어 다니는데, 울부짖는 소리는 마치 사람이 꾸짖는 소리 같다. 『광아(廣雅)』에 기록하기를, 중앙에 어떤 뱀이 있는데, 사람의 얼굴에 승냥이의 몸을 하고 있고, 새의 날개가 달려 있으며, 뱀처럼 기어 다니고, 이름은 화사라 한다고 했다.

곽박(郭璞)의 『산해경도찬(山海經圖讚)』 : "명사와 화사(化蛇)라는 두 뱀은, 같은 종류지만 생김새가 다르다네. 날갯짓하며 함께 헤엄치고, 파도를 타고 물결에 떠다닌다네. 이것들이 나타나면 곧 모두 재앙을 일으키니, 하나는 홍수를 일으키고, 하나는 큰 가뭄을 들게 한다네.[鳴化二蛇, 同類異狀. 拂翼俱游, 騰波漂浪. 見則竝災, 或淫或尤.]"

화사 그림에는 두 가지 형태가 있다.

첫째, 짐승의 모습을 한 것으로, 사람의 얼굴에 승냥이의 몸과 네 개의 발이 있으며, 뱀의 꼬리와 새의 날개가 달려 있는데, [그림 1-장응호회도본(蔣應鎬繪圖本)]·[그림 2-성혹인회도본(成或因繪圖本)]·[그림 3-왕불도본(汪紱圖本)]과 같은 것들이다.

둘째, 뱀의 모습을 한 것으로, 사람의 얼굴에 뱀의 몸이며, 새의 날개가 달려 있고 발이 없으며, 뱀이 날고 있는 모습으로 그려져 있는 것인데, [그림 4-필원도본(畢沅圖本)]·[그림 5-『금충전(禽蟲典)』]·[그림 6-상해금장도본(上海錦章圖本)]과 같은 것들이다.

[그림 1] 화사 명(明)·장응호회도본

[그림 2] 화사 청(淸)·사천(四川)성혹인회도본

化蛇

[그림 3] 화사 청(淸)·왕불도본

化蛇人面豺耳鳥翼蛇行

為化二蛇同類異

狀拂翼俱遊騰

波漂浪見則並災

或淫或亢

[그림 4] 화사 청(淸)·필원도본

化蛇圖

[그림 5] 화사 청(淸)·『금충전』

化蛇人面對身鳥翼蛇行

見則大水出陽水

鳴化二蛇

同類異

狀拂

翼俱遊騰波

漂浪見

則並

災或淫或亢

[그림 6] 화사 상해금장도본

| 권5-8 | 농지(聾蚔)

【경문(經文)】

「중차이경(中次二經)」: 곤오산(昆吾山)이라는 곳에, ……어떤 짐승이 사는데, 그 생김새는 돼지와 비슷하지만 뿔이 있으며, 그 소리는 마치 통곡하는 소리 같고, 이름은 농지(聾蚔)라 한다. 이것을 먹으면 가위눌리지 않는다.

[又西二百里, 曰昆吾之山, 其上多赤銅. 有獸焉, 其狀如彘而有角, 其音如號[6], 名曰聾蚔, 食之不眯.]

【해설(解說)】

농지(聾蚔)[7]는 돼지처럼 생긴 짐승으로, 각체(角彘)라고도 한다. 생김새는 돼지와 비슷한데 뿔이 있고, 그 울음소리는 마치 사람이 통곡하는 소리 같다. 이것을 먹으면 악몽을 꾸지 않는다고 한다.

[그림 1-장응호회도본(蔣應鎬繪圖本)]·[그림 2-성혹인회도본(成或因繪圖本)]·[그림 3-왕불도본(汪紱圖本)]·[그림 4-『금충전(禽蟲典)』]

[그림 1] 농지 명(明)·장응호회도본

---

6) 곽박(郭璞)은 주석하기를, "마치 사람이 통곡하는 소리 같다.[如人號哭.]"라고 했다.

7) '농지(聾蚔)'는 '농질(聾蛭)'을 잘못 쓴 것 같다. 곽박은 "앞에서 이미 이 짐승이 나왔는데, 동명(同名)인 것 같다.[上已有此獸, 疑同名.]"라고 했으며, 학의행(郝懿行)은 "'지(蚔)'는 마땅히 '질(蛭)'인 것 같다. 이미 「동차이경(東次二經)」의 부려산(鳧麗山)에서 보았다.[蚔疑當爲蛭. 已見東次二經鳧麗之山.]"라고 했다.

[그림 2] 농지 청(淸)·사천(四川)성혹인회도본

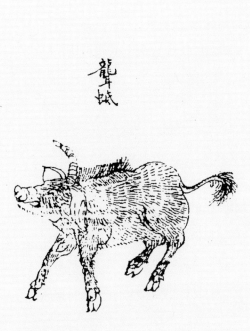

[그림 3] 농지 청(淸)·왕불도본

[그림 4] 농지 청(淸)·『금충전』

|권5-9| 마복(馬腹)

【경문(經文)】

「중차이경(中次二經)」: 만거산(蔓渠山)이라는 곳에, ……어떤 짐승이 사는데, 그 이름은 마복(馬腹)이라 하고, 그 생김새는 사람의 얼굴에 호랑이의 몸을 하고 있는 듯하며, 그 소리는 갓난아이 울음소리와 비슷하고, 사람을 잡아먹는다.

[又西二百里, 曰蔓渠之山, 其上多金·玉, 其下多竹箭. 伊水出焉, 而東流注於洛. 有獸焉, 其名曰馬腹, 其狀如人面虎身, 其音如嬰兒, 是食人.]

【해설(解說)】

마복(馬腹)은 사람의 얼굴을 한 호랑이로, 사람을 잡아먹는 무서운 짐승이며, 그 소리는 갓난아이가 우는 소리와 비슷하다. 민간에서는 마복을 마호(馬虎)라고 불렀는데, 왕불(汪紱)은 말하기를, 이것이 바로 세간에서 마호라고 부르는 것이며, 그 얼굴은 대략 사람과 비슷하고, 털이 길며, 말처럼 다리가 길지만, 사실은 호랑이 종류라고 했다. 마복은 또 마장(馬腸)이라고도 하는데, 호문환도(胡文煥圖)에서 마장이라고 했다. 『사물감주(事物紺珠)』에는, 마장은 사람의 얼굴에 호랑이의 몸을 하고 있고, 소리는 갓난아이 소리와 비슷하다고 기록되어 있다. 곽박의 『산해경도찬』에도 역시 마장이라고 되어 있다. 필기소설(筆記小說)[8] 중에는 이처럼 사람의 얼굴을 한 호랑이와 관련된 전설들이 적지 않다. 『수경주(水經注)·면수(沔水)』에서는 이 짐승을 가리켜 수호(水虎)라고 하면서, 강에 어떤 동물이 사는데, 3~4세의 어린아이와 비슷하고, 비늘은 천산갑(穿山甲)의 비늘 같으며, 무릎은 호랑이와 비슷하고, 발톱은 항상 물속에 잠겨 있는데, 만약 사람이 놀리면 곧장 그 사람을 죽인다고 했다. 고서(古書)들 중에는 이것을 또 수당(水唐)·수노(水盧)·인마(人馬)·인슬(人膝)이라고 한 것도 있다.

곽박의 『산해경도찬』: "마복(馬腹)이라는 동물, 사람의 얼굴에 호랑이처럼 생겼다네.[馬腹('腸'으로 된 것도 있음)之物, 人面似虎.]"

[그림 1-장응호회도본(蔣應鎬繪圖本)]·[그림 2-호문환도본(胡文煥圖本)]·[그림 3-성혹

---

8) 필기소설이란, 일반적으로 일체의 글로 씌어진 기이한 일에 대한 기록·전기(傳奇: 공상적 이야기)·잡기(雜記)·수필 등의 저작물을 총칭하는 용어이며, 내용은 광범위하고 잡다하여, 천문지리·초목충어(草木蟲魚)·풍속·학술고증(學術考證)·괴물과 신선 등 제한이 없다.

인회도본(成或因繪圖本)]·[그림 4-필원도본(畢沅圖本)]·[그림 5-왕불도본(汪紱圖本)]·[그림 6-상해금장도본(上海錦章圖本)],

[그림 1] 마복 명(明)·장응호회도본

馬
腸

[그림 2] 마복(마장) 명(明)·호문환도본

[그림 3] 마복 청(淸)·사천(四川)성혹인회도본

馬腹之物
人面似虎
食之辟兵
不畏甯鼓

馬腹人面虎身言如嬰
兒是食人出伊泳

[그림 4] 마복 청(淸)·필원도본

馬腹

[그림 5] 마복 청(淸)·왕불도본

鼓雷不畏馬腹之物人面似虎食之辟兵

馬腹 人面虎身音如嬰兒是食人出伊水

[그림 6] 마복 상해금장도본

|권5-10| 인면조신신(人面鳥身神) : 사람의 얼굴에 새의 몸을 한 신

【경문(經文)】

「중차이경(中次二經)」: 제산(濟山)의 첫머리, 휘제산(輝諸山)부터 만거산(蔓渠山)까지 모두 아홉 개의 산들이 있으며, 그 거리는 1,670리에 달한다. 그 신들은 모두 사람의 얼굴에 새의 몸을 하고 있다. …….

[凡濟山之首, 自輝諸之山至於蔓渠之山, 凡九山, 一千六百七十里. 其神皆人面而鳥身. 祠用毛, 用一吉玉, 投而不糈.]

【해설(解說)】

휘제산(輝諸山)부터 만거산(蔓渠山)까지는 모두 아홉 개의 산들이 있는데, 그 산신들은 모두 사람의 얼굴에 새의 몸을 하고 있다. 이는 「북산경(北山經)」의 산신들 대부분이 사람의 얼굴에 뱀의 몸을 하고 있고, 「동산경(東山經)」의 산신들이 사람의 몸에 용의 대가리를 하고 있거나, 사람의 얼굴에 짐승의 몸을 하고 있거나, 혹은 사람의 몸에 양의 뿔을 가진 것들과 다르다. 산신들의 생김새는 각 산들에 사는 부족들의 신앙과 관련이 있는 것으로 보인다. 왕불(汪紱)의 주석은 매우 주목할 만한데, 그는 다음과 같이 말했다. "대체로 남산(南山)의 신들은 대부분 새처럼 생겼고, 서산(西山)의 신들은 양이나 소처럼 생겼으며, 북산(北山)의 신들은 뱀이나 돼지처럼 생겼고, 동산(東山)의 신들은 대부분이 용처럼 생겼으며, 중산(中山)의 신들은 즉 여러 가지를 섞어서 취했는데, 역시 각각 그러한 것들을 근거로 했다.[大抵南山神多象鳥, 西山神象羊牛, 北山神象蛇豕, 東山神多象龍, 中山則或雜取, 亦各以其類也.]"

[그림-왕불도본(汪紱圖本), 중산신(中山神)이라 함]

中山神

[그림] 인면조신신(중산신) 청(淸)·왕불도본

【경문(經文)】

「중차삼경(中次三經)」: 오안산(敖岸山)이라는 곳은, 그 남쪽에는 저부옥(瑎孚玉)이 많고, 그 북쪽에는 붉은 돌과 황금이 많다. 신(神)인 훈지(熏池)가 여기에 살고 있다. 그리고 항상 아름다운 옥이 많이 난다. 북쪽으로 황하(黃河) 강변의 숲이 바라보이는데, 그 모양이 꼭두서니 같기도 하고 거류(欅柳) 같기도 하다. …….

[「中次三經」萯山之首, 曰敖岸之山, 其陽多瑎孚之玉, 其陰多赭·黃金. 神熏池居之. 是常出美玉. 北望河林, 其狀如蒨如欅[9]. 有獸焉, 其狀如白鹿而四角, 名曰夫諸, 見則其邑大水.]

【해설(解說)】

훈지(熏池)는 오안산(敖岸山)의 산신으로, 아름다운 옥·붉은 돌·황금이 많이 나는 오안산에 산다. 왕불(汪紱)은 주석에서 말하기를, 훈지라는 신은 그 생김새에 대해 언급한 것이 없다고 했다.

곽박(郭璞)의 『산해경도찬(山海經圖讚)』: "태봉(泰逢)은 호랑이의 꼬리가 있고, 무라(武羅)는 사람의 얼굴을 하고 있다네. 훈지라는 신은, 그 생김새는 보이지 않네. 여기에서 아름다운 옥이 나고, 황하변의 숲이 마치 꼭두서니 같다네.[泰逢虎尾, 武羅人面. 熏池之神, 厥狀不見. 爰有美玉, 河林如蒨.]"

[그림-왕불도본(汪紱圖本)]

---

9) 곽박은 주석하기를, '蒨'과 '欅'는 모두 나무 이름인데, 분명치 않다고 했다. 또 학의행(郝懿行)은 주석하기를, "蒨은 풀이고, 欅는 나무다. 거(欅)는 즉 거류(欅柳)이다.[蒨, 草也. 欅, 木也. 欅卽欅柳.]"라고 했다.

神熏池

[그림] 훈지 청(清)·왕불도본

|권5-12| 부제(夫諸)

【경문(經文)】

「중차삼경(中次三經)」: 오안산(敖岸山)이라는 곳에, ……어떤 짐승이 사는데, 그 생김새는 흰 사슴을 닮았지만 네 개의 뿔이 있으며, 이름은 부제(夫諸)라 하고, 그것이 나타나면 그 고을에 홍수가 난다.

[「中次三經」萯山之首, 曰敖岸之山, 其陽多㻬琈之玉, 其陰多赭・黃金. 神熏池居之. 是常出美玉. 北望河林, 其狀如蒨如舉. 有獸焉, 其狀如白鹿而四角, 名曰夫諸, 見則其邑大水.]

【해설(解說)】

부제(夫諸)는 사슴 모습을 하고 있는 재앙을 부르는 짐승으로, 생김새는 흰 사슴과 비슷하며, 네 개의 뿔이 나 있고, 홍수가 날 징조의 짐승이다. 『인서(麟書)』에 이르기를, 부제가 물을 범람하게 하자, 하늘의 경계(警戒)를 살펴 우환을 없앴다고 했다.

[그림 1-장응호회도본(蔣應鎬繪圖本)]・[그림 2-성혹인회도본(成或因繪圖本)]・[그림 3-왕불도본(汪紱圖本)]・[그림 4-『금충전(禽蟲典)』]

[그림 1] 부제 명(明)・장응호회도본

[그림 2] 부제 청(淸)·사천(四川)성혹인회도본

[그림 3] 부제 청(淸)·왕불도본

[그림 4] 부제 청(淸)·『금충전』

|권5-13| 신무라(魖武羅)

【경문(經文)】

「중차삼경(中次三經)」: 청요산(靑要山)이라는 곳은 천제(天帝)의 비밀 도읍이다. ……신 무라(武羅)[10]가 이곳을 관장하는데, 그 모습은 사람의 얼굴을 하고 있고 표범의 무늬가 있으며, 가는 허리에 흰 이빨을 가졌고, 귀를 뚫어 귀걸이를 하고 있으며, 그 소리는 마치 옥이 부딪칠 때 나는 소리와 같다. 이 산은 여자한테 알맞다. ……어떤 풀이 자라는데, ……이름은 순초(荀草)라 하며, 이것을 먹으면 얼굴색이 고와진다.

[又東十里, 曰靑要之山, 實惟帝之密都[11]. 是多駕鳥. 南望墠渚, 禹父之所化, 是多仆纍·蒲盧. 魖武羅司之, 其狀人面而豹文, 小要而白齒[12], 而穿耳以鑢[13], 其鳴如鳴玉. 是山也, 宜女子. 畛水出焉, 而北流注於河. 其中有鳥焉, 名曰鴢, 其狀如鳧, 靑身而朱目赤尾, 食之宜子. 有草焉, 其狀如葌, 而方莖黃華赤實, 其本如藁本, 名曰荀草, 服之美人色.]

【해설(解說)】

　　신(魖, 즉 神) 무라(武羅)는 청요산(靑要山)의 산신으로, 천제의 비밀 도읍의 관리자이다. 이 신은 생김새가 매우 기이하여, 사람의 머리가 달려 있지만, 몸에는 표범의 무늬가 있으며, 허리는 가늘고 이빨은 희며, 두 귀에는 금 귀걸이를 착용하고 있다. 그것이 내는 소리는 마치 사람이 옥패(玉佩)[14]를 흔들 때 나는 소리와 같다. 원가(袁珂)는, 신

---

10) 곽박은 주석하기를, "무라는 신의 이름이다. '魖'은 즉 '神'자이다.[武羅, 神名. 魖卽神字.]"라고 했다.

11) "密都"에 대해, 곽박은 "천제의 은밀하게 숨겨진 비밀 도읍이다.[天帝曲密之邑.]"라고 했다. 원가(袁珂)가 주석하기를, 「'서차삼경(西次三經)'의 '곤륜구(昆侖丘)는, 바로 하계(下界)에 있는 천제의 도읍이다.'라는 말과 같은 예인데, 이 천제는 아마도 황제(黃帝)인 듯하다.[例以'西次三經'昆侖之丘, 實惟帝之下都'語, 此天帝蓋卽黃帝也.]"라고 했다.

12) 곽박은 "'首'라고 쓴 것도 있다.[或作首.]"라고 했고, 원가는 "'齒'를 '首'로 쓴 것도 있는데, '首'와 '齒'가 형태가 비슷하여 잘못 쓰기 쉽다. 그러나 경문의 의미를 살펴보면, '齒'라고 쓰는 것이 맞다.[齒或作首者, 首·齒形近易訛. 然捜經文之意, 仍以作齒爲是.]"라고 했다. '要'는 '腰[허리 요]'와 같다.

13) 곽박은 주석하기를, "'鑢'는 금은으로 만든 기물의 이름인데, 자세하지 않다.[鑢, 金銀器之名, 未詳也.]"라고 했다. 또 학의행(郝懿行)은 『설문해자』의 신부자(新附字)에서 이 경문을 인용하여 이르기를, '鑢는 고리의 종류이다.'라고 했다.[說文新附字引此經云, '鑢, 環屬也.']"라고 주석했다.

14) 옛날에 옥을 조각하여 목이나 허리에 착용하던 장식품.

(魖) 무라가 『초사(楚辭)·구가(九歌)·산귀(山鬼)』에 기재되어 있는 산귀처럼 생긴 여신이라고 여겼다. 전설에 따르면 청요산은 여자가 살기에 매우 적합하며, 그곳에 요조(鴢鳥)라는 새가 사는데, 이 새를 먹으면 자손이 번성한다고 한다. 또 거기에 순초(荀草)가 있는데, 이것의 열매를 먹으면 여자가 더욱 아름다워질 수 있다고 한다. 무라는 귀신들 중의 신으로, 『설문해자(說文解字)』에서는, "신(魖)은 신(神)이다.[魖, 神也.]"라고 했다. 단옥재(段玉裁)[15]는 주석하기를, "마땅히 신(神)이라고 해야 하며, 귀신이고, 신귀(神鬼)는 귀신의 신이다.[當作神, 鬼也, 神鬼者, 鬼之神者也.]"라고 했다. 이는 신의 품격을 갖춘 귀신을 가리키는 것이다. 『옥편(玉篇)』의 해석은 더욱 신(魖) 무라의 신격(神格)에 부합하는데, 즉 "신(魖)은 산신이다.[魖, 山神也.]"라고 했다.

곽박(郭璞)의 『산해경도찬(山海經圖讚)』: "무라라는 신이 있으니, 가는 허리에 희디흰 이빨을 가졌다네. 그 소리는 마치 옥패(玉佩)가 울리는 듯하고, 고리로 귀걸이를 하고 있다네. 천제의 비밀 도읍을 관장하는데, 이곳은 여자에게 알맞은 곳이라네.[有神武羅, 細腰白齒. 聲如鳴佩, 以鐶貫耳. 司帝密都, 是宜女子.]"

[그림 1-장응호회도본(蔣應鎬繪圖本)]·[그림 2-『신이전(神異典)』]·[그림 3-성혹인회도본(成或因繪圖本)]·[그림 4-왕불도본(汪紱圖本)]

[그림 1] 신무라(魖武羅) 명(明)·장응호회도본

---

15) 단옥재(段玉裁, 1735~1815년)는 청대(淸代)의 문자훈고학자(文字訓詁學者)·경학자(經學者)로, 자(字)는 약응(若膺), 호는 무당(懋堂)이며, 만년의 또 다른 호는 연북거사(硯北居士)·장당호거사(長塘湖居士)이다. 『설문해자주(說文解字注)』·『육서음균표(六書音均表)』·『고문상서찬이(古文尚書撰異)』 등 수많은 저서들을 남겼다.

[그림 2] 무라신(武羅神) 청(淸)·『신이전』

[그림 3] 신무라(魍武羅) 청(淸)·사천(四川)성혹인회도본

[그림 4] 신무라(神武羅) 청(淸)·왕불도본

| 권5-14 | 요(鴢)

【경문(經文)】

「중차삼경(中次三經)」: 청요산(靑要山)이라는 곳에서, ……진수(畛水)가 시작되어, 북쪽으로 흘러 황하(黃河)로 들어간다. 그 속에 어떤 새가 사는데, 이름은 요조(鴢鳥)라고 하며, 생김새는 오리처럼 생겼고, 푸른 몸에 연붉은 눈과 붉은 꼬리를 가지고 있으며, 이것을 먹으면 자손이 번성한다. …….

[又東十里, 曰靑要之山, 實惟帝之密都. 是多駕鳥. 南望墠渚, 禹父之所化, 是多仆纍·蒲盧. 魑武羅司之, 其狀人面而豹文, 小要而白齒, 而穿耳以鐻, 其鳴如鳴玉. 是山也, 宜女子; 畛水出焉, 而北流注於河. 其中有鳥焉, 名曰鴢, 其狀如鳧, 靑身而朱目赤尾[16], 食之宜子. 有草焉, 其狀如菤, 而方莖黃華赤實, 其本如藁本, 名曰荀草, 服之美人色.]

【해설(解說)】

　요조[鴢('咬'로 발음)鳥]는 교두요(鵁頭鴢)·어요(魚鴢)라고도 부르며, 생김새는 오리와 비슷한데, 몸통은 푸르고 꼬리는 붉으며, 두 눈은 연한 붉은색이고, 그것의 고기를 먹으면 자손이 번성한다고 전해진다. 호문환도설(胡文煥圖說)에서는, "청요산(靑要山)에 어떤 새가 사는데 이름을 요(鴢)라고 한다. 생김새가 오리와 비슷한데, 몸통은 푸르고 꼬리는 붉다. 이것을 먹으면 자손을 많이 낳는다.[靑要山有鳥, 名曰鴢, 狀如鳧, 靑身赤尾, 食之宜子孫.]"라고 했다. 『이아(爾雅)』에는, 교두요는 오리처럼 생겼는데, 다리가 꼬리 가까이에 있어 걸을 수 없다. 강동(江東) 지역에서는 이것을 어요라고 부른다고 기록되어 있다. 『회아(匯雅)』에서는, 요조는 오리 종류지만 몸에 무늬가 있고, 걸을 수 없으며, 대체로 물오리 무리에 섞여 떠다닌다고 했다. 『문헌통고(文獻通考)』의 기재에 따르면, 건염(建炎) 27년(1153년-역자)에 파양(鄱陽)에서 오리의 몸에 꿩의 꼬리를 하고 있고, 부리가 길며 네모난 발에 붉은 눈을 가진 요조(妖鳥)가 민가에 나타났다고 했는데, 아마도 이 새가 바로 요조이며, 잘 모르는 사람이 '妖'라고 한 것 같다고 했다.

　곽박(郭璞)의 『산해경도찬(山海經圖讚)』: "요조는 오리와 비슷한데, 푸른 깃에 붉은

---

16) 경문 "靑身而朱目赤尾"에 대해, 곽박은 "'朱'는 연한 붉은 색이다.[朱, 淺赤也.]"라고 했다.

눈을 가지고 있다네. 그 모습도 아름다운데, 그 고기의 맛 또한 뛰어나도다. 부녀자가 이것을 먹으면 자손이 번성한다네.[鸞鳥似鳧, 翠羽朱目. 旣麗其形, 亦奇其肉. 婦女是食, 子孫繁育.]"

[그림 1-장응호회도본(蔣應鎬繪圖本)]·[그림 2-호문환도본(胡文煥圖本)]·[그림 3-『금충전(禽蟲典)』]

[그림 1] 요 명(明)·장응호회도본

[그림 2] 요 명(明)·호문환도본

[그림 3] 요 청(淸)·『금충전』

|권5-15| 비어(飛魚)

【경문(經文)】

「중차삼경(中次三經)」: 괴산(騩山)이라는 곳에서, ……정회수(正回水)가 시작되어 북쪽으로 흘러 황하(黃河)로 들어간다. 그 속에 비어(飛魚)가 많이 사는데, 그 생김새는 돼지와 비슷하지만 붉은 무늬가 있고, 이것을 먹으면 천둥을 무서워하지 않으며, 병란을 막을 수 있다.

[又東十里, 曰騩山, 其上有美棗, 其陰有琈珸之玉. 正回之水出焉, 而北流注於河. 其中多飛魚, 其狀如豚而赤文, 服之不畏雷, 可以禦兵.]

【해설(解說)】

「중산경(中山經)」의 비어(飛魚)에는 두 종류가 있는데, 생김새와 효능이 모두 다르다. 하나는 「중산경」에 나오는 우수산(牛首山)의 노수(勞水)에 사는 붕어처럼 생긴 비어로, 이것을 먹으면 치질을 치료하고 설사를 멎게 할 수 있다. 다른 하나는 바로 여기 「중차삼경(中次三經)」에 나오는, 괴산(騩山)의 정회수(正回水)에 사는 돼지처럼 생긴 비어로, 생김새는 돼지와 비슷하지만 붉은 무늬가 있고, 이것을 먹으면 천둥을 무서워하지 않으며, 병란을 막을 수 있다. 비어는 "구름을 타고 파도에서 헤엄칠[登雲游波] 수 있는데, 『임읍국기(林邑國記)』에서는, 비어는 몸통이 둥글고, 길이는 한 장(丈) 남짓이며, 깃을 합치면 날개가 마치 매미의 날개 같고, 물속을 드나들 때는 무리지어 날며, 헤엄치거나 날 때는 깃을 모으고, 잠수할 때는 곧 바다 밑까지 헤엄친다고 했다.

정회수에 사는 비어 그림에는 세 가지 형태가 있다.

첫째, 돼지의 대가리를 한 물고기이며, 지느러미가 있는 것으로, [그림 1-장응호회도본(蔣應鎬繪圖本)]·[그림 2-성혹인회도본(成或因繪圖本)]·[그림 3-왕불도본(汪紱圖本), 돼지의 대가리가 명확하지 않음]과 같은 것들이다.

둘째, 물고기의 모습이며, 새의 날개와 뿔이 나 있는 것으로, [그림 4-호문환도본(胡文煥圖本)]·[그림 5-필원도본(畢沅圖本)]·[그림 6-『금충전(禽蟲典)』]과 같은 것들이다. 호문환은 그림을 설명하면서, "괴산에는, 강에 물고기가 많이 사는데, 생김새는 돼지와 비슷하고, 붉은 무늬와 뿔이 나 있으며, 이것을 지니고 있으면 천둥을 무서워하지 않고, 또한 병란을 막을 수 있다.[騩山, 河中多魚, 狀如豚, 赤文有角, 佩之不畏雷霆, 亦可禦

兵.]"라고 했다.

　셋째, 물고기의 모습에 새의 날개가 달려 있고, 뿔이 없는 것으로, [그림 7-상해금 장도본(上海錦章圖本)]과 같은 것이다.

　곽박(郭璞)의 『산해경도찬(山海經圖讚)』: "비어는 돼지처럼 생겼는데, 붉은 무늬에 깃이 없다네. 이것을 먹으면 병란을 막을 수 있고, 천둥을 무서워하지 않는다네.[飛魚 如豚, 赤文無羽. 食之辟兵, 不畏雷也.]" 『초학기(初學記)』 권1의 「뇌(雷) 제7」에서는 곽박의 「비어찬(飛魚讚)」을 인용했는데, 그 내용에서 약간의 차이가 있다. 즉 "비어는 돼지처럼 생겼으며, 붉은 무늬가 있고 비늘은 없다. 이것을 먹으면 병란을 막을 수 있고, 천둥소리를 무서워하지 않는다.[飛魚如豚, 赤文無鱗. 食之辟兵, 不畏雷音.]"라고 했다.

[그림 1] 비어　명(明)·장응호회도본

[그림 2] 비어　청(淸)·사천(四川)성혹인회도본

[그림 3] 비어　청(淸)·왕불도본

飛魚

飛魚狀如豚而赤文服之不
畏出可禦兵出正向水

飛魚而啄 赤文無羽
食之辟兵不畏
雷鼓

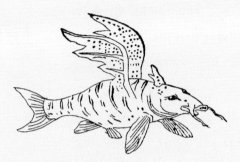

[그림 4] 비어 명(明)·호문환도본

[그림 5] 비어 청(淸)·필원도본

飛魚羽

飛魚狀如豚而赤文服之
不畏雷可禦兵出
正回水

飛魚如豚
赤文無羽
食之辟兵
不畏雷鼓

[그림 6] 비어 청(淸)·『금충전』

[그림 7] 비어 상해금장도본

|권5-16| 태봉(泰逢)

【경문(經文)】

「중차삼경(中次三經)」: 화산(和山)이라는 곳은, 그 위에 초목이 자라지 않고 요벽(瑤碧)[17]이 많은데, 이곳이 바로 황하의 구도(九都)[18]이다. ……길신(吉神)인 태봉(泰逢)이 이곳을 관장하는데, 생김새는 사람 같지만 호랑이의 꼬리가 있으며, 부산(賁山)의 남쪽에 머물기를 좋아하고, 산을 드나들 때는 빛이 난다. 태봉 신은 천지(天地)의 기운을 움직인다.

[又東二十里, 曰和山, 其上無草木而多瑤碧, 實惟河之九都. 是山也五曲, 九水出焉, 合而北流注於河, 其中多蒼玉. 吉神泰逢司之, 其狀如人而虎尾, 是好居於賁山之陽, 出入有光. 泰逢神動天地氣也[19].]

【해설(解說)】

길신(吉神)인 태봉(泰逢)은 화산(和山)의 산신으로, 생김새는 사람과 비슷하지만 호랑이의 꼬리(일설에는 참새의 꼬리라고 함)가 달려 있고, 항상 부산(賁山)의 남쪽에 머문다. 전설에 따르면 그가 이 산을 드나들 때 광채가 나고, 그의 신력(神力)은 천지의 기운을 움직이며, 비바람을 일으킬 수 있다고 한다. 『여씨춘추(呂氏春秋)·음초편(音初篇)』에는, 태봉이 광풍을 일으키고 천지를 어두컴컴하게 만들어, 하(夏)나라 왕 공갑(孔甲)이 사냥을 하다가 길을 잃게 했다는 이야기가 나온다. 또 다른 전설에 따르면, 진(晉)나라 평공(平公)이 회수(澮水)에서 일찍이 어떤 괴물과 마주친 적이 있었는데, 악사(樂師) 사광(師曠)이 말하기를, 너구리의 몸에 여우의 꼬리가 달려 있고, 이름은 수양산(首陽山)의 산신이라 했다고 한다[『태평광기(太平廣記)』 권291에서 인용한 『급총쇄어(汲冢瑣語)』를 보라]. 이 수양산의 산신이 바로 길신인 태봉이다. 호문환도(胡文煥圖)에서는 봉태(縫泰)라고 했는데, 그 도설에서 다음과 같이 말하고 있다. "화산에는 푸른 옥이 많고, 길신이 사는데, 봉태라고 한다. 그는 길하고 좋은 일을 관장한다고 한다. 생김새는 사람과 비슷하며, 호랑이의 꼬리가 달려 있고, 부산의 남쪽에 머물기를 좋아하며, 드나들

---

17) 옥(玉)의 일종으로, 푸른색을 띤다.

18) 곽박은 주석하기를, "아홉 개의 강이 숨어들어 땅 밑으로 흐르는 곳이기 때문에, 구도(九都)라 한다.[九水所潛, 故曰九都.]"라고 했다.

19) 곽박은, "영험하여 비와 구름을 일으킬 수 있는 것을 말한다.[言其有靈爽能興雲雨也.]"라고 했다.

때 빛이 난다. 이 신은 천지의 기운을 움직이고, 그 영험함으로 비구름을 일으킬 수 있다.[和山多蒼玉, 有吉神, 曰襲泰. 謂司其吉善者也. 狀如人, 虎尾, 好居貧山之陽, 出入有光. 此神動天地氣, 其靈爽能興雲雨.]"

　곽박(郭璞)의 『산해경도찬(山海經圖讚)』: "태봉이라 불리는 신은, 산의 남쪽에서 노닐기를 좋아한다네. 구주(九州)에서 발을 씻고, 드나들 때 광채가 난다네. 천기(天氣)를 움직이니, 공갑이 길을 잃고 무서워했다네.[神號泰逢, 好遊山陽. 濯足九州, 出入有光. 天氣是動, 孔甲迷惶.]"

　[그림 1-장응호회도본(蔣應鎬繪圖本)]·[그림 2-호문환도본(胡文煥圖本)]·[그림 3-『신이전(神異典)』]·[그림 4-오임신근문당도본(吳任臣近文堂圖本)]·[그림 5-성혹인회도본(成或因繪圖本)]·[그림 6-왕불도본(汪紱圖本)]·[그림 7-상해금장도본(上海錦章圖本)]

[그림 1] 태봉 명(明)·장응호회도본

禱泰

[그림 2] 태봉(봉태) 명(明)·호문환도본

太逢神圖

[그림 3] 태봉신 청(淸)·『신이전』

[그림 4] 태봉 청(淸)·오임신근문당도본

[그림 5] 태봉 청(淸)·사천(四川)성혹인회도본

神泰逢

[그림 6] 태봉 청(淸)·왕불도본

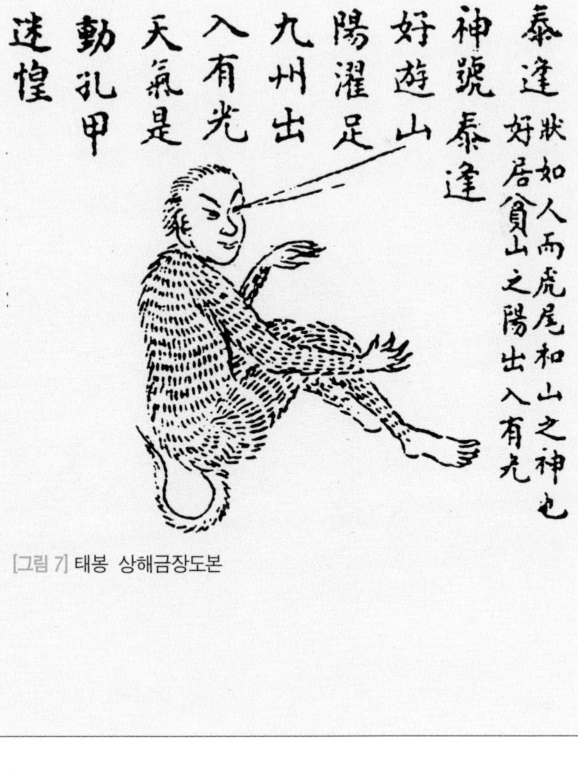

泰逢狀如人而虎尾和山之神也
好居貪山之陽出入有光
神號泰逢
好遊山
陽濯足
九州出
入有光
天氣是
動孔甲
迷惶

[그림 7] 태봉 상해금장도본

| 권5-17 | 은(𪓊)

【경문(經文)】

「중차사경(中次四經)」 : 부저산(扶豬山)이라는 곳에, ……어떤 짐승이 사는데, 그 생김새는 오소리와 비슷하지만 사람의 눈을 하고 있으며, 그 이름은 은(𪓊)이라 한다. …….

[西五十里, 曰扶豬之山, 其上多礝石. 有獸焉, 其狀如貉而人目, 其名曰𪓊. 虢水出焉, 而北流注於洛, 其中多瑓石.]

【해설(解說)】

은(𪓊)은 미록(麋鹿)[20]류의 괴수(怪獸)로, 생김새는 오소리와 비슷하지만, 사람의 눈이 달려 있다. 『옥편(玉篇)』과 『광운(廣韻)』에서는 이 경문을 인용하여, '人目[사람의 눈]'을 '八目[여덟 개의 눈]'이라고 했는데, 학의행(郝懿行)은 주석에서 이것을 틀린 것으로 보았다. 그러나 곽박(郭璞)의 『산해경도찬(山海經圖讚)』에서는 또 '八目'으로 쓰고 있다. 이를 통해 신화가 전해지는 과정에서 종종 변이가 발생함을 알 수 있다.

곽박의 『산해경도찬』 : "여덟 개의 눈을 가진 짐승이 있으니, 그것을 은이라고 부른다네.[有獸八目, 厥號曰𪓊.]"

[그림 1-장응호회도본(蔣應鎬繪圖本)] · [그림 2-성혹인회도본(成或因繪圖本)] · [그림 3-왕불도본(汪紱圖本)] · [그림 4-『금충전(禽蟲典)』]

[그림 1] 은 명(明) · 장응호회도본

---

20) 원래 '미록(麋鹿)'이란 큰 사슴, 즉 순록을 가리키는데, 그림의 모습은 그와 다르다.

[그림 2] 은 청(淸)·사천(四川)성혹인회도본

[그림 3] 은 청(淸)·왕불도본

[그림 4] 은 청(淸)·『금충전』

| 권5-18 | 서거(犀渠)

【경문(經文)】

「중차사경(中次四經)」: 이산(釐山)이라는 곳에, ……어떤 짐승이 사는데, 그 생김새는 소와 비슷하고, 푸른색 몸에, 갓난아이 같은 소리를 내며, 사람을 잡아먹는다. 그 이름은 서거(犀渠)라 한다. …….

[又西一百二十里, 曰釐山, 其陽多玉, 其陰多蒐. 有獸焉, 其狀如牛, 蒼身, 其音如嬰兒, 是食人, 其名曰犀渠. 滽滽之水出焉, 而南流注於伊水. 有獸焉, 名曰獺, 其狀如㺔犬而有鱗, 其毛如彘鬣.]

【해설(解說)】

서거(犀渠)는 코뿔소류에 속하며, 사람을 잡아먹는 무서운 짐승이다. 생김새는 소와 비슷하며, 푸른색이고, 그 울음소리는 갓난아이 울음소리와 비슷하다. 「오도부(吳都賦)」에서 말하기를, "집에 서거가 있다네.[戶有犀渠]"라고 했는데, 옛 사람들은 이 짐승의 가죽으로 방패를 씌웠기 때문에, 방패를 서거라고 부른 것으로 보인다.

곽박(郭璞)의 『산해경도찬(山海經圖讚)』: "서거는 소처럼 생겼으며, 또한 사람을 잡아먹는다네.[犀渠如牛, 亦是啖人.]"

[그림 1-장응호회도본(蔣應鎬繪圖本)]·[그림 2-성혹인회도본(成或因繪圖本)]·[그림 3-왕불도본(汪紱圖本)]·[그림 4-『금충전(禽蟲典)』]

[그림 1] 서거 명(明)·장응호회도본

[그림 2] 서거 청(淸)·사천(四川)성혹인회도본

犀渠

[그림 3] 서거 청(淸)·왕불도본

犀渠圖

[그림 4] 서거 청(淸)·『금충전』

|권5-19| 혈(猲)

【경문(經文)】

「중차사경(中次四經)」: 이산(釐山)이라는 곳에서, ……용용수(濰濰水)가 시작되어, 남쪽으로 흘러 이수(伊水)로 들어간다. 그곳에 어떤 짐승이 사는데, 이름은 혈(猲)이라 하며, 그 생김새는 성난 개와 비슷하지만 비늘이 있고, 털은 돼지털 같다.

[又西一百二十里, 曰釐山, 其陽多玉, 其陰多蒐. 有獸焉, 其狀如牛, 蒼身, 其音如嬰兒, 是食人, 其名曰犀渠. 濰濰之水出焉, 而南流注於伊水. 有獸焉, 名曰猲, 其狀如獳犬而有鱗, 其毛如彘鬛.]

【해설(解說)】

혈(猲)은 기이한 짐승으로, 생김새는 털이 많은 성난 개 같지만, 몸 전체가 비늘로 덮여 있고, 비늘 사이로 돼지털 같은 게 나 있다. 왕불(汪紱)은 주석하기를, 혈은 개 중에 털이 많은 것이다. 이 짐승은 몸에 비늘이 있으며, 비늘 사이에 돼지털 같은 게 나 있다고 했다.

혈의 그림에는 두 가지 형태가 있다.

첫째, 몸이 비늘로 덮여 있는 개[犬]인데, [그림 1-장응호회도본(蔣應鎬繪圖本)]·[그림 2-오임신근문당도본(吳任臣近文堂圖本), 인갑(鱗甲 : 비늘로 된 껍질-역자)이 발굽과 발의 위쪽에만 있음]·[그림 3-왕불도본(汪紱圖本)]·[그림 4-『금충전(禽蟲典)』]·[그림 5-상해금장도본(上海錦章圖本)]과 같은 것들이다.

둘째, 몸이 비늘로 덮여 있지 않은 개인데, [그림 6-성혹인회도본(成或因繪圖本)]과 같은 것이다.

곽박(郭璞)의 『산해경도찬(山海經圖讚)』: "혈은 마치 청구(靑狗)처럼 생겼는데, 털이 드문드문 나 있다네.[猲若靑狗, 有鬛被鮮.]"

721

[그림 1] 혈 명(明)·장응호회도본

猿狀如猨大而有鱗其毛如彘鬣出痂痂之水

獺

[그림 2] 혈 청(淸)·오임신근문당도본

[그림 3] 혈 청(淸)·왕불도본

獜圖

獜狀如獷犬而有鱗其毛
如彘鬣出濤清之水

[그림 5] 혈 상해금장도본

[그림 4] 혈 청(淸)·『금충전』

[그림 6] 혈 청(淸)·사천(四川)성혹인회도본

|권5-20| 수신인면신(獸身人面神) : 짐승의 몸에 사람의 얼굴을 한 신

【경문(經文)】

「중차사경(中次四經)」: 이산(釐山)의 첫머리, 녹제산(鹿蹄山)부터 현호산(玄扈山)에 이르기까지, 모두 아홉 개의 산들이 있으며, 그 거리는 1,670리에 달한다. 그 신들은 모두 사람의 얼굴에 짐승의 몸을 하고 있다. ……

[凡釐山之首, 自鹿蹄之山至於玄扈之山, 凡九山, 千六百七十里. 其神狀皆人面獸身. 其祠之, 毛用一白雞, 祈而不糈, 以采衣之.]

【해설(解說)】

녹제산(鹿蹄山)부터 현호산(玄扈山)까지는 모두 아홉 개의 산들이 있는데, 그 산의 산신들은 모두 사람의 얼굴에 짐승의 몸을 하고 있다.

[그림 1-장응호회도본(蔣應鎬繪圖本)]·[그림 2-『신이전(神異典)』]·[그림 3-성혹인회도본(成或因繪圖本)]·[그림 4-왕불도본(汪紱圖本), 중산신(中山神)이라 함]

[그림 1] 수신인면신 명(明)·장응호회도본

[그림 2] 수신인면신 청(淸)·『신이전』

[그림 3] 수신인면신 청(淸)·사천(四川)성혹인회도본

[그림 4] 수신인면신(중산신) 청(淸)·왕불도본

| 권5-21 | 대조(䦆鳥)

【경문(經文)】

「중차오경(中次五經)」: 수산(首山)이라는 곳에는, ……그 북쪽에 궤곡(机谷)이라는 골짜기가 있는데, 대조(䦆鳥)가 많다. 그 생김새는 올빼미와 비슷하지만 눈이 세 개이고, 귀가 있으며, 그 소리는 사슴과 비슷하고, 이것을 먹으면 습병(濕病)이 낫는다.

[東三百里, 曰首山, 其陰多穀·柞, 其草多𦵡芫, 其陽多䖂琈之玉, 木多槐. 其陰有谷, 曰机谷, 多䦆鳥, 其狀如梟而三目, 有耳, 其音如錄[21], 食之已墊[22].]

【해설(解說)】

대조[䦆('地'로 발음)鳥]는 눈이 세 개인 기이한 새로, 생김새는 올빼미(일설에는 오리와 비슷하다고 하며, 또 까마귀와 비슷하다고도 하는데, 지금 여러 판본의 그림들을 보면 대체로 맹금류인 올빼미와 비슷함)와 비슷하며, 세 개의 눈이 있고, 귀가 달려 있으며, 그 울음소리는 돼지 울음소리와 비슷하고, 그것의 고기를 먹으면 습병(濕病)을 치료할 수 있다고 전해진다.

곽박(郭璞)의 『산해경도찬(山海經圖讚)』: "세 개의 눈에 귀가 달려 있고, 그 생김새는 올빼미와 비슷하다네.[三眼有耳, 厥狀如梟.]"

대조의 그림에는 두 가지 형태가 있다.

첫째, 세 개의 눈이 달린 올빼미로, [그림 1-장응호회도본(蔣應鎬繪圖本)]·[그림 2-오임신강희도본(吳任臣康熙圖本)]·[그림 3-오임신근문당도본(吳任臣近文堂圖本)]·[그림 4-상해금장도본(上海錦章圖本)]과 같은 것들이다.

둘째, 두 개의 눈이 달린 올빼미처럼 생긴 것으로, [그림 5-성혹인회도본(成或因繪圖本)]·[그림 6-왕불도본(汪紱圖本)]과 같은 것들이다.

---

21) "其音如錄"의 '錄'자에 대해 학의행(郝懿行)은, "'鹿'자의 가차자이다. 『옥편』에서는 소리가 돼지 소리와 비슷하다고 했다.[蓋鹿字假音. 『玉篇』作音如豕.]"라고 했다. 이 책의 해설에서 돼지 울음소리와 비슷하다고 설명한 것은 『옥편』에 근거한 것인 듯하다.

22) 왕불(汪紱)은, "점(墊)이란, 하습병(下濕病)이다.[墊, 下濕病.]"라고 했다.

[그림 1] 대조 명(明)·장응호회도본

獸焉其狀如彙面三目有耳其音如吟出嶓冢之山

[그림 2] 대조 청(清)·오임신강희도본

[그림 3] 대조 청(清)·오임신근문당도본

吠鳥
狀如梟
而三目
有耳出
首山之
機谷

[그림 4] 대조 상해금장도본

[그림 5] 대조 청(淸)·사천(四川)성혹인회도본

[그림 6] 대조 청(淸)·왕불도본

【경문(經文)】

「중차육경(中次六經)」: 평봉산(平逢山)이라는 곳에, ……어떤 신이 사는데, 사람처럼 생겼지만 머리가 두 개이며, 이름은 교충(驕蟲)이라 하고, 석충(螫蟲)의 우두머리이다. 이 산은 바로 벌들이 모여 사는 곳이다. …….

[「中次六經」縞羝山之首, 曰平逢之山, 南望伊洛, 東望榖城之山, 無草木, 無水, 多沙石. 有神焉, 其狀如人而二首, 名曰驕蟲, 是爲螫蟲[23], 實惟蜂蜜之廬[24]. 其祠之, 用一雄雞, 禳而勿殺.]

【해설(解說)】

　머리가 두 개 달린 괴이한 신인 교충(驕蟲)은 평봉산(平逢山)의 산신이며, 또한 석충(螫蟲)의 신이다. 생김새가 매우 괴이한데, 사람처럼 생겼지만 머리가 두 개이다. 그는 석충의 우두머리이기 때문에, 그가 관할하는 평봉산은 벌들이 꿀을 만드는 곳이 되었다. 왕불(汪紱)은 주석에서 말하기를, 이 신은 사람을 쏘는 것들의 우두머리로, 이 산은 벌들이 모여드는 곳이라고 했다.

　[그림 1-장응호회도본(蔣應鎬繪圖本)]·[그림 2-호문환도본(胡文煥圖本)]·[그림 3-『신이전(神異典)』]·[그림 4-성혹인회도본(成或因繪圖本)]·[그림 5-필원도본(畢沅圖本)]·[그림 6-왕불도본(汪紱圖本), 이것의 교충 그림에는 교충과 벌(蠭:蜂)의 형상이 함께 그려져 있는데, 이는 교충이 벌의 우두머리임을 나타낸다.]·[그림 7-상해금장도본(上海錦章圖本)]

---

23) 석충(螫蟲)이란 쏘거나 무는 곤충들을 가리킨다. 곽박은 "석충(螫蟲)의 우두머리이다.[爲螫蟲之長.]"라고 했다.
24) 곽박은 주석하기를, "벌들이 모여드는 곳이라 한다.[言群蜂之所舍集.]"라고 했다.

[그림 1] 교충 명(明)·장응호회도본

騎虫

[그림 2] 교충 명(明)·호문환도본

[그림 3] 교충신 청(淸)·『신이전』

用一雄雞
禳而勿殺

[그림 4] 교충 청(淸)·사천(四川)성혹인회도본

[그림 5] 교충 청(淸)·필원도본

驕蟲
狀如人而二首
平逢山之神
用一雄
雞禳而
勿殺

[그림 6] 교충 청(淸)·왕불도본

[그림 7] 교충 상해금장도본

|권5-23| 영요(鴒鸚)

【경문(經文)】

「중차육경(中次六經)」: 외산(嵬山)이라는 곳은, 그 북쪽에 저부옥(瑇珌玉)이 많다. 그 서쪽에 골짜기가 있는데, 이름은 관곡(藿谷)이라 하며, 그곳의 나무로는 버드나무와 닥나무가 많다. 그 속에 어떤 새가 사는데, 생김새는 산닭과 비슷하지만 긴 꼬리가 나 있으며, 붉기가 불꽃과 같고, 부리는 푸른색이며, 이름은 영요(鴒鸚)라 한다. 그 울음소리는 자신을 부르는 듯하며, 이것을 먹으면 가위눌리지 않는다. ……. [又西十里, 曰嵬山, 其陰多瑇珌之玉. 其西有谷焉, 名曰藿谷, 其木多柳楮. 其中有鳥焉, 狀如山雞而長尾, 赤如丹火而靑喙, 名曰鴒鸚, 其鳴自呼, 服之不眯. 交觴之水出於陽, 而南流注於洛. 俞隨之水出於其陰, 而北流注於穀水.]

【해설(解說)】

영요(鴒鸚: '鈴要'로 발음)는 기이한 새로, 생김새는 산닭[山雞]과 비슷한데, 부리는 푸르지만, 기나긴 꼬리가 나 있으며, 색이 산뜻하고 고우며, 그 붉기는 불꽃 같고, 그 울음소리는 마치 자신의 이름을 부르는 듯하다. 그것의 고기를 먹으면 악몽을 꾸지 않고 재앙을 물리칠 수 있다.

곽박의 『산해경도찬』: "꿩처럼 생긴 새가 있으니, 이름을 영요라고 한다네. 붉기가 마치 불꽃과 같으니, 때문에 재앙을 물리친다네.[鳥似山雞, 名曰鴒鸚. 赤若丹火, 所以辟妖.]"

[그림 1-장응호회도본(蔣應鎬繪圖本)]·[그림 2-성혹인회도본(成或因繪圖本)]·[그림 3-왕불도본(汪紱圖本)]·[그림 4-『금충전(禽蟲典)』]

[그림 3] 영요 청(淸)·왕불도본

[그림 1] 영요 명(明)·장응호회도본

[그림 2] 영요 청(淸)·사천(四川)성혹인회도본

[그림 4] 영요 청(淸)·『금충전』

|권5-24| 선구(旋龜)

【경문(經文)】

「중차육경(中次六經)」: 밀산(密山)이라는 곳은, 그 남쪽에 옥이 많고, 그 북쪽에는 철이 많다. 호수(豪水)가 시작되어, 남쪽으로 흘러 낙수(洛水)로 들어간다. 그 속에 선구(旋龜)가 많이 사는데, 그 생김새는 새의 대가리에 자라의 꼬리를 하고 있고, 그것이 내는 소리는 나무를 쪼개는 소리 같다. …….

[又西七十二里, 曰密山, 其陽多玉, 其陰多鐵. 豪水出焉, 而南流注於洛, 其中多旋龜, 其狀鳥首而鱉尾, 其音如判木. 無草木.]

【해설(解說)】

『산해경』에 나오는 선구(旋龜)에는 두 종류가 있다. 첫째는 이미 「남산경(南山經)」에서 보았는데, 유양산(杻陽山)의 선구는 새의 대가리에 살무사의 꼬리가 달려 있고, 나무를 쪼개는 듯한 소리를 낸다. 둘째는 밀산(密山)의 선구로, 새의 대가리에 자라의 꼬리를 하고 있고, 나무를 두드리는 듯한 소리를 내며, 그 생김새는 앞에서 말한 유양산의 선구와는 조금 다르다.

곽박(郭璞)의 『산해경도찬(山海經圖讚)』: "그 소리가 나무 쪼개는 소리 같은데, 선구라고 부른다네.[聲如破木, 號曰旋龜.]"

[그림 1-장응호회도본(蔣應鎬繪圖本)]·[그림 2-성혹인회도본(成或因繪圖本)]·[그림 3-왕불도본(汪紱圖本)]

[그림 2] 선구 청(淸)·사천(四川)성혹인회도본

[그림 1] 선구 명(明)·장응호회도본

[그림 3] 선구 청(淸)·왕불도본

|권5-25| 수벽어(脩辟魚)

【경문(經文)】

「중차육경(中次六經)」 : 탁산(橐山)이라는 곳에서, ……탁수(橐水)가 시작되어 북쪽
으로 흘러 황하로 들어간다. 그 속에 수벽어(脩辟魚)가 많이 사는데, 그 생김새는
맹꽁이와 비슷하지만 주둥이는 희며, 그 울음소리가 솔개와 비슷하고, 이것을 먹
으면 백선(白癬 : 흰 버짐-역자)을 치료할 수 있다.

[又西五十里, 曰橐山, 其木多樗, 多㰤木, 其陽多金·玉, 其陰多鐵, 多蕭. 橐水出焉,
而北流注於河. 其中多脩辟之魚, 狀如黽[25]而白喙, 其音如鴟, 食之已白癬.]

【해설(解說)】

수벽어[脩('修'로 발음)辟魚]는 기이한 물고기로, 생김새는 개구리와 비슷한데, 주둥이
가 희고, 울음소리는 올빼미와 비슷하다. 이것의 고기를 먹으면 백선(白癬)을 치료할
수 있다고 한다.

곽박(郭璞)의 『산해경도찬(山海經圖讚)』 : "수벽어는 맹꽁이와 비슷한데, 그 울음소리
는 마치 올빼미 같다네.[脩辟似黽, 厥鳴如鴟.]"

[그림 1-왕불도본(汪紱圖本)]·[그림 2-『금충전(禽蟲典)』]

[그림 1] 수벽어 청(淸)·왕불도본

25) 곽박은 "맹꽁이는 개구리 종류이다.[黽, 蛙屬也.]"라고 했다.

[그림 2] 수벽어 청(清)·『금충전』

|권5-26| 산고(山膏)

【경문(經文)】

「중차칠경(中次七經)」: 고산(苦山)이라는 곳에, 어떤 짐승이 사는데, 이름은 산고(山膏)라 하고, 그 생김새는 돼지와 비슷하며, 불꽃처럼 붉고, 욕을 잘 한다. …….
[又東二十里, 曰苦山, 有獸焉, 名曰山膏, 其狀如逐[26], 赤若丹火, 善詈. 其上有木焉, 名曰黃棘, 黃華而員葉, 其實如蘭. 服之不字. 有草焉, 員葉而無莖, 赤華而不實, 名曰無條, 服之不癭.]

【해설(解說)】

산고(山膏)는 즉 산도(山都)로, 괴수의 일종이며, 생김새는 돼지 같은데, 붉고, 선명하기가 마치 불꽃 같다. 이 짐승의 특징은 사람에게 욕을 잘 한다는 것이다. 『사물감주(事物紺珠)』에서는, 산고는 돼지처럼 생겼고, 붉기가 마치 불꽃 같다고 했다.

곽박(郭璞)의 『산해경도찬(山海經圖讚)』: "산고는 돼지처럼 생겼는데, 그 천성이 욕을 잘 한다네.[山膏如豚, 厥性好罵.]"

[그림 1-왕불도본(汪紱圖本)]·[그림 2-『금충전(禽蟲典)』]

[그림 1] 산고 청(淸)·왕불도본

---

26) 경문의 '逐(돼지 돈)'자에 대해 ,곽박은 "즉 '豚[돼지 돈]'자이다.[卽豚字.]"라고 주석했다.

[그림 2] 산고 청(淸)·『금충전』

| 권5-27 | 천우(天愚)

【경문(經文)】

「중차칠경(中次七經)」: 도산(堵山)이라는 곳에, 신(神)인 천우(天愚)가 사는데, 그곳에는 괴상한 비바람이 많이 분다. ······.

[又東二十七里, 曰堵山, 神天愚居之, 是多怪風雨. 其上有木焉, 名曰天楄, 方莖而葵狀, 服者不噎.]

【해설(解說)】

천우(天愚)는 도산(堵山)의 산신으로, 그의 신직(神職)은 괴상한 비바람을 관장하는 것이다.

[그림―왕불도본(汪紱圖本)]

[그림] 천우 청(淸)·왕불도본

| 권5-28 | 문문(文文)

【경문(經文)】

「중차칠경(中次七經)」: 방고산(放皐山)이라는 곳에, ……어떤 짐승이 사는데, 그 생김새는 벌과 비슷하고, 꼬리가 갈라져 있으며, 혀가 거꾸로 말려 있다. 소리를 잘 지르며, 그 이름은 문문(文文)이라고 한다.

[又東五十二里, 曰放皐之山. 明水出焉, 南流注於伊水, 其中多蒼玉. 有木焉, 其葉如槐, 黃華而不實, 其名曰蒙木, 服之不惑. 有獸焉, 其狀如蜂, 枝尾而反舌, 善呼, 其名曰文文.]

【해설(解說)】

문문(文文)은 일종의 괴상한 짐승으로, 생김새는 벌과 비슷하며, 꼬리가 둘로 갈라져 있고, 혀를 지빠귀처럼 잘 말며, 크게 소리 지르기를 좋아한다. 왕불(汪紱)은 주석하기를, 지미(枝尾)란 꼬리가 둘로 갈라져 있는 것이고, 반설(反舌)은 혀를 지빠귀처럼 잘 마는 것이라고 했다. 『병아(騈雅)』에는, 고조(蠱雕)는 독수리처럼 생겼지만 뿔이 있고, 문문은 벌처럼 생겼지만 혀를 잘 만다고 기록되어 있다.

문문은 짐승이고, 생김새는 벌과 비슷한데, 경문(經文)이 불확실하기 때문에, 그 그림에는 두 가지 형태가 있다.

첫째, 벌의 모습을 한 것으로, [그림 1-왕불도본(汪紱圖本)]과 같은 것이다.

둘째, 짐승의 모습인데, 허리가 가늘고 벌처럼 생겼으며, 꼬리가 둘로 갈라져 있는 것으로, [그림 2-『금충전(禽蟲典)』]과 같은 것이다.

곽박(郭璞)의 『산해경도찬(山海經圖讚)』: "문문이란 짐승은 벌처럼 생겼는데, 꼬리는 둘로 갈라져 있고, 혀는 거꾸로 말려 있다네.[文獸如蜂, 枝尾反舌.]"

文文

[그림 1] 문문 청(淸)·왕불도본

文交圖

[그림 2] 문문 청(淸)·『금충전』

|권5-29| 삼족구(三足龜)

【경문(經文)】

「중차칠경(中次七經)」: 대고산(大騩山)이라는 곳은, ……그 남쪽에서 광수(狂水)가 시작되어, 남서쪽으로 흘러 이수(伊水)로 들어간다. 그 속에 삼족구(三足龜: 발이 세 개인 거북-역자)가 많이 사는데, 이것을 먹으면 큰 병에 걸리지 않고, 종기를 낫게 할 수 있다.

[又東五十七里, 曰大騩之山, 多琭琈之玉, 多麋玉. 有草焉, 其狀葉如楡, 方莖而蒼傷, 其名曰牛傷, 其根蒼文, 服者不厥, 可以禦兵. 其陽狂水出焉, 西南流注於伊水, 其中多三足龜, 食者無大疾, 可以已腫.]

【해설(解說)】

삼족구(三足龜)는 분구(賁龜)라고도 하며, 상서로운 짐승이다. 『이아(爾雅)·석어(釋魚)』에서는, 거북 중에 발이 세 개인 것을 분(賁)이라 한다고 했다. 곽박(郭璞)의 기록에 따르면, 지금 오흥(吳興) 양이현(陽羨縣)의 군산(君山)에는, 그 산 위에 연못이 있는데, 거기에 발이 세 개이고 눈이 여섯 개인 거북이 산다고 했다. 이시진(李時珍)의 『본초강목(本草綱目)』에서는, 삼족구의 약용 가치를 특히 중시했는데, 이것을 먹으면 돌림병에 걸리지 않고, 종기를 가라앉힐 수 있다고 했다.

곽박의 『산해경도찬(山海經圖讚)』: "조물주께서는 평등하시어, 치우친 것도 없고 편파적인 것도 없도다. 적으면 모자라지 않게 하고, 길면 많지 않게 하셨네. 분(賁)과 능(能)은 발이 셋이니, 자라나 악어와 어째서 다른가.[造物維均, 靡偏靡頗. 少不爲短, 長不爲多. 賁能三足, 何異鼅鼄.]"

[그림 1-장응호회도본(蔣應鎬繪圖本)]·[그림 2-학의행도문(郝懿行圖文)]·[그림 3-상해금장도본(上海錦章圖本)]

[그림 1] 삼족구 명(明)·장응호회도본

造物維均
靡偏靡頗
頗少不為短長不
為多庶能三足
何異鼃黿

三足龜之可喜體

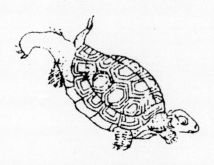

[그림 2] 삼족구 청(淸)·학의행도본

造物維均
靡偏靡頗
少不為短
長不為多
貢能三足
何異鼃黿

三足龜出狂水食之可消腫

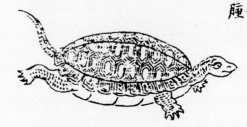

[그림 3] 삼족구 상해금장도본

|권5-30| 윤어(鯩魚)

【경문(經文)】

「중차칠경(中次七經)」: 반석산(半石山)이라는 곳이 있는데, ……남쪽에서 내수수(來需水)가 시작되어 서쪽으로 흘러 이수(伊水)로 들어간다. 그 속에 윤어(鯩魚)가 많이 사는데, 검은 무늬가 있고, 그 생김새는 붕어와 비슷하며, 이것을 먹으면 종기가 나지 않는다. …….

[又東七十里, 曰半石之山, 其上有草焉, 生而秀, 其高丈餘, 赤葉赤華, 華而不實, 其名曰嘉榮, 服之者不霆. 來需之水出於其陽, 而西流注於伊水, 其中多鯩魚, 黑文, 其狀如鮒, 食者不腫[27]. 合水出於其陰, 而北流注於洛, 多騰魚, 狀如鱖, 居逵, 蒼文赤尾, 食者不癰, 可以爲瘻.]

【해설(解說)】

　윤어(鯩魚)는 기이한 물고기로, 생김새는 붕어와 비슷하며, 몸에 검은 무늬가 있는데, 이것을 먹으면 종기를 가라앉힐 수 있다.

　[그림 1-장응호회도본(蔣應鎬繪圖本)]·[그림 2-성혹인회도본(成或因繪圖本)]·[그림 3-왕불도본(汪紱圖本)]·[그림 4-『금충전(禽蟲典)』]

[그림 1] 윤어 명(明)·장응호회도본

---

27) 학의행(郝懿行)은 주석하기를, "『문선(文選)·강부(江賦)』에 이선(李善)이 주(注)를 달 때, 이 경문을 인용하면서 '食之不腫'이라 했으며, 『태평어람(太平御覽)』 권939에서도 또한 인용하면서 '食者不腫'이라 했다.[李善注「江賦」引此經作'食之不腫', 『太平御覽』九百三十九卷亦引作'食者不腫'.]"라고 했다.
　저자주 : 원래 경문에는 '睡'라고 되어 있는데, 원가(袁珂)가 학의행의 설에 근거하여 바로잡아 고쳤다.

[그림 2] 윤어 청(淸)·사천(四川)성혹인회도본

[그림 3] 윤어 청(淸)·왕불도본

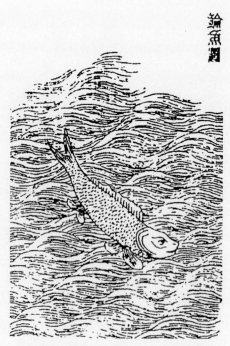

[그림 4] 윤어 청(淸)·『금충전』

古本 山海經 圖說 (下)

|권5-31| 등어(滕魚)

【경문(經文)】

「중차칠경(中次七經)」: 반석산(半石山)이라는 곳은, ……합수(合水)가 그 북쪽에서 시작되어, 북쪽으로 흘러 낙수(洛水)로 들어간다. 거기에 등어(滕魚)가 많이 사는데, 그 생김새는 쏘가리와 비슷하고, 물속의 혈도(穴道)가 잘 통하는 곳에 살며, 푸른 무늬와 붉은 꼬리가 있다. 이것을 먹으면 악창이 나지 않으며, 부스럼을 치료할 수 있다.

[又東七十里, 曰半石之山, 其上有草焉, 生而秀, 其高丈餘, 赤葉赤華, 華而不實, 其名曰嘉榮, 服之者不霆. 來需之水出於其陽, 而西流注於伊水, 其中多鯩魚, 黑文, 其狀如鮒, 食者不腫. 合水出於其陰, 而北流注於洛, 多滕魚, 狀如鱖, 居逵[28], 蒼文赤尾, 食者不癰, 可以爲瘻.]

【해설(解說)】

등어[滕('騰'으로 발음)魚]도 역시 기이한 물고기로, 생김새는 쏘가리와 비슷한데, 몸에 푸른 얼룩무늬가 있고, 꼬리는 붉으며, 물속의 혈도(穴道)가 사방으로 통하는 곳에서 사는 것을 좋아한다. 전하는 바에 따르면, 그것을 먹으면 화농성 종기가 나지 않고, 또 부스럼을 치료할 수 있다고 한다. 『옥편(玉篇)』에는, 등어는 복어처럼 생겼고, 푸른 무늬에 붉은 꼬리가 달려 있다고 기재되어 있다.

곽박(郭璞)의 『산해경도찬(山海經圖讚)』: "등어는 푸른 얼룩무늬가 있고, 사통팔달한 구멍에서 산다.[滕魚靑斑, 處於逵穴.]"

[그림-왕불도본(汪紱圖本)]

[그림] 등어 청(淸)·왕불도본

---

28) 곽박은 주석하기를, "'逵'는 물속의 혈도가 막힘없이 서로 통하는 곳이다.[逵, 水中之穴道交通者.]"라고 했다.

|권5-32| 시신인면십육신(豕身人面十六神) : 돼지의 몸에 사람의 얼굴을 한 십육신

【경문(經文)】

「중차칠경(中次七經)」: 고산(苦山)의 첫머리, 휴여산(休與山)부터 대귀산(大騩山)에 이르기까지 모두 열아홉 개의 산들이 있으며, 그 거리는 1,184리에 달한다. 그곳의 십육신(十六神)들은 모두 돼지의 몸에 사람의 얼굴을 하고 있다. ……

[凡苦山之首, 自休與之山至於大騩之山, 凡十有九山, 千一百八十四里. 其十六神者, 皆豕身而人面. 其祠, 毛牷用一羊羞, 嬰用一藻玉瘞. 苦山·少室·太室皆冢也, 其祠之, 太牢之具, 嬰以吉玉. 其神狀皆人面而三首. 其餘屬皆豕身人面也.]

【해설(解說)】

고산(苦山)의 산맥은 휴여산(休與山)부터 대귀산(大騩山)까지 모두 열아홉 개의 산들이 있는데, 이 열아홉 산의 산신들에는 두 가지 모습이 있다. 첫째, 열아홉 개 산들 가운데 고산(苦山)·소실산(少室山)·태실산(太室山) 등 세 개의 산들은 종주산[冢]29)에 속하는데, 그 산신들은 모두 사람의 얼굴에 머리가 세 개인 신들이다(다음 항목의 그림을 보라). 둘째, 그 나머지 열여섯 개 산의 산신들은 십육신(十六神)이라고 하는데, 그 모습이 모두 사람의 얼굴에 돼지의 몸을 하고 있다.

[그림 1-장응호회도본(蔣應鎬繪圖本)]·[그림 2-성혹인회도본(成或因繪圖本)]·[그림 3-왕불도본(汪紱圖本), 중산십육신(中山十六神)이라 함]

---

29) 여기에서 '冢'은 장(長 : 종주·우두머리)이라는 뜻이다. 옛날에 제사를 지내는 주체와 제사의 대상에 따라 제사의 격식에 차이가 있었고, 사용되는 희생(犧牲)도 태뢰(太牢 : 소·양·돼지 등 세 가지 희생을 모두 갖추는 것)와 소뢰(小牢 : 양과 돼지만을 희생으로 갖춘 것)로 구분되었다. 시대별·기록별로, 제사 주체와 제사 대상에 차이가 있기는 하지만, 대체로 천자는 천지(天地)와 명산대천(名山大川)에 제를 올리고, 제후는 사직(社稷)과 명산대천에 제사를 지냈으며, 또한 명산대천도 그 상하를 구분하고, 그에 따라 격식을 달리하여 제사를 지냈다고 한다. 여기서 고산(苦山)·소실산(少室山)·태실산(太室山) 등 세 산(세 산의 신)이 좀 더 높은 지위를 차지했었기에, 종주산[冢]이라 하고, 희생도 태뢰를 사용한 것으로 여겨진다. 나머지 열여섯 개의 산에는 양 한 가지만을 희생으로 사용한 것은, 이 산들의 산신들이 모두 돼지의 몸을 하고 있기 때문에 돼지를 사용하지 않은 것으로 추측된다.

[그림 1] 시신인면십육신 명(明)·장응호회도본

[그림 2] 시신인면십육신 청(淸)·사천(四川)성혹인회도본

[그림 3] 시신인면십육신(중산십육신) 청(淸)·왕불도본

|권5-33| 인면삼수신(人面三首神)

【경문(經文)】

「중차칠경(中次七經)」 : ……고산(苦山)·소실산(少室山)·태실산(太室山)은 모두 종주산(宗主山 : 冢)이며, ……그곳의 신들은 모두 사람의 얼굴을 하고 있고, 머리가 세 개이다. 그 나머지 산의 신들은 모두 돼지의 몸에 사람의 얼굴을 하고 있다.

[凡苦山之首, 自休與之山至於大騩之山, 凡十有九山, 千一百八十四里. 其十六神者, 皆豕身而人面. 其祠, 毛牷用一羊羞, 嬰用一藻玉瘞. 苦山·少室·太室皆冢也, 其祠之, 太牢之具, 嬰以吉玉. 其神狀皆人面而三首. 其餘屬皆豕身人面也.]

【해설(解說)】

고산(苦山)의 산맥에는 휴여산(休與山)부터 대귀산(大騩山)까지는 모두 열아홉 개의 산들이 있다. 그 중 고산(苦山)·소실산(少室山)·태실산(太室山) 등 세 산들은 종주산에 속한다. 종주산은 산맥 중 높은 꼭대기 부분에 위치하는데, 신에게 제사지내는 성지(聖地)이자 산신의 거처이며, 또한 선조(先祖)들의 고향이자, 영혼들이 돌아가는 곳으로, 고대인들이 지향하던 곳이다. 이 종주산에 대한 제사는 일반적인 산신한테 올리는 제사의 격식보다 높아야 하고, 태뢰(太牢)인 소·양·돼지 등 세 가지 희생들을 사용하여 대례(大禮)로 올려야 한다.

[그림 1-장응호회도본(蔣應鎬繪圖本)]·[그림 2-성혹인회도본(成或因繪圖本)]·[그림 3-왕불도본(汪紱圖本), 고산석실신(苦山石室神)이라고 함]

[그림 1] 인면삼수신 명(明)·장응호회도본

[그림 2] 인면삼수신 청(淸)·사천(四川)성혹인회도본

[그림 3] 인면삼수신(고산석실신) 청(淸)·왕불도본

|권5-34| 문어(文魚)

【경문(經文)】

「중차팔경(中次八經)」: 형산(荊山)의 첫머리는 경산(景山)이라고 하는데, ……저수 (雎水)가 이 산에서 시작되어 남동쪽으로 흘러 장강(長江)으로 들어간다. 그 속에 문어(文魚)가 많이 산다.

[荊山之首, 曰景山, 其上多金·玉, 其木多杼檀. 雎水出焉, 東南流注於江, 其中多丹 粟, 多文魚.]

【해설(解說)】

문어(文魚)는 즉 지금의 우럭바리[석반어(石斑魚)]로, 그 몸에 얼룩무늬가 있다. 『초사 (楚辭)·구가(九歌)·하백(河伯)』에 "하얀 큰 자라를 타고 문어를 쫓네.[乘白黿兮逐文魚.]" 라는 구절이 있는데, 그 구절에 나오는 문어가 바로 이것이다.

[그림─왕불도본(汪紱圖本)]

[그림] 문어 청(淸)·왕불도본

| 권5-35 | 이우(犛牛)

【경문(經文)】

「중차팔경(中次八經)」 : 형산(荊山)은 그 북쪽에는 철이 많고, 남쪽에는 적금(赤金)30)이 많다. 산 속에 이우(犛牛)31)가 많이 산다. …….

[東北百里, 曰荊山, 其陰多鐵, 其陽多赤金, 其中多犛牛, 多豹虎, 其木多松柏, 其草多竹, 多橘櫾. 漳水出焉, 而東南流注於雎, 其中多黃金, 多鮫魚, 其獸多閭麋.]

【해설(解說)】

이우[犛('毛'로 발음)牛 : 검은 소―역자]는 모우(旄牛)32)류에 속한다. 『장자(莊子)·소요유(消遙遊)』에서는, "이우는 그 크기가 마치 하늘을 온통 뒤덮듯 드리운 구름 같다네.[今夫犛牛, 其大若垂天之雲.33)]"라고 했다.

[그림―왕불도본(汪紱圖本)]

犛牛

[그림] 이우 청(淸)·왕불도본

---

30) 적금(赤金)은 구리를 가리키기도 하고, 순도가 높은 금을 가리키기도 한다. 이 책에서는 구리를 가리키는 듯하다.

31) 곽박은 주석하기를, "모우(旄牛)의 종류로, 검은색이며, 남서쪽 변방 밖에서 난다.[旄牛屬也, 黑色, 出西南徼外也.]"라고 했다.

32) 긴 털을 가진 소.

33) 여기에서 "垂天之雲"은 '하늘에 가득 드리워진 구름'이라는 뜻으로, 크기가 매우 크다는 의미이다. 『장자(莊子)·내편(內篇)·소요유(逍遙遊)』를 보면, "붕새의 등 넓이는 몇 천 리에 달하는지 알 수 없다. 떨쳐 일어나 힘껏 날아오르면, 그 날개는 마치 하늘에 가득 드리워져 있는 구름 같다.[鵬之背, 不知其幾千里也. 怒而飛, 其翼若垂天之雲.]"라는 구절이 나온다.

|권5-36| 표범[豹]

【경문(經文)】

「중차팔경(中次八經)」: 형산(荊山)이라는 곳에, ……표범[豹]이 많이 산다. …….
[東北百里, 曰荊山, 其陰多鐵, 其陽多赤金, 其中多犛牛, 多豹虎, 其木多松柏, 其草
多竹, 多橘櫾. 漳水出焉, 而東南流注於睢, 其中多黃金, 多鮫魚, 其獸多閭麋.]

【해설(解說)】

표범[豹]은 맹수로, 호랑이와 비슷하게 생겼지만 동그란 무늬가 있다. 이시진(李時珍)
은『본초강목(本草綱目)』에서 말하기를, 표범에는 여러 종류가 있다고 했다. 즉『산해경』
에는 원표(元豹)가 나오고, 『시경(詩經)』에는 적표(赤豹)가 나오는데, 꼬리가 붉고 몸에
검은 무늬가 있다. 『이아(爾雅)』에는 백표(白豹)가 나오는데, 즉 맥(貘)이며, 털이 희고
검은 무늬가 있다고 했다. 곽박(郭璞)은 주석하기를, 맥은 구리와 철을 먹을 수 있다고
했다.

[그림−왕불도본(汪紱圖本)]

豹

[그림] 표범 청(淸)·왕불도본

|권5-37| 교어(鮫魚)

【경문(經文)】

「중차팔경(中次八經)」：형산(荊山)이라는 곳에서, ……장수(漳水)가 시작되어 남동쪽으로 흘러 저수(雎水)로 들어간다. 그 속에 황금이 많고, 교어(鮫魚)가 많이 산다. …….

[東北百里, 曰荊山, 其陰多鐵, 其陽多赤金, 其中多犛牛, 多豹虎, 其木多松柏, 其草多竹, 多橘櫾. 漳水出焉, 而東南流注於雎, 其中多黃金, 多鮫魚. 其獸多閭麋.]

【해설(解說)】

교어(鮫魚)는 즉 지금의 사어(沙魚)로, 마교어(馬鮫魚)라고도 부른다. 이시진(李時珍)의 『본초강목(本草綱目)』에서 이르기를, 교어는 껍질에 모래알 같은 무늬가 있는데, 그 무늬가 까치처럼 얼룩덜룩하여 교어(鮫魚)·사어·작어(䱜魚)·유어(溜魚) 등 여러 가지 이름이 있다고 했다. 곽박(郭璞)은 말하기를, 교어는 껍질에 구슬 같은 무늬가 있고 단단하며, 꼬리 길이가 3~4척 정도인데, 끝에 독이 있어 사람을 쏜다고 했다. 또 가죽으로 검(劍)을 장식할 수 있고, 주둥이로는 재목과 뿔을 갈아 고르게 할 수 있는데, 지금의 임해군(臨海郡)에도 이것이 산다고 했다. 『남월지(南越志)』에 기록되어 있는 교어에 대한 이야기는 매우 흥미롭다. 즉 환뇌어(環雷魚)는 작어(䱜魚)인데, 길이가 한 장(丈) 남짓이다. 뱃속에 두 개의 구멍이 있어 배에 물을 저장하여 새끼를 기르는데, 한 배에 두 마리의 새끼를 담을 수 있다. 새끼는 아침에 입을 통해 나왔다가 저녁이 되면 다시 뱃속으로 들어간다. 비늘이 덮인 껍질에는 구슬이 있는데, 검을 장식할 수 있다.

곽박의 『산해경도찬(山海經圖讚)』："물고기 중 별종인데, 그것을 교(鮫)라고 부른다네. 구슬 무늬 껍질에 독이 있는 꼬리를 가졌고, 물고기도 아니고 짐승도 아니라네. 뿔을 갈 수도 있고, 검을 장식할 수도 있다네.[魚之別屬, 厥號曰鮫. 珠皮毒尾, 匪鱗匪毛. 可以錯角, 兼飾劍刀.]"

[그림 1-장응호회도본(蔣應鎬繪圖本)]·[그림 2-성혹인회도본(成或因繪圖本)]·[그림 3-왕불도본(汪紱圖本)]·[그림 4-『금충전(禽蟲典)』]

[그림 1] 교어 명(明)·장응호회도본

[그림 2] 교어 청(淸)·사천(四川)성혹인회도본

[그림 3] 교어 청(淸)·왕불도본

[그림 4] 교어 청(淸)·『금충전』

古本 山海經 圖說 (下)

【경문(經文)】

「중차팔경(中次八經)」: 교산(驕山)이라는 곳은, 산 위에는 옥이 많고, 산 아래에는 청확(靑雘)이 많다. ……신 타위(蟲圍)가 그곳에 사는데, 그 모습은 사람 같고, 양의 뿔과 호랑이의 발톱이 나 있으며, 늘 저수(雎水)와 장수(漳水)의 깊은 곳에서 노닐고, 드나들 때는 빛이 난다.

[又東北百五十里, 曰驕山, 其上多玉, 其下多靑雘. 其木多松柏, 多桃枝鉤端. 神蟲圍處之, 其狀如人[34], 羊角虎爪, 恒遊於雎·漳之淵, 出入有光.]

【해설(解說)】

타위[蟲('駝'로 발음)圍]는 교산(驕山)의 산신으로, 사람처럼 생겼지만, 양의 뿔과 호랑이의 발톱이 나 있으며, 저수(雎水)와 장수(漳水)의 깊은 곳에서 노닐기를 좋아하고, 곳곳을 드나들 때 몸 위에서는 모두 밝은 빛이 난다.

곽박(郭璞)의 『산해경도찬(山海經圖讚)』: "섭타(涉蟲)는 다리가 셋이고, 타위는 호랑이의 발톱을 가졌다네.[涉蟲三脚, 蟲圍虎爪.]"

타위의 그림에는 두 가지 형태가 있다.

첫째, 사람의 얼굴에 양의 뿔이 있고, 짐승의 몸을 하고 있으며, 사람처럼 서 있는 것으로, [그림 1-장응호회도본(蔣應鎬繪圖本)]·[그림 2-『신이전(神異典)』]·[그림 3-성혹인회도본(成或因繪圖本)]·[그림 4-왕불도본(汪紱圖本)]과 같은 것들이다.

둘째, 사람의 얼굴에 양의 뿔이 있고, 짐승의 몸을 하고 있으며, 짐승처럼 엎드려 있는 것으로, [그림 5-오임신근문당도본(吳任臣近文堂圖本)]·[그림 6-『금충전(禽蟲典)』]·[그림 7-상해금장도본(上海錦章圖本)]과 같은 것들이다.

---

34) 원래의 경문에는 "其狀如人面"이라고 되어 있는데, 학의행(郝懿行)은 주석하기를, "『광운(廣韻)』의 '蟲'자 주에서 이 문장을 근거로 삼고 있는데, '面'자가 없다.[廣韻蟲字注本此文, 無面字.]"라고 했다. 저자주 : '人'자 뒤에 원래는 '面'자가 있었는데, 원가가 학의행의 주장을 따라 빼버렸다.

[그림 1] 타위 명(明)·장응호회도본

[그림 2] 타위신(鼍圍神) 청(淸)·『신이전』

[그림 3] 타위 청(淸)·사천(四川)성혹인회도본

[그림 4] 타위 청(淸)·왕불도본

鵸圖人面羊角虎爪處驕
山恒遊于雎漳之淵

[그림 5] 타위 청(淸)·오임신근문당도본

[그림 6] 타위 청(淸)·『금충전』

渺渺
雨茫茫
升降風
首獨稟異表
虎爪許蒙龍
涉鵸三脚鵸圖
鵸圖人面羊角虎爪處驕
山恒遊于雎漳之淵

[그림 7] 타위 상해금장도본

| 권5-39 | 궤(麂)

【경문(經文)】

「중차팔경(中次八經)」 : 여궤산(女几山)이라는 곳에는, 그 위에 옥이 많고, 그 아래에는 황금이 많으며, 그곳에 사는 짐승으로는 …… 궤(麂 : 큰 노루-역자)가 많다. ……

[又東北百二十里, 曰女几之山, 其上多玉, 其下多黃金, 其獸多豹虎, 多閭麋麂麖, 其鳥多白鷮, 多翟, 多鴆.]

【해설(解說)】

궤(麂 : '几'로 발음)는 큰 사슴 종류에 속한다. 곽박(郭璞)은 주석하기를, 궤는 노루[麞]와 비슷하지만 몸집이 크다고 했다. 이시진(李時珍)은 『본초강목(本草綱目)』에서 말하기를, 궤는 큰 산속에 살며, 노루와 비슷하지만 몸집이 작고, 수컷은 짧은 뿔이 있으며, 검은색에 표범의 다리를 가졌다. 또 다리는 짧지만 힘이 세며, 잘 뛰어넘는데, 풀숲을 다닐 때는 하나의 길로만 다닌다. 가죽은 매우 부드러우며, 이것으로 가죽신과 허리띠를 만들면 귀하게 여긴다. 뱀을 잘 먹는다고도 한다고 했다.

[그림-왕불도본(汪紱圖本)]

[그림] 궤 청(淸)·왕불도본

짐(鴆)

【경문(經文)】

「중차팔경(中次八經)」: 여궤산(女几山)이라는 곳이 있는데, ……그곳에 사는 새들 중에는 ……짐(鴆)새가 많다.

[又東北百二十里, 曰女几之山, 其上多玉, 其下多黃金, 其獸多豹虎, 多閭麋麢麂, 其鳥多白鷩, 多翟, 多鴆.]

【해설(解說)】

『산해경』에 나오는 짐(鴆)새는 두 종류가 있다. 하나는 여기 「중차팔경(中次八經)」에 나오는 여궤산(女几山)의 짐새로, 뱀을 잡아먹는 독조(毒鳥)이다. 곽박은 말하기를, 짐새는 크기가 독수리만하고, 자녹색(紫綠色)이며, 긴 목에 붉은 부리가 있는데, 살무사의 대가리를 먹는다고 했다. 『이아익(爾雅翼)』에는 다음과 같이 매우 상세하게 기재되어 있다. "짐새는 독조이며, 매처럼 생겼지만 크기는 올빼미만하고, 자흑색(紫黑色)이며, 긴 목과 붉은 부리를 가졌다. 수컷은 운일(運日)이라 하고, 암컷은 음해(陰諧)라 한다. 날씨가 맑고 구름이 없으면 곧 운일이 먼저 울고, 날씨가 흐리고 비가 오려고 하면 곧 음해가 운다. 그래서 『회남자(淮南子)』에서 말하기를, 운일은 날씨가 맑을 것을 알고, 음해는 비가 올 것을 안다고 했다. 살무사나 예목(豫木)의 열매를 먹는다. 큰 바위나 큰 나무 사이에 살무사가 있는 것을 알면, 곧 우보(禹步)[35]로 그것을 제지하는데, 혹은 홀로 혹은 무리를 지어 나아가고 물러나고 굽어보고 우러러보는 데 법도가 있으며, 바위와 나무를 뒷걸음치며 끼고 돌다가 상대를 무너뜨린다. 무릇 짐새가 물을 마신 곳에서 그 물을 마시는 모든 짐승은 죽는다.[鴆, 毒鳥也, 似鷹而大如鶚也, 紫黑色, 長頸赤喙. 雄名運日, 雌名陰諧. 天晏靜無雲, 則運日先鳴, 天將陰雨, 則陰諧鳴之. 故『淮南子』云, 運日知晏, 陰諧知雨也. 食蝮蛇及豫實. 知巨石大木間有蛇虺, 即爲禹步以禁之, 或獨或群, 進退俯仰有度, 逶巡石樹, 爲之崩倒. 凡鴆飮水處, 百蟲吸之皆死.]" 이시진(李時珍)은 『본초강목(本草綱目)』에서, 짐새와 운일(運日)이 다른 짐승이라고 하면서 다음과 같이 지적했다. 즉 "도홍경(陶弘景)[36]이 이르기를 짐새와 운일[鴆(즉 運)日은 두 종류라고 했다. 짐새는 생김

---

35) 우보(禹步)는 도사가 신한테 기도하는 의례에서 사용하던 일종의 걸음걸이 방법이다. 하(夏)나라 우(禹)임금이 창안했다 하여 붙여진 이름이라고 전해진다.

36) 도홍경(陶弘景, 452~536년)은 중국 남조(南朝) 시대 양(梁)나라 때의, 단양(丹陽) 말릉(秣陵 : 지금의 강

새가 공작새와 비슷한데, 오색 무늬가 섞여 있으며, 크다. 또 목은 검고 부리는 붉으며, 광동(廣東)의 깊은 산중에서 난다. 운일은 생김새가 검푸른 색의 닭과 비슷하며, 구름이 힘을 합하는 듯한 소리를 낸다. 그래서 강동(江東) 사람들은 동력조(同力鳥)라고 부른다. 이 새는 뱀을 잡아먹는데, 사람이 그 고기를 잘못 먹으면 즉사하며, 또한 뱀의 독을 치료할 수 있다. 옛날 사람들은 짐새의 깃털을 이용해 독주(毒酒)를 만들었는데, 이때문에 그 술을 짐주(鴆酒)라고 불렀다.[陶弘景曰, 鴆與鴞日是兩種. 鴆鳥狀如孔雀, 五色雜斑·高大, 黑頸赤喙, 出廣之深山中. 鴞日狀如黑儉鷄, 作聲似雲同力, 故江東人呼爲同力鳥. 幷啖蛇, 人誤食其肉立死, 幷療蛇毒. 昔人用鴆毛爲毒酒, 故名鴆酒.]"

다른 하나는 「중차십일경(中次十一經)」에 나오는 요벽산(瑤碧山)의 짐새로, 그 생김새가 꿩과 비슷하고, 빈대를 잘 먹는다.

곽박의 『산해경도찬(山海經圖讚)』: "살무사는 독을 가진 것들 중 으뜸인데, 짐새가 이것을 잡아먹는다네. 날개를 떨치며 숲에서 울면, 풀이 시들고 나무가 상한다네. 깃털로 날아가 몰래 찌르니, 그 벌을 면하기 어렵다네.[蝮爲毒魁, 鴆鳥是啖. 拂翼鳴林, 草瘁木慘. 羽行隱截, 厥罰難犯.]"

[그림 1-장응호회도본(蔣應鎬繪圖本)]·[그림 2-성혹인회도본(成或因繪圖本)]·[그림 3-왕불도본(汪紱圖本)]·[그림 4-『금충전(禽蟲典)』]

[그림 1] 짐조(鴆鳥) 명(明)·장응호회도본

소성 남경) 사람이다. 자는 통명(通明), 호는 화양은거(華陽隱居)이다. 도학가(道學家)이자 연단가(煉丹家)이며, 불교와 천문학에도 조예가 깊은 문인이었다. 제왕시독(諸王侍讀)이라는 벼슬을 지냈고, 양나라 무제(武帝)의 정치를 도왔는데, '산중재상(山中宰相)'으로 불렸다. 저서로는 『도은거집(陶隱居集)』·『본초경집주(本草經集注)』·『진고(眞誥)』·『등진은결(登眞隱訣)』 등이 있다.

[그림 2] 짐조 청(淸)·사천(四川)성혹인회도본

[그림 3] 짐 청(淸)·왕불도본

[그림 4] 짐조 청(淸)·『금충전』

| 권5-41 | 계몽(計蒙)

【경문(經文)】

「중차팔경(中次八經)」: 광산(光山)이라는 곳이 있는데, 그 위에는 벽옥(碧玉)이 많고, 그 아래에는 물이 많다. 신(神)인 계몽(計蒙)이 그곳에 사는데, 그 모습은 사람의 몸에 용의 대가리를 하고 있으며, 항상 장수(漳水)의 깊은 곳에서 노닐고, 물속을 드나들 때는 반드시 회오리바람이 몰아치고 폭우가 쏟아진다.

[又東百三十里, 曰光山, 其上多碧, 其下多水[37]. 神計蒙處之, 其狀人身而龍首, 恒遊於漳淵, 出入必有飄風暴雨.]

【해설(解說)】

광산(光山)의 산신인 계몽(計蒙)은 용의 대가리에 사람의 몸을 하고 있는 괴상한 신이며, 또한 비와 바람의 신으로, 장수(漳水)의 깊은 곳에서 즐겨 노니는데, 그가 드나드는 곳에는 반드시 광풍과 폭우가 동반한다. 왕불(汪紱)은 지적하기를, 지금의 육안(陸安)과 광주(光州) 사이의 지역에서 금용신(金龍神)을 모시는데, 아마도 이것이 바로 계몽일 것이라고 했다. 왕불은 민간 신앙의 관점에서 『산해경』을 고찰했는데, 매우 주목할 만한 가치가 있다.

곽박(郭璞)의 『산해경도찬(山海經圖讚)』: "계몽은 용의 대가리를 하고 있으니, 홀로 기이한 모습을 타고났도다. 비바람을 타고 올라가니, 그지없이 아득하구나.[計蒙龍首, 獨稟異表. 升降風雨, 茫茫渺渺.]"

[그림 1-장응호회도본(蔣應鎬繪圖本)]·[그림 2-『신이전(神異典)』]·[그림 3-오임신근문당도본(吳任臣近文堂圖本)]·[그림 4-성혹인회도본(成或因繪圖本)]·[그림 5-왕불도본(汪紱圖本)]·[그림 6-상해금장도본(上海錦章圖本)]

---

37) 학의행(郝懿行)은, "'木'자는 '水'자를 잘못 쓴 것 같다.[木疑水字之訛.]"라고 했다. 또 원가(袁珂)의 주석에서는, "왕염손(王念孫) 교주본도 '水'로 썼고, 왕불본(汪紱本)은 '木'자를 '水'자로 바로잡아 썼다.[王念孫校亦作水, 汪紱本木字正作水.]"라고 했다.
저자주 : 원가가 학의행·왕염손의 설에 근거하여 고친 것이다.

[그림 1] 계몽 명(明)·장응호회도본

[그림 2] 계몽신 청(淸)·『신이전』

[그림 3] 계몽 청(淸)·오임신근문당도본

[그림4] 계몽 청(淸)·사천(四川)성혹인회도본

計蒙 人身龍首居光山恒遊
於漳淵出入必有風雨

計蒙龍首獨稟異表
升降風雨茫茫渺渺

[그림6] 계몽 상해금장도본

[그림5] 계몽 청(淸)·왕불도본

|권5-42| 섭타(涉蟲)

【경문(經文)】

「중차팔경(中次八經)」: 기산(岐山)이라는 곳은, 그 남쪽에 적금(赤金)이 많고, 그 북쪽에는 백민(白珉 : 옥의 일종-역자)이 많으며, 그 위에는 금과 옥이 많고, 그 아래에는 청확(靑雘)이 많으며, 나무로는 가죽나무가 많다. 신 섭타(涉蟲)가 그곳에 사는데, 그 모습은 사람의 몸에 네모난 얼굴을 하고 있으며, 세 개의 발이 달려 있다.

[又東百五十里, 曰岐山, 其陽多赤金, 其陰多白珉, 其上多金·玉, 其下多靑雘, 其木多樗. 神涉蟲處之, 其狀人身而方面三足.]

【해설(解說)】

기산(岐山)의 산신인 섭타(涉蟲)는 세 개의 발이 달린 괴상한 신으로, 사람의 몸에 네모난 얼굴을 하고 있다.

곽박(郭璞)의 『산해경도찬(山海經圖讚)』: "섭타는 다리가 셋이고, 타위(蟲圍)는 호랑이의 발톱을 가졌다네.[涉蟲三脚, 蟲圍虎爪.]"

[그림 1-장응호회도본(蔣應鎬繪圖本)]·[그림 2-『신이전(神異典)』]·[그림 3-성혹인회도본(成或因繪圖本)]·[그림 4-왕불도본(汪紱圖本)]

[그림 1] 섭타 명(明)·장응호회도본

[그림 2] 섭타신 청(淸)·『신이전』

[그림 3] 섭타 청(淸)·사천(四川)성혹인회도본

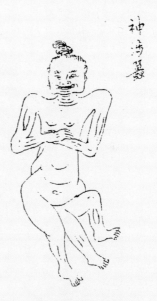

[그림 4] 섭타 청(淸)·왕불도본

| 권5-43 | 조신인면신(鳥身人面神) : 새의 몸에 사람의 얼굴을 한 신

【경문(經文)】

「중차팔경(中次八經)」: 경산(景山)부터 금고산(琴鼓山)까지는, 모두 스물세 개의 산들이 있으며, 그 거리는 2,890리에 달한다. 그곳의 신들은 모두 새의 몸에 사람의 얼굴을 하고 있다. …….

[凡荆山之首, 自景山至琴鼓之山, 凡二十三山, 二千八百九十里. 其神狀皆鳥身而人面. 其祠, 用一雄雞祈瘞, 用一藻圭, 糈用稌. 騏山, 冢也, 其祠, 用羞酒少牢祈瘞, 嬰毛一璧.]

【해설(解說)】

경산(景山)부터 금고산(琴鼓山)까지는 모두 스물세 개의 산들이 있는데, 그 산신들은 모두 새의 몸에 사람의 얼굴을 하고 있다.

[그림 1-장응호회도본(蔣應鎬繪圖本)]·[그림 2-『신이전(神異典)』]·[그림 3-성혹인회도본(成或因繪圖本)]·[그림 4-왕불도본(汪紱圖本), 이름이 중산신(中山神)임]

[그림 1] 조신인면신 명(明)·장응호회도본

[그림 2] 조신인면신 청(淸) · 『신이전』

[그림 3] 조신인면신 청(淸) · 사천(四川)성혹인회도본

[그림 4] 조신인면신(중산신) 청(淸) · 왕불도본

|권5-44| 타(鼉)

【경문(經文)】

「중차구경(中次九經)」: 민산(岷山)이라는 곳에서 강수(江水)[38]가 시작되어 북동쪽으로 흘러 바다로 들어가는데, 그 속에 양구(良龜)와 타(鼉)[39]가 많이 산다. …….

[又東北三百里, 曰岷山, 江水出焉, 東北流注於海, 其中多良龜, 多鼉. 其上多金·玉, 其下多白珉, 其木多梅棠, 其獸多犀象, 多夔牛, 其鳥多翰鷩.]

【해설(解說)】

타(鼉: '駝'로 발음, 악어)는 '鱓(선)'이라고도 쓰며, 속칭 저용파(猪龍婆)라고 한다. 곽박(郭璞)은 말하기를, 타는 도마뱀과 비슷하게 생겼는데, 큰 것은 길이가 두 장(丈) 정도이고, 비늘 모양의 무늬가 있으며, 그 가죽으로 북을 만들 수 있다고 했다. 왕불(汪紱)은 말하기를, 타는 발이 네 개인데, 옆으로 날 수는 있으나, 똑바로 날아오를 수 없고, 안개를 만들 수는 있으나, 비를 내리게 할 수는 없다. 또 강기슭을 잘 무너뜨리며, 물고기라면 무엇이든 가리지 않고 잘 먹는다. 또 잠자기를 즐기는데, 밤에 울 때는 정확히 시간에 맞추어 울며, 그 가죽으로는 북을 만들 수 있다고 했다.

[그림 1-장응호회도본(蔣應鎬繪圖本)]·[그림 2-성혹인회도본(成或因繪圖本)]·[그림 3-왕불도본(汪紱圖本)]·[그림 4-『금충전(禽蟲典)』]

[그림 1] 타 명(明)·장응호회도본

---

38) 여기에서 강수(江水)는 민강(岷江)을 일컫는 것으로 보인다. 민강은 장강 좌안의 지류이며, 사천성 중부의 대표적인 강으로, 예전에는 문수(汶水)라고도 했다. 민강은 민산 산맥의 남쪽 기슭에서 발원하여 의빈시(宜賓市)에서 금사강(金沙江)과 합류해 장강을 형성하여 바다로 흘러든다.

39) 곽박은 주석하기를, "도마뱀과 비슷한데, 큰 것은 길이가 2장(丈)이나 되고, 비늘 모양의 빛깔이 있으며, 가죽으로 북을 만들 수 있다.[似蜥易, 大者長二丈, 有鱗彩, 皮可以冒鼓.]"라고 했다.

[그림 2] 타 청(淸)·사천(四川)성혹인회도본

[그림 3] 타 청(淸)·왕불도본

[그림 4] 타 청(淸)·『금충전』

第五卷 中山經

773

|권5-45| 기우(夔牛)

【경문(經文)】

「중차구경(中次九經)」: 민산(岷山)이라는 곳이 있는데, ……그곳에 사는 짐승으로는 ……기우(夔牛)가 많다. …….

[又東北三百里, 曰岷山, 江水出焉, 東北流注於海, 其中多良龜, 多鼉. 其上多金·玉, 其下多白瑉, 其木多梅棠, 其獸多犀象, 多夔牛, 其鳥多翰鷩.]

【해설(解說)】

기우(夔牛)는 일종의 몸집이 큰 소이다. 곽박(郭璞)은 주석하기를, "지금 촉산(蜀山)에 큰 소가 사는데, 무게가 수천 근이나 되며, 이름은 기우라고 한다. 즉『이아(爾雅)』에서 말한 위[魏 : 오늘날의 판본에는 위(犩)라고 되어 있음]이다.[今蜀山中有大牛, 重數千斤, 名曰夔牛, 卽爾雅所謂魏.]"라고 했다. 또『초학기(初學記)』권29에는 다음과 같이 기록되어 있다. "위우(犩牛)는 소처럼 생겼지만 더 크고, 고기가 수천 근이나 되며, 촉(蜀) 지방에서 난다. 기우는 무게가 천 근이나 되는데, 진(晉)나라 때 이 소가 상용군(上庸郡)에서 났다.[犩牛, 如牛而大, 肉數千斤, 出蜀中. 夔牛重千斤, 晉時此牛出上庸郡.]"

곽박의『산해경도찬(山海經圖讚)』: "남서쪽의 커다란 소, 강수가 시작되는 민산[江岷]에서 난다네. 몸은 하늘에 드리운 구름 같고, 고기는 족히 삼천 근이나 된다네. 비록 충분한 힘 기른다 할지라도, 수레를 끌기는 어려우리.[西南巨牛, 出自江岷. 體若垂雲, 肉盈千鈞. 雖有逸力, 難以揮輪.]"

[그림-왕불도본(汪紱圖本)]

[그림] 기우 청(淸)·왕불도본

|권5-46| 괴사(怪蛇)

【경문(經文)】

「중차구경(中次九經)」: 거산(崌山)이라는 곳에서, 강수(江水)가 시작되어, 동쪽으로 흘러 장강(長江)으로 들어가는데, 그 속에 괴사(怪蛇)가 많이 산다. …….

[又東一百五十里, 曰崌山, 江水出焉, 東流注於大江, 其中多怪蛇, 多䱻魚, 其木多楢杻, 多梅梓, 其獸多夔牛麢臭犀兕. 有鳥焉, 狀如鴞而赤身白首, 其名曰竊脂, 可以禦火.]

【해설(解說)】

괴사(怪蛇)는 구사(鉤蛇)·마반사(馬絆蛇)라고도 부른다. 곽박(郭璞)은 말하기를, 지금의 영창군(永昌郡)에 구사가 사는데, 길이가 몇 장(丈)이나 되고, 꼬리가 갈라져 있어서, 물속에서 언덕에 있는 사람이나 소·말을 낚아채 잡아먹으며, 마반사라고 부르기도 한다고 했다.

[그림─왕불도본(汪紱圖本)]

[그림] 괴사 청(淸)·왕불도본

| 권5-47 | 절지(竊脂)

【경문(經文)】

「중차구경(中次九經)」: 거산(崍山)이라는 곳에, ……어떤 새가 사는데, 생김새는 올빼미와 비슷하지만 붉은 몸에 흰 대가리를 하고 있다. 그 이름은 절지(竊脂)라고 하는데, 화재를 막을 수 있다.

[又東一百五十里, 曰崍山, 江水出焉, 東流注於大江, 其中多怪蛇, 多鷩魚, 其木多楢杻, 多梅梓, 其獸多夔牛麠臭犀兕. 有鳥焉, 狀如鴞而赤身白首, 其名曰竊脂, 可以禦火.]

【해설(解說)】

절지(竊脂)는 화재를 막아주는 기이한 새로, 올빼미처럼 생겼고, 붉은 몸에 흰 대가리를 하고 있으며, 화재를 막아주고 재앙을 피하게 해준다고 한다. 호문환도설(胡文煥圖說)에 이르기를, "거산(崍山)에 어떤 새가 사는데, 부엉이와 비슷하게 생겼고, 붉은 몸에 흰 대가리를 하고 있으며, 이름은 절지라 한다. 그 부리가 구부러져 있고 화재를 막을 수 있다.[崍山有鳥, 狀如鴞, 赤身白首, 名曰竊脂. 其嘴曲可禦火.]"라고 했다. 오임신(吳任臣)은 말하기를, 절지는 세 가지 종(種)과 아홉 가지 속(屬)이 있는데, 즉 중절(中竊)·원절(元竊)·황절(黃竊)이 있으며, 지절(脂竊)은 천(淺 : 색이 연한 것, 즉 옅은 색-역자)이라는 뜻인데, 옅은 흰색[淺白色]을 말한다고 했다.

[그림 1-장응호회도본(蔣應鎬繪圖本)]·[그림 2-호문환도본(胡文煥圖本)]·[그림 3-성혹인회도본(成或因繪圖本)]·[그림 4-왕불도본(汪紱圖本)]·[그림 5-『금충전(禽蟲典)』]

竊脂

[그림 2] 절지 명(明)·호문환도본

[그림 1] 절지 명(明)·장응호회도본

[그림 3] 절지 청(淸)·사천(四川)성혹인회도본

[그림 4] 절지 청(淸)·왕불도본

[그림 5] 절지 청(淸)·『금충전』

| 권5-48 | 시랑(狚狼)

【경문(經文)】

「중차구경(中次九經)」 : 사산(蛇山)이라는 곳에, ……어떤 짐승이 사는데, 그 생김새는 여우와 비슷하고, 흰 꼬리에 긴 귀가 달려 있으며, 이름은 시랑이라 하고, 이것이 나타나면 나라 안에 병란이 일어난다.

[又東四百里, 曰蛇山, 其上多黃金, 其下多堊, 其木多枸, 多豫章, 其草多嘉榮·少辛. 有獸焉, 其狀如狐, 而白尾長耳, 名狚狼, 見則國內有兵.]

【해설(解說)】

시랑[狚('勢'로 발음)狼]은 재앙을 부르는 짐승으로, 생김새는 여우와 비슷하며, 흰 꼬리에 긴 귀를 가지고 있다. 그것이 나타나는 곳에는 병란이 일어나거나 혹은 나라 안이 혼란스러워진다고 한다.

곽박(郭璞)의 『산해경도찬(山海經圖讚)』: "시랑이 나타나면 병란이 꼭 일어난다네. 옹화(雍和)는 두려운 일이 일어나게 하고, 여(猞)는 돌림병을 퍼뜨린다네. 나쁜 것은 같지만 재앙은 다르니, 그 기(氣)가 각기 맞는 것이 있다네.[狚狼之出, 兵不外擊. 雍和作恐, 猞乃流疫. 同惡殊災, 氣各有適.]"

[그림 1-장응호회도본(蔣應鎬繪圖本)]·[그림 2-성혹인회도본(成或因繪圖本)]·[그림 3-왕불도본(汪紱圖本)]·[그림 4-『금충전(禽蟲典)』]

狚猰

[그림 3] 시랑 청(淸)·왕불도본

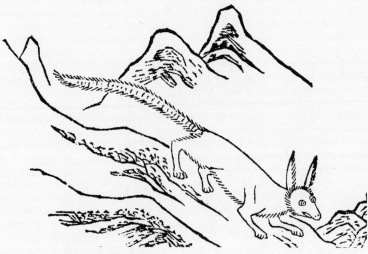

[그림 1] 시랑 명(明)·장응호회도본

[그림 2] 시랑 청(淸)·사천(四川)성혹인회도본

豺狼圖

[그림 4] 시랑 청(淸)·『금충전』

| 권5-49 | 유(蜼)

【경문(經文)】

「중차구경(中次九經)」 : 격산(鬲山)이라는 곳이 있는데, ……그곳에 사는 짐승으로는, ……유(蜼)가 많다.

[又東五百里, 曰鬲山, 其陽多金, 其陰多白瑉. 蒲鸏之水出焉, 而東流注於江, 其中多白玉, 其獸多犀象熊羆, 多猨·蜼[40].]

【해설(解說)】

유(蜼 : '偉'로 발음)는 원숭이류에 속한다. 곽박(郭璞)은 주석하기를, 유는 원숭이와 비슷하며, 콧구멍이 위를 향해 뚫려 있고, 꼬리의 길이가 4~5척 정도인데, 꼬리 끝이 갈라져 있으며, 청황색을 띤다고 했다. 또 비가 오면 나무에 매달려 꼬리로 콧구멍을 막거나 혹은 두 손으로 막는다고 했다. 『이아(爾雅)·석수(釋獸)』에서, 유는 콧구멍이 위를 향해 있고, 꼬리가 길다고 했다. 또 강동(江東) 사람들이 그것을 잡아 기르는데, 민첩하고 약삭빠르다고 했다. 옛날에 유이(蜼彝)가 있었는데, 유는 비[雨]의 상징이었다. 『이아익(爾雅翼)』에서는 유·용(龍)·꿩과 호랑이를 예(例)로 들어, 형태와 의미라는 두 측면에서 옛 사람들의 상징에 대한 이해를 설명했는데, 상당히 구체적이고 생동감 있다. 즉 "옛날에 유이가 있었는데, 이는 이(彝)[41]에 유가 그려져 있는 것으로, 그것을 종이(宗彝)라고 했다. 또 의복에도 유의 모양을 넣었는데, 무릇 의복과 기물에 반드시 이것의 모양을 넣은 것은, 이것이 유난히 지혜롭기 때문만이 아니라, 아마도 모두 상징하는 것이 있었기 때문일 것이다. 무릇 8괘(卦) 6자(子) 중에 해[日]·달[月]·별[星辰]은 모양으로 나타낼 수 있으나, 구름[雲]·천둥[雷]·바람[風]·비[雨]는 모양으로 나타내기 어렵다. 그래서 용을 그려 구름을 나타내고, 꿩을 그려서 천둥을 나타내고, 호랑이를 그려서 바람을 나타내고, 유를 그려서 비를 나타낸 것이다. 무릇 이것들은 모두 형상은 이것에 나타냈지만, 의미는 저것에 표현했기에, 이것이 아니다.[古者有蜼彝, 畫蜼於彝, 謂之宗彝. 又施之象服, 夫服器必取象, 此等者非特以其智而已, 蓋皆有所表焉. 夫八卦六子之

---

40) 왕불(汪紱)은 주석하기를, "유(蜼)는 원숭이류에 속하는데, 코가 위를 향해 있고, 꼬리가 갈라져 있다. 비가 오면 나무에 거꾸로 매달려, 꼬리로 코를 막는다.[蜼, 猿屬, 仰鼻岐尾, 天雨則自懸樹, 而以尾塞鼻.]" 라고 했다.

41) 고대 청동기 시대에 만들어진 제기(祭器)의 일종으로, 술을 담던 주기(酒器)이다.

中, 日月星辰可以象指者也, 雲雷風雨難以象指者也. 故畵龍以表雲, 畵雉以表雷, 畵虎以表風, 畵蜼以表雨. 凡此皆形著於此, 而義表於彼, 非爲是物也.]" 이것이 바로 우리가 오늘날 말하는 상징이다.

곽박의 『산해경도찬(山海經圖讚)』: "우속(寓屬)의 재주는 유보다 못하다네. 비가 내리면(나무에-역자) 매달려 꼬리로 코를 막는다네. 그 형상을 따다가 종이(宗彝)에 모습을 늘어놓았네.[寓屬之才, 莫過於蜼. 雨則自懸, 塞鼻以尾. 厥形雖隨, 列象宗彝.]"

[그림 1-장응호회도본(蔣應鎬繪圖本)]·[그림 2-성혹인회도본(成或因繪圖本)]·[그림 3-왕불도본(汪紱圖本)]·[그림 4-『금충전(禽蟲典)』]

[그림 1] 유 명(明)·장응호회도본

[그림 2] 유 청(淸)·사천(四川)성혹인회도본

[그림 3] 유 청(淸)·왕불도본

[그림 4] 유 청(淸)·『금충전』

| 권5-50 | 웅산신(熊山神)

【경문(經文)】

「중차구경(中次九經)」 : 웅산(熊山)이라는 곳에 동굴이 있는데, 이것은 곰이 사는 굴로, 항상 신인(神人)이 이곳에 나타난다. 이 동굴은 여름에는 열리고 겨울에는 닫히는데, 이 동굴이 겨울에 열리면 반드시 전쟁이 일어난다. ……

[又東一百五十里, 曰熊山, 有穴焉, 熊之穴, 恒出神人. 夏啓而冬閉, 是穴也, 冬啓乃必有兵. 其上多白玉, 其下多白金, 其木多樗柳, 其草多寇脫.]

【해설(解說)】

웅산신(熊山神)은 웅산(熊山)의 산신이다. 이 산에는 기이한 동굴이 하나 있는데, 여름에는 열리고 겨울에는 닫힌다. 만약 겨울에 이 동굴이 열리면 반드시 병란(兵亂)이 일어난다. 곽박(郭璞)은 주석하기를, "지금 업(鄴)[42] 지역의 서북쪽에 있는 고산(鼓山)이 있으며, 그 아래에 석고(石鼓)가 있는데, 모양이 산 옆에 매달려 있는 것 같다. 이 석고가 울리면 곧 전쟁이 일어나는데, 이 동굴과 모양은 다르지만 조짐은 같다.[今鄴西北有鼓山, 下有石鼓, 象懸着山旁, 鳴則有軍事, 與此穴殊象而同應.]"라고 했다. 학의행(郝懿行)은 이렇게 주석했다. "유규(劉逵)가 「위도부(魏都賦)」를 주석하면서 「기주도(冀州圖)」에서 인용하기를, 업 지역의 서북쪽에 고산이 있으며, 산 위에 석고가 있는데, 세간에서는 때때로 스스로 울린다고 한다. 유소(劉劭)는 「조도부(趙都賦)」에서 이르기를, 신기한 종이 소리를 낸다고 했는데, 세간에서는 석고가 울리면 곧 천하에 전쟁이 일어난다고 했다. 이것은 곽박의 주석에 근거한 것이다. 『수경(水經)·위수(渭水)』에서 주석하기를, 주어산(朱圉山)은 오중현(梧中縣)에 있고, 그 산에 석고가 있는데, 치지 않아도 스스로 울리며, 이것이 울리면 곧 전쟁이 일어난다고 했으니, 또한 이러한 종류이다.[劉逵注「魏都賦」引「冀州圖」, 鄴西北鼓山, 山上有石鼓之形, 俗言時時自鳴. 劉劭「趙都賦」曰, 神鉦發聲, 俗云石鼓鳴, 則天下有兵革之事, 是郭所本也.『水經·渭水』注云, 朱圉山在梧中縣, 有石鼓, 不擊自鳴, 鳴則兵起, 亦此類.]"『수경주이문록(水經注異聞錄)』에 기록하기를, [연산(燕山)에] 매달려 있는 바위의 옆에 석고가 있다. 땅에서 백여 장(丈) 떨어져 있는데, 쳐다보면 마치 수백

---

42) 옛 중국의 지명으로, 위(魏)나라의 수도였으며, 지금의 하북성(河北省) 임장현(臨漳縣) 서쪽에 해당한다.

개의 돌 곳집[石囷] 같다. 그것을 꿰뚫고 있는 석량(石梁 : 돌로 만든 대들보–역자)이 있다. 석고의 동남쪽에 돌 북채[石援枹]가 있는데, 북을 치는 듯한 형세를 하고 있다. 노인들은 연산의 석고가 울리면 곧 그 땅에 전쟁이 일어난다고 했다.

　　곽박의 『산해경도찬(山海經圖讚)』 : "웅산에 동굴이 있는데, 신인(神人)이 여기에서 나타난다네. (이것은) 저 석고(石鼓)와 모양은 다르지만, 응하여 나타나는 현상은 같다네. 조짐이 먼저 나타나니, 그 벌어지는 일도 길하지 않구나.[熊山有穴, 神人是出. 與彼石鼓, 象殊應一. 祥雖先出, 厥事非吉.]"

　　[그림–왕불도본(汪紱圖本)]

[그림] 웅산신 청(淸)·왕불도본

|권5-51| 마신용수신(馬身龍首神) : 말의 몸에 용의 대가리를 한 신

【경문(經文)】

「중차구경(中次九經)」: 민산(岷山)의 첫머리, 여궤산(女几山)부터 가초산(賈超山)까지 모두 열여섯 개의 산들이 있으며, 그 거리는 3,500리에 달한다. 그 산의 신들은 모두 말의 몸에 용의 대가리를 하고 있다. ……

[凡岷山之首, 自女几山至於賈超之山, 凡十六山, 三千五百里. 其神狀皆馬身而龍首. 其祠, 毛用一雄雞瘞, 糈用稌. 文山·勾欄·風雨·騩之山, 是皆冢也, 其祠之, 羞酒, 少牢具, 嬰毛一吉玉. 熊山, 席也, 其祠, 羞酒, 太牢具, 嬰毛一璧. 干儛, 用兵以禳, 祈, 璆冕舞.]

【해설(解說)】

여궤산(女几山)에서 가초산(賈超山)까지 모두 열여섯 개의 산들이 있는데, 그 산의 산신들은 모두 말의 몸에 용의 대가리를 하고 있다.

[그림 1-장응호회도본(蔣應鎬繪圖本)]·[그림 2-『신이전(神異典)』]·[그림 3-왕불도본(汪紱圖本), 중산신(中山神)이라 함]

[그림 1] 마신용수신 명(明)·장응호회도본

787

女儿山至贾超山
其十六山之神圖

[그림 2] 마신용수신 청(淸)·『신이전』

中山神

[그림 3] 마신용수신(중산신) 청(淸)·왕불도본

|권5-52| 기종(跂踵)

【경문(經文)】

「중차십경(中次十經)」 : 복주산(復州山)이라는 곳에, ……어떤 새가 사는데, 그 생김 새는 부엉이와 비슷하고, 발이 하나이며 돼지의 꼬리가 달려 있고, 그 이름은 기종 (跂踵)이라 한다. 이것이 나타나면 그 나라에 큰 전염병이 돈다.

[又西二十里, 曰復州之山, 其木多檀, 其陽多黃金. 有鳥焉, 其狀如鴞, 而一足彘尾, 其名曰跂踵, 見則其國大疫.]

【해설(解說)】

기종(跂踵)은 발이 하나인 새로, 돌림병이 돌 징조라고 전해진다. 생김새는 부엉이 (일설에는 닭이라고 함)와 비슷한데, 발이 하나이고, 돼지의 꼬리가 달려 있다. 『병아(騈 雅)』에서 혈고(絜鉤)·기종은 돌림병이 돌 조짐을 나타내는 새라고 했다.

곽박(郭璞)은 명문(銘文)에 쓰기를, "기종이란 새는, 기(夔)처럼 다리가 하나로다. 즐 거움을 일으키지 않고, 오히려 슬픔을 불러온다네.[跂踵之鳥, 一足似夔. 不爲樂興, 反以 來悲.]"라고 했다. 또한 『산해경도찬(山海經圖讚)』에서는, "청경(靑耕)은 돌림병을 막아 주고, 기종은 재앙을 내린다네. 둘은 서로 반대이니, 각각 기(氣)로부터 기인하는 것이 라네. 기종이 나타나면 백성들이 탄식하게 되니, 실로 병을 부르는 존재로다.[靑耕禦疫, 跂踵降災. 物之相反, 各以氣來. 見則民咨, 實爲病媒.]"라고 했다.

[그림 1-장응호회도본(蔣應鎬繪圖本)]·[그림 2-오임신강희도본(吳任臣康熙圖本)]·[그 림 3-오임신근문당도본(吳任臣近文堂圖本)]·[그림 4-왕불도본(汪紱圖本)]·[그림 5-『금충 전(禽蟲典)』]

[그림 1] 기종 명(明)·장응호회도본

[그림 2] 기종 청(淸)·오임신강희도본

[그림 3] 기종 청(淸)·오임신근문당도본

[그림 4] 기종 청(清)·왕불도본

跂踵圖

[그림 5] 기종 청(清)·『금충전』

| 권5-53 | 구욕(鸜鵒)

【경문(經文)】

「중차십경(中次十經)」: 우원산(又原山)이라는 곳이 있는데, ……그곳에 사는 새들 중에는 구욕(鸜鵒)이 많다.

[又西二十里, 曰又原之山, 其陽多靑䕕, 其陰多鐵, 其鳥多鸜鵒.]

【해설(解說)】

구욕(鸜鵒: '渠欲'으로 발음)은 구욕(鴝鵒)이라고도 하며, 흔히들 팔가(八哥)라고 한다. 왕불(汪紱)은 말하기를, 구욕은 팔가이며, 검은색이지만 날개에는 흰 털이 있고, 대가리에는 머리띠 모양의 털이 나 있으며, 크기는 떼까치와 비슷하고, 무리를 지어 날기를 좋아한다고 했다. 인가(人家)에서 이 새를 기르며, 가위로 그 혀를 적당히 잘라내면, 사람의 말을 흉내 낼 수 있다고 했다. 이시진(李時珍)은 말하기를, 이 새는 물에서 씻기를 좋아하는데, 눈동자가 깜짝 놀란[瞿瞿] 모양을 하고 있어, 그런 이름이 붙여졌다고 했다. 날씨가 추워져 눈이 내리려고 하면 곧 무리지어 날아다닌다.

[그림 1-장응호회도본(蔣應鎬繪圖本)]·[그림 2-성혹인회도본(成或因繪圖本)]·[그림 3-왕불도본(汪紱圖本)]·[그림 4-『금충전(禽蟲典)』]

[그림 1] 구욕 명(明)·장응호회도본

[그림 2] 구욕 청(淸)·사천(四川)성혹인회도본

[그림 3] 구욕 청(淸)·왕불도본

[그림 4] 구욕 청(淸)·『금충전』

|권5-54| 용신인면신(龍身人面神) : 용의 몸에 사람의 얼굴을 한 신

【경문(經文)】

「중차십경(中次十經)」: 수양산(首陽山)의 첫머리, 수산(首山)부터 병산(丙山)까지 모두 아홉 개의 산들이 있으며, 그 거리는 267리에 달한다. 그 산의 신들은 모두 용의 몸에 사람의 얼굴을 하고 있다. …….

[凡首陽山之首, 自首山至於丙山, 凡九山, 二百六十七里. 其神狀皆龍身而人面. 其祠之, 毛用一雄雞瘞, 糈用五種之糈. 堵山, 豖也, 其祠之, 少牢具, 羞酒祠, 嬰毛一璧瘞. 騩山, 帝也, 其祠羞酒, 太牢其, 合巫祝二人儛, 嬰一璧.]

【해설(解說)】

수양산(首陽山)부터 병산(丙山)까지 모두 아홉 개의 산들이 있는데, 그 산의 산신들은 모두 용의 몸에 사람의 얼굴을 하고 있다.

[그림 1–성혹인회도본(成或因繪圖本)]·[그림 2–왕불도본(汪紱圖本), 중산신(中山神)이라고 함]

[그림 1] 용신인면신 청(淸)·사천(四川)성혹인회도본

[그림 2] 용신인면신(중산신) 청(淸)·왕불도본

| 권5-55 | 옹화(雍和)

【경문(經文)】

「중차십일경(中次十一經)」: 풍산(豐山)이라는 곳에 어떤 짐승이 사는데, 그 생김새는 원숭이와 비슷하고, 붉은 눈과 붉은 주둥이에, 누런 몸을 하고 있으며, 이름은 옹화(雍和)라 한다. 이것이 나타나면 나라에 크게 두려운 일이 생긴다. …….

[又東南三百里, 曰豐山, 有獸焉, 其狀如蝯[43], 赤目·赤喙·黃身, 名曰雍和, 見則國有大恐. 神耕父處之, 常遊清泠之淵, 出入有光, 見則其國爲敗. 有九鍾焉, 是知霜鳴. 其上多金, 其下多穀·柞·杻·橿.]

【해설(解說)】

옹화(雍和)는 재앙을 예고해주는, 원숭이 모습의 짐승으로, 생김새는 원숭이와 비슷하지만, 온 몸이 누런색이고, 빨간 눈과 빨간 주둥이를 가졌다. 그것이 나타나는 곳에는 큰 재앙이 일어난다.

곽박(郭璞)의 『산해경도찬(山海經圖讚)』: "옹화는 두려운 일을 일으키고, 여(狔)는 돌림병을 퍼뜨린다네. 나쁜 것은 같지만 재앙은 다르니, 그 기(氣)가 각기 맞는 것이 있다네.[雍和作恐, 狔乃流疫. 同惡殊災, 氣各有適.]"

[그림 1-왕불도본(汪紱圖本)]·[그림 2-『금충전(禽蟲典)』]

神耕父

[그림 1] 옹화 청(淸)·왕불도본

---

43) 원가(袁珂)는 주석하기를, "'蝯'은 '猿'과 같으니, 즉 지금의 '猿'자이다.[蝯同猿, 卽今猿字.]"라고 했다.

[그림 2] 옹화 청(淸)·『금충전』

|권5-56| 경보(耕父)

【경문(經文)】

「중차십일경(中次十一經)」 : 풍산(豊山)이라는 곳에, ……신(神)인 경보(耕父)가 사는데, 늘 청령연(淸泠淵)에서 노닐며, 드나들 때는 빛이 나고, 이 신이 나타나면 그 나라는 패망한다. …….

[又東南三百里, 曰豊山, 有獸焉, 其狀如蝯, 赤目·赤喙·黃身, 名曰雍和, 見則國有大恐. 神耕父處之, 常遊淸泠之淵, 出入有光, 見則其國爲敗. 有九鍾焉, 是知霜鳴. 其上多金, 其下多穀·柞·杻·橿.]

【해설(解說)】

풍산(豊山)의 산신인 경보(耕父)는 가뭄의 귀신인데, 서악현(西鄂縣) 풍산의 청령연(淸泠淵)에서 즐겨 노닌다. 이 신이 드나들 때는, 물에서 붉은 빛이 번쩍번쩍한다. 곽박(郭璞)은 주석에서, 민간에서 경보 신에게 제사지내는 상황을 기술하면서, 청령수(淸泠水)는 서악현 풍산 위에 있는데, 신이 올 때 물에서 붉게 빛이 나며, 지금도 어떤 집에서는 이 신에게 제사를 지낸다고 했다.

경문에는 경보가 어떻게 생겼는지 설명하고 있지 않은데, 지금 보이는 경보의 그림에는 두 가지 형태가 있다.

첫째, 원숭이의 모습을 한 것으로, [그림 1-장응호회도본(蔣應鎬繪圖本)]과 같은 것이다.

둘째, 사람의 모습을 한 것으로, [그림 2-『신이전(神異典)』]·[그림 3-왕불도본(汪紱圖本)]과 같은 것들이다.

곽박의 『산해경도찬(山海經圖讚)』 : "청령이라는 연못이 산꼭대기에 있다네. 경보가 여기에서 노니는데, 휘황찬란한 빛이 난다네. 백성들이 재앙을 막는 제사를 지내면, 재앙을 그치게 해준다네.[淸泠之水, 在於山頂. 耕父是遊, 流光灑景. 黔首祀禜, 以弭災眚.]"

[그림 1] 경보 명(明)·장응호회도본

[그림 2] 경보신 청(淸)·『신이전』

[그림 3] 경보 청(淸)·왕불도본

| 권5-57 | 짐(鴆)

【경문(經文)】

「중차십일경(中次十一經)」： 요벽산(瑤碧山)이라는 곳에, ……어떤 새가 사는데, 그 생김새는 꿩과 비슷하고, 늘 빈대를 잡아먹으며, 이름은 짐(鴆)새라고 한다.

[又東六十里, 曰瑤碧之山, 其木多梓枏, 其陰多靑雘, 其陽多白金. 有鳥焉, 其狀如雉, 恒食蜚, 名曰鴆.]

【해설(解說)】

「중산경(中山經)」에 나오는 짐(鴆)새는 두 종류가 있다. 하나는 「중차팔경(中次八經)」에 나오는 여궤산(女几山)에 산다는, 뱀을 잡아먹는 독조(毒鳥)이고, 다른 하나는 요벽산(瑤碧山) 위에 사는 꿩처럼 생긴 것으로, 빈대를 즐겨 잡아먹는 짐새이다. 이 둘은 같은 종류가 아니다. 곽박(郭璞)은 비(蜚)를 부반(負盤), 빈대라고 했다. 또한 "이것도 역시 새의 일종이나, 뱀을 잡아먹는 짐새는 아니다.[此更一種鳥, 非食蛇之鴆也.]"라고 했다.

[그림 1-장응호회도본(蔣應鎬繪圖本)]·[그림 2-성혹인회도본(成或因繪圖本)]·[그림 3-왕불도본(汪紱圖本)]

[그림 1] 짐 명(明)·장응호회도본

[그림 2] 짐 청(淸)·사천(四川)성혹인회도본

鴆

[그림 3] 짐 청(淸)·왕불도본

|권5-58| 영작(嬰勺)

【경문(經文)】

「중차십일경(中次十一經)」: 지리산(支離山)이라는 곳에, 어떤 새가 사는데, 그 이름은 영작(嬰勺)이라 하며, 그 생김새는 까치와 비슷하고, 붉은 눈과 붉은 부리와 흰 몸을 가지고 있고, 그 꼬리는 구기(술을 푸는 도구로, 국자처럼 생겼다-역자)처럼 생겼으며, 그 울음소리는 마치 자신을 부르는 듯하다. …….

[又東四十里, 曰支離之山. 濟水出焉, 南流注於漢. 有鳥焉, 其名曰嬰勺, 其狀如鵲, 赤目·赤喙·白身, 其尾若勺, 其鳴自呼. 多炸牛, 多㊤羊.]

【해설(解說)】

영작(嬰勺)은 기이한 새로, 까치처럼 생겼으며, 붉은 눈과 붉은 부리에 흰 깃털을 가졌으며, 꼬리는 구기처럼 생겼고, 그 울음소리는 마치 자신의 이름을 부르는 듯하다. 『사물감주(事物紺珠)』에는, 영작은 까치와 비슷하게 생겼는데, 눈과 부리는 붉고, 몸은 희며, 꼬리는 구기처럼 생겼다고 기록되어 있다. 학의행(郝懿行)은 말하기를, 까치의 꼬리가 구기처럼 생겨, 후대에 작미작(鵲尾勺)이라고 불렀는데, 본래 이것이라고 했다.

곽박(郭璞)의 『산해경도찬(山海經圖讚)』: "지리산에 까치처럼 생긴 새가 산다네. 흰 몸에 붉은 눈을 가졌고, 그 꼬리털은 구기처럼 생겼다네. 그것은 구기를 가졌지만, 술을 뜰 수는 없다네.[支離之山, 有鳥似鵲. 白身赤眼, 厥毛如勺. 維彼有斗, 不可以酌.]"

[그림 1-장응호회도본(蔣應鎬繪圖本)]·[그림 2-성혹인회도본(成或因繪圖本)]·[그림 3-왕불도본(汪紱圖本)]·[그림 4-『금충전(禽蟲典)』]

[그림 3] 영작 청(淸)·왕불도본

[그림 1] 영작 명(明)·장응호회도본

[그림 2] 영작 청(淸)·사천(四川)성혹인회도본

[그림 4] 영작 청(淸)·『금충전』

|권5-59| 청경(靑耕)

【경문(經文)】

「중차십일경(中次十一經)」: 근리산(菫理山)이라는 곳에, ……어떤 새가 사는데, 그 생김새는 까치와 비슷하고, 푸른 몸에 흰 부리, 흰 눈에 흰 꼬리를 가지고 있으며, 이름은 청경(靑耕)이라 한다. 이것은 돌림병을 막을 수 있으며, 그 울음소리는 마치 자신의 이름을 부르는 듯하다.

[又西北一百里, 曰菫理之山, 其上多松柏, 多美梓, 其陰多丹雘, 多金, 其獸多豹虎. 有鳥焉, 其狀如鵲, 青身白喙, 白目白尾, 名曰青耕, 可以禦疫, 其鳴自呌.]

【해설(解說)】

청경(靑耕)은 돌림병을 막아주는 길조로, 생김새는 까치와 비슷한데, 날개는 푸르고, 부리·눈·꼬리는 모두 희며, 그 울음소리가 마치 자신의 이름을 부르는 듯하다. 청경은 돌림병을 막아주고 재앙을 물리친다고 한다. 『사물감주(事物紺珠)』에는, 청경은 까치와 비슷하며, 몸은 푸르고, 부리·대가리·꼬리는 모두 희다고 기록되어 있다. 『병아(騈雅)』에서는, 청경과 비유(肥遺)는 돌림병을 막아주는 새라고 했다. 또 『독서고정(讀書考定)』에서는, 우(寓)는 전쟁을 물리쳐주고, 청경은 돌림병을 막아준다고 했다.

[그림 1-호문환도본(胡文煥圖本)]·[그림 2-왕불도본(汪紱圖本)]

[그림 1] 청경 명(明)·호문환도본

[그림 2] 청경 청(淸)·왕불도본

| 권5-60 | 인(獜)

【경문(經文)】

「중차십일경(中次十一經)」 : 의고산(依軲山)이라는 곳에, ……어떤 짐승이 사는데, 그 생김새는 개와 비슷하고, 호랑이의 발톱과 딱딱한 껍질을 가졌으며, 그 이름은 인(獜)이라고 한다. 뛰어올랐다가 스스로 땅에 넘어지기를 좋아하고, 이것을 먹으면 중풍에 걸리지 않는다.

[又東南三十里, 曰依軲之山, 其上多杻橿, 多苴. 有獸焉, 其狀如犬, 虎爪有甲[44], 其名曰獜, 善駚坌[45], 食者不風.]

【해설(解說)】

인(獜 : '鄰'으로 발음)은 개처럼 생긴 짐승인데, 생김새는 개 같지만, 몸은 비늘처럼 생긴 딱딱한 껍질로 덮여 있고, 호랑이의 발톱이 나 있으며, 뛰어올랐다가 땅에 떨어져 스스로 넘어지기를 좋아한다. 그것의 고기를 먹으면 천풍(天風 : 하늘 높이 부는 바람-역자)을 무서워하지 않기도 하고, 혹은 중풍을 치료할 수 있다고 한다.

곽박의 『산해경도찬(山海經圖讚)』 : "호랑이의 발톱을 가진 짐승이 있는데, 그것을 인이라고 부른다네. 스스로 뛰어올랐다가 넘어지기를 좋아하고, 껍질을 두드리며 분기한다네. 그 고기를 먹으면 바람이 세찬 것을 느끼지 못한다네.[有獸虎爪, 厥號曰獜. 好自跳仆, 鼓甲振奮. 若食其肉, 不覺風迅.]"

[그림 1-장응호회도본(蔣應鎬繪圖本)]·[그림 2-성혹인회도본(成或因繪圖本)]·[그림 3-왕불도본(汪紱圖本)]·[그림 4-『금충전(禽蟲典)』]

---

44) 경문의 "有甲"에 대해 곽박(郭璞)은 "몸에 비늘 모양의 딱딱한 껍질이 있는 것을 일컫는다.[言體有鱗甲.]"라고 했다.

45) 곽박은, "뛰어올랐다가 스스로 땅에 넘어지는 것이다.[跳躍自撲也.]"라고 했다.

[그림 1] 인 명(明)·장응호회도본

[그림 2] 인 청(淸)·사천(四川)성혹인회도본

[그림 3] 인 청(淸)·왕불도본

[그림 4] 인 청(淸)·『금충전』

|권5-61| 삼족별(三足鼈)

【경문(經文)】

「중차십일경(中次十一經)」: 종산(從山)이라는 곳은, ……그 위에서 종수(從水)가 시작되어, 산 밑에 이르면 땅속으로 숨어 흐른다. 그 속에 발이 세 개 달린 자라가 많이 사는데, 꼬리가 갈라져 있고, 이것을 먹으면 의심증[蠱疾]에 걸리지 않는다.

[又東南三十五里, 曰從山, 其上多松柏, 其下多竹. 從水出於其上, 潛於其下, 其中多三足鼈, 枝尾, 食之無蠱疾⁴⁶⁾.]

【해설(解說)】

발이 세 개 달린 자라를 능(能)이라고 부르는데, 『이아(爾雅)·석어(釋魚)』에서는, "자라 중에 발이 세 개인 것이 능이다.[鼈三足, 能.]"라고 했다. 발이 세 개 달린 자라는 꼬리가 갈라져 있는데, 이것을 먹으면 의심증(정신병 : 蠱疾)에 걸리지 않는다고한다.

[그림-왕불도본(汪紱圖本)]

[그림] 삼족별 청(淸)·왕불도본

46) 왕염손(王念孫)은 "'疫'자는 뒤에 나오는 문장인 '其國大疫'으로 인해 잘못 쓴 것이다. 마땅히 '疾'이라 해야 한다. 앞에 나오는 문장에서 제어(鯑魚)를 먹으면 의심증이 없어진다고 했다.[疫字因下文其國大疫而誤, 當爲疾; 上文云, 鯑魚食之無蠱疾.]"라고 주석했다. 또 학의행(郝懿行)은 「중차칠경(中次七經)」에 나오는 소실산(少室山)의 제어에 관해 주석하기를, "「북차삼경」에서 말하기를, '인어는 제어와 비슷하며, 네 개의 발이 있는데, 이것을 먹으면 어리석음증이 없어진다.'라고 했다. 여기에서는 '이것을 먹으면 의심증이 없어진다.'라고 했다. '蠱'는 의심하는 것이고, '癡'는 어리석은 것이다. 그 뜻이 같다.[「北次三經」云, '人魚如鯑魚, 四足, 食之無癡疾.' 此言'食者無蠱疾', 蠱, 疑惑也, 癡, 不慧也, 其義同.]"라고 했다.
저자주 : 원래는 '疫'자인데, 원가(袁珂)가 왕염손의 설에 따라 '疾'로 고쳤다.

|권5-62| 여(㺚)

【경문(經文)】

「중차십일경(中次十一經)」 : 낙마산(樂馬山)이라는 곳에 어떤 짐승이 사는데, 그 생김새는 고슴도치와 비슷하고, 붉기는 빨간 불꽃 같으며, 그 이름은 여(㺚)라 하고, 이것이 나타나면 그 나라에 큰 전염병이 돈다.

[又東南二十里, 曰樂馬之山, 有獸焉, 其狀如彙, 赤如丹火, 其名曰㺚, 見則其國大疫.]

【해설(解說)】

여(㺚 : '力'으로 발음)는 쥐처럼 생긴, 재앙을 부르는 짐승이며, 생김새는 고슴도치와 비슷하지만, 온몸이 마치 불꽃처럼 붉다. 이것이 나타나는 곳에는 전염병이 크게 유행한다. 『십육국춘추(十六國春秋)』에는, 남연(南燕)[47] 태상(太上) 4년(408년-역자)에 연(燕)나라 군주 초(超)가 남쪽 성 밖에서 제사를 지내는데, 쥐처럼 생긴 붉은 짐승이 나타나 환구(圜丘)[48]의 옆으로 모여들었다는 기록이 있는데, 아마도 이 짐승인 것 같다.

곽박(郭璞)의 『산해경도찬(山海經圖讚)』 : "옹화(雍和)는 두려운 일이 일어나게 하고, 여(㺚)는 돌림병을 퍼뜨린다네. 나쁜 것은 같지만 재앙은 다르니, 그 기(氣)가 각기 맞는 것이 있다네.[雍和作恐, 㺚乃流疫. 同惡殊災, 氣各有適.]"

[그림-『금충전(禽蟲典)』]

---

47) 고대 중국의 십육국(十六國) 가운데 하나로, 선비족(鮮卑族)인 모용덕(慕容德)이 건립했다. 398년에 광고(廣固)에 도읍을 정하고 건립했으며, 410년에 멸망했다.
48) 옛날, 천자가 하늘에 제사[天祭]를 지내던 원형의 단으로, 원구(圓丘)라고도 한다.

[그림] 여 청(淸)·『금충전』

|권5-63| 힐(頡)

【경문(經文)】

「중차십일경(中次十一經)」: 침산(葴山)이라는 곳에서, 시수(視水)가 시작되어, 남동쪽으로 흘러 여수(汝水)로 들어가는데, 그 속에 인어(人魚)·교룡(蛟龍)·힐(頡)이 많이 산다.

[又東南二十五里, 曰葴山, 視水出焉, 東南流注於汝水, 其中多人魚, 多蛟, 多頡.]

【해설(解說)】

힐(頡 : '綌'로 발음)은 물속에 사는 개처럼 생긴 짐승으로, 모양은 마치 푸른 개와 비슷하다. 원가(袁珂)는 지금의 수달인 것 같다고 했다.

[그림—왕불도본(汪紱圖本)]

頡

[그림] 힐 청(淸)·왕불도본

|권5-64| 저여(狙如)

【경문(經文)】

「중차십일경(中次十一經)」: 의제산(倚帝山)이라는 곳은, 그 위에는 옥이 많고, 그 아래에는 금이 많다. 그곳에 어떤 짐승이 사는데, 생김새는 마치 폐서(獘鼠)[49]와 비슷하고, 흰 귀와 흰 주둥이를 가졌으며, 이름은 저여(狙如)라 한다. 이것이 나타나면 그 나라에 큰 전쟁이 일어난다.

[又東三十里, 曰倚帝之山, 其上多玉, 其下多金. 有獸焉, 狀如獘鼠, 白耳白喙, 名曰狙如, 見則其國有大兵.]

【해설(解說)】

저여[狙('居'로 발음)如]는 쥐처럼 생긴, 재앙을 부르는 짐승으로, 생김새는 폐서[獘('吠'로 발음)鼠]를 닮았지만, 흰 귀와 흰 주둥이를 가졌다. 그것이 나타나는 곳에서는 곧 병란(兵亂)이 일어난다. 왕불(汪紱)은 말하기를, 폐서는 쥐와 비슷하게 생겼지만 더 크고, 또한 토끼와 비슷하기도 한데, 자감색(紫紺色)이며, 그 가죽으로 옷을 만들 수 있다고 했다. 『사물감주(事物紺珠)』에는, 저여는 쥐의 귀와 흰 주둥이를 가졌다고 기록되어 있다.

곽박의 『산해경도찬(山海經圖讚)』: "저여는 미충(微蟲)이니, 그 몸은 해로움이 없다네. 이것이 나타나면 전쟁이 일어나, 두 진영이 맞붙는다네. 만물의 감응하는 바가 어찌 크고 작음에 있겠는가.[狙如微蟲, 厥體無害. 見則師興, 兩陣交會. 物之所感, 焉有小大.]"

[그림 1-장응호회도본(蔣應鎬繪圖本)]·[그림 2-왕불도본(汪紱圖本)]·[그림 3-『금충전(禽蟲典)』]

---

49) 곽박(郭璞)은 주석하기를, "『이아』에 이르기를 쥐는 열세 종류가 있다고 했는데, 그 가운데 이 쥐가 있으며, 생김새는 자세히 알 수 없다.[爾雅說鼠有十三種, 中有此鼠, 形所未詳也.]"라고 했다.

[그림 1] 저여 명(明)·장응호회도본

[그림 2] 저여 청(淸)·왕불도본

[그림 3] 저여 청(淸)·『금충전』

|권5-65| 이즉(狾卽)

【경문(經文)】

「중차십일경(中次十一經)」: 선산(鮮山)이라는 곳에, ……어떤 짐승이 사는데, 그 생김새는 서막(西膜)의 개와 비슷하며, 붉은 주둥이와 붉은 눈에 흰 꼬리를 가졌다. 이것이 나타나면 그 고을에 화재가 나며, 이름은 이즉(狾卽)이라고 한다.

[又東三十里, 曰鮮山, 其木多楢杻, 其草多𧄸冬, 其陽多金, 其陰多鐵. 有獸焉, 其狀如膜大[50], 赤喙·赤目·白尾, 見則其邑有火, 名曰狾卽.]

【해설(解說)】

이즉(狾卽)은 개처럼 생긴, 화재를 불러오는 짐승으로, 모습은 서막(西膜) 땅에서 나는 개처럼 생겼으며, 주둥이와 눈은 모두 빨갛고, 꼬리는 희다. 그것이 나타나는 곳에서는 화재가 발생하며, 또한 전쟁이 일어난다고도 한다. 학의행(郝懿行)은 말하기를, 막견(膜犬)은 즉 서막 땅에서 나는 개로, 오늘날 이 개는 크고 털이 무성하며, 사납고 힘이 세다고 했다. 『사물감주(事物紺珠)』에서는, 이즉은 개와 비슷하게 생겼으며, 눈과 주둥이는 붉고, 꼬리는 희며, 이것이 나타나면 큰 화재가 난다고 기록하고 있다. 『광운(廣韻)』에서는, 이즉이 나타나면 큰 전쟁이 일어난다고 했다.

곽박(郭璞)의 『산해경도찬(山海經圖讚)』: "양거(梁渠)는 전쟁을 일어나게 하고, 이즉은 재앙을 일으킨다네.[梁渠致兵, 狾卽起災.]"

[그림 1-장응호회도본(蔣應鎬繪圖本)]·[그림 2-왕불도본(汪紱圖本)]·[그림 3-『금충전(禽蟲典)』]

---

50) 경문의 '막대(膜大)'에 대해 학의행(郝懿行)은, "'大'자는 '犬'자가 잘못된 것이다. 『광운』에서 '犬'으로 쓴 것을 통해 이를 증명할 수 있다. 막견(膜犬)이라는 것은 서막(西膜) 지역에서 나는 개인데, 오늘날 그 개는 몸집이 크고 무성한 털[濃毛]로 덮여 있으며, 사납고 힘이 세다.[大當爲犬字之訛, 廣韻作犬, 可證. 膜犬者, 卽西膜之犬, 今其犬高大濃毛, 猛悍多力也.]"라고 했다. 이 책에서는 '膜犬'으로 고쳐 썼다.

[그림 1] 이즉 명(明)·장응호회도본

[그림 2] 이즉 청(淸)·왕불도본

[그림 3] 이즉 청(淸)·『금충전』

|권5-66| 양거(梁渠)

【경문(經文)】

「중차십일경(中次十一經)」 : 역석산(歷石山)이라는 곳에, ……어떤 짐승이 사는데, 그 생김새는 살쾡이와 비슷하고, 흰 대가리와 호랑이의 발톱을 가졌으며, 이름은 양거(梁渠)라 한다. 이것이 나타나면 그 나라에 큰 병란이 일어난다.

[又東北七十里, 曰歷('磨'자로 된 것도 있음)石之山, 其木多荊芑, 其陽多黃金, 其陰多砥石. 有獸焉, 其狀如貍, 而白首虎爪, 名曰梁渠, 見則其國有大兵.]

【해설(解說)】

양거(梁渠)는 살쾡이의 모습을 한, 재앙을 부르는 짐승으로, 생김새는 살쾡이와 비슷하며, 대가리가 희고, 호랑이의 발톱이 나 있다. 그것이 나타나는 곳에는 곧 병란이 일어난다.

곽박(郭璞)의 『산해경도찬(山海經圖讚)』 : "양거(梁渠)는 전쟁을 일어나게 하고, 이즉은 재앙을 일으킨다네.[梁渠致兵, 狋即起災.]"

[그림 1-장응호회도본(蔣應鎬繪圖本)]·[그림 2-호문환도본(胡文煥圖本)]·[그림 3-성혹인회도본(成或因繪圖本)]·[그림 4-왕불도본(汪紱圖本)]·[그림 5-『금충전(禽蟲典)』]

[그림 1] 양거 명(明)·장응호회도본

梁渠

[그림 2] 양거 명(明)·호문환도본

[그림 3] 양거 청(淸)·사천(四川)성혹인회도본

梁渠圖

梁渠

[그림 4] 양거 청(淸)·왕불도본

[그림 5] 양거 청(淸)·『금충전』

|권5-67| 지도(鴙鵌)

【경문(經文)】

「중차십일경(中次十一經)」: 축양산(丑陽山)이라는 곳에, ……어떤 새가 사는데, 그 생김새는 까마귀와 비슷하지만 붉은 발을 가졌으며, 이름은 지도(鴙鵌)라 하고, 화재를 막을 수 있다.

[又東二百里, 曰丑陽之山, 其上多枸櫨. 有鳥焉, 其狀如烏而赤足, 名曰鴙鵌, 可以禦火.]

【해설(解說)】

　지도(鴙鵌 : '枳徒'로 발음)는 '지여(鴙余)'라고도 쓰며, 화재를 막아주는 새이다. 생김새는 까마귀와 비슷하며, 발과 발톱은 붉다.

　곽박(郭璞)의 『산해경도찬(山海經圖讚)』: "양거(梁渠)는 전쟁을 일어나게 하고, 이즉은 재앙을 일으킨다네. 지도는 화재를 물리치니, 사물은 각자 능한 바가 있도다.[梁渠致兵, 狋即起災. 鴙鵌辟火, 物各有能]"

　[그림 1-호문환도본(胡文煥圖本)]·[그림 2-왕불도본(汪紱圖本)]·[그림 3-『금충전(禽蟲典)』]

[그림 1] 지도[鴙鵌 : 지여(鴙余)] 명(明)·호문환도본

[그림 2] 지도(지여) 청(清)·왕불도본

[그림 3] 지도(지여) 청(清)·『금충전』

|권5-68| 문린(聞獜)

【경문(經文)】

「중차십일경(中次十一經)」: 궤산(几山)이라는 곳에, ……어떤 짐승이 사는데, 그 생김새는 돼지와 비슷하며, 누런 몸과 흰 대가리와 흰 꼬리를 가졌고, 이름은 문린 (聞獜)이라 한다. 이것이 나타나면 천하에 큰 바람이 분다.

[又東三百五十里, 曰几山, 其木多栖檀杻, 其草多香. 有獸焉, 其狀如彘, 黃身·白頭 ·白尾, 名曰聞獜, 見則天下大風.]

【해설(解說)】

문린[聞獜('鄰'으로 발음)]은 돼지의 모습을 한, 바람을 일으키는 짐승으로, 생김새는 돼지와 비슷하며, 누런 몸에, 대가리와 꼬리는 모두 희다. 그것이 나타나는 곳에는 큰 바람이 분다. 『병아(騈雅)』에서는, 문린은 누런 돼지라고 했다. 『담회(談薈)』에서는, 바람을 일으키는 짐승으로, 바람이 불 징조인데, 문린이라는 짐승이 나타나면 천하에 큰 바람이 분다고 했다. 『사물감주(事物紺珠)』에는, 문린은 돼지처럼 생겼으며, 누런 몸에, 대가리와 꼬리는 모두 희다고 기록되어 있다. 또한 체(麂)는 돼지[彘]처럼 생겼으며, 몸은 누렇고, 대가리와 꼬리는 흰데, 역시 이 짐승이라고 했다. 호문환도본(胡文煥圖本)에서는 문린을 체(麂)라고 했는데, 바로 여기에 근거한 것이다. 호문환도설(胡文煥圖說)에이르기를, "체(麂)의 생김새는 돼지와 비슷한데, 몸은 누렇고, 흰 대가리와 흰 꼬리를 가졌으며, 이것이 나타나면 큰 바람이 분다.[麂狀如彘, 黃身, 白首白尾, 見則大風.]"라고했다.

곽박(郭璞)의 『산해경도찬(山海經圖讚)』: "문린이 나타나면 큰 바람이 분다네.[聞獜之見, 大風乃來.]"

문린의 그림에는 두 가지 형태가 있다.

첫째, 돼지의 모습을 한 짐승으로, [그림 1-호문환도본(胡文煥圖本)]·[그림 2-왕불도본(汪紱圖本)]·[그림 3-『금충전(禽蟲典)』]과 같은 것들이다.

둘째, 사람의 얼굴을 한 짐승으로, [그림 4-일본도본(日本圖本), 체(麂)라 함]과 같은 것이다.

羏

聞獜

[그림 1] 문린[체(羏)] 명(明)·호문환도본

[그림 2] 문린 청(淸)·왕불도본

[그림 3] 문린 청(淸)·『금충전』

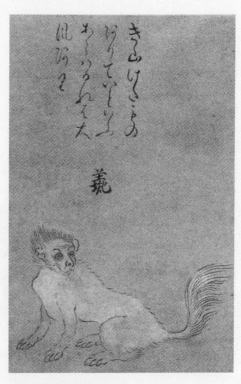

[그림 4] 문린(체) 일본도본

|권5-69| 체신인수신(彘身人首神) : 돼지의 몸에 사람의 머리를 한 신

【경문(經文)】

「중차십일경(中次十一經)」: 형산(荊山)의 첫머리, 익망산(翼望山)부터 궤산(几山)까지 모두 마흔여덟 개의 산들이 있으며, 그 거리는 3,732리에 달한다. 그 산의 신들은 모두 돼지의 몸에 사람의 머리를 하고 있다. …….

[凡荊山之首, 自翼望之山至於几山, 凡四十八山, 三千七百三十二里. 其神狀皆彘身人首. 其祠, 毛用一雄雞祈, 瘞用一珪, 糈用五種之精. 禾山帝也, 其祠, 太牢之具, 羞瘞, 倒毛, 用一璧, 牛無常. 堵山·玉山冢也, 皆倒祠, 羞毛少牢, 嬰毛吉玉.]

【해설(解說)】

익망산(翼望山)부터 궤산(几山)까지 모두 마흔여덟 개의 산들이 있는데, 그 산의 신들은 모두 돼지의 몸에 사람의 머리를 하고 있다.

[그림−왕불도본(汪紱圖本), 중산신(中山神)이라 함]

[그림] 체신인수신(중산신) 청(淸)·왕불도본

古本 山海經 圖說 (下)

822

|권5-70| 우아(于兒)

【경문(經文)】

「중차십이경(中次十二經)」: 부부산(夫夫山)이라는 곳은, 그 위에 황금이 많고, 그 아래에는 청웅황(靑雄黃)이 많다. ……신(神)인 우아(于兒)가 이곳에 사는데, 그 모습은 사람의 몸을 하고 있으며, 몸에 두 마리의 뱀을 가지고 있다. 늘 장강(長江)의 깊은 곳에서 노닐며, 드나들 때는 빛이 난다.

[又東一百五十里, 曰夫夫之山, 其上多黃金, 其下多靑雄黃, 其木多桑楮, 其草多竹·雞鼓. 神于兒居之, 其狀人身而身操兩蛇, 常遊於江淵, 出入有光.]

【해설(解說)】

부부산(夫夫山)의 산신(山神)인 우아(于兒)는 괴상한 신으로, 사람처럼 생겼지만, 몸에 두 마리의 뱀을 둘둘 감고 있으며, 장강(長江)의 깊은 곳에서 즐겨 노니는데, 각처를 드나들 때는 몸에서 밝은 빛이 번쩍거린다. 학의행(郝懿行)은, 우아가 우공(愚公)의 고사(故事)에 나오는, 뱀을 다루는 신이라고 여겼다. 그는 말하기를, 『열자(列子)·탕문편(湯問篇)』에서 우공의 일을 말하면서, 뱀을 다루는 신이 이에 대해 듣고는 천제에게 고했다는 기록이 있는데, 이 뱀을 다루는 신이 바로 우아인 것 같다고 했다. 왕불(汪紱)은 추측하기를, 우아는 바로 등산(登山)의 산신 유아(兪兒)인 것 같다고 했다. 『산해경』의 그림과 글을 통해 보면, 이 경문에 나오는 신(神)인 우아는 왕불이 말한 유아는 아닌 것으로 보인다. 유아는 등산의 신이다. 『관자(管子)·소문(小問)』 제51에서 유아의 고사를 기술하고 있는데, 다음과 같다. 즉 제(齊)나라 환공(桓公)이 북쪽의 고죽국(孤竹國)을 정벌하기 위해 비이계(卑耳溪)에서 10리도 안 떨어진 곳에 왔을 때, 갑자기 한 척 정도 되는 키에 의관을 갖추고, 오른쪽 소매를 벗은 소인(小人)이 말을 타고 나는 듯이 달려 지나가는 것을 보았다. 환공은 매우 괴이하게 생각하여, 곧 관중(管仲)에게 물었다. 그러자 관중이 대답하기를, '신(臣)이 들건대, 등산의 신을 유아라 하는데, 키는 겨우 한 척 정도이고, 사람처럼 생겼다고 합니다. 패왕(覇王)이 될 군주가 일어나면 등산의 신이 나타난다고 합니다. 이 신은 말을 채찍질하면서 앞서 나아가서 사람들에게 길을 알려주는데, 그가 옷소매를 걷으면 앞쪽에 물이 있음을 나타내는 것이고, 오른쪽 옷소매를 걷으면 오른쪽으로 물을 건너야 안전하다는 것을 나타내는 것이라 합니다. 비이(卑耳)라는 계곡물에 다다르면, 나루터의 안내자가 알려주기를, 왼쪽으로 건너면 물이 가장 깊고, 오른쪽으로 건너야 비로소 안전하다고 알려준다 합니다'라고 했다. 유아의 고사는 『산해경』에는 보이지 않는다. 그러나 명대(明代) 호문환(胡文煥)의 『산해경도(山海經圖)』와 명대에 각인한 왕숭경(王崇慶)의 『산해경석의(山海經釋義)·도상산해경(圖像山海經)』의 첫 번째 그림에는 모두 유아 신의 그림이 수록되어 있는데, 의관을 갖춘 한 소인이 작은 말을 타고 있는 모습을 하고 있다[그림 1-호문환도본(胡文煥圖本)].

우아는 부부산의 산신이자, 또 강과 하천[江河]의 신이다. 뱀은 그가 신성(神性)을 갖추고 있음을 나타내는 표지(標志)이며, 그가 두 세계를 소통할 수 있는 무구(巫具)이자 동물 보조자라는 것이다. 우아의 몸에 있는 두 마리의 뱀은 특히 주목할 만한 가치가 있다. 원래 『산해경』 경문에는, "그 생김새가 사람의 몸을 하고 있으며, 몸에 두 마리의 뱀을 가지고 있다.[其狀人身而身操兩蛇.]"라고 되어 있다. 왕불·원가(袁珂) 등과 같은 역대의 주석가들은, "몸에 두 마리의 뱀을 가지고 있다.[身操兩蛇.]"라는 것은 말이 되지 않는다고 여겨, "손에 두 마리의 뱀을 쥐고 있다.[手操兩蛇.]"라고 바꿨다. 그러나 명대에 장응호(蔣應鎬) 등의 화가들은 "몸에 두 마리의 뱀을 가지고 있다."라는 것을, 몸에 뱀 두 마리를 감고 있다는 것으로 이해했다.

곽박(郭璞)의 『산해경도찬(山海經圖讚)』: "우아는 사람처럼 생겼는데, 몸에 뱀 두 마리가 있다네. 장강의 깊은 곳에서 즐겨 노닐고, 동정(洞庭)의 넓은 곳에서 나타난다네. 홀연 물에 들어갔다가 홀연 나타나는데, 신비로운 빛이 휘황찬란하다네.[于兒如人, 蛇頭有兩. 常遊江淵, 見於洞廣. 乍潛乍出, 神光惚恍.]"

[그림 2-장응호회도본(蔣應鎬繪圖本)]·[그림 3-『신이전(神異典)』]·[그림 4-성혹인회도본(成或因繪圖本)]·[그림 5-왕불도본(汪紱圖本)]

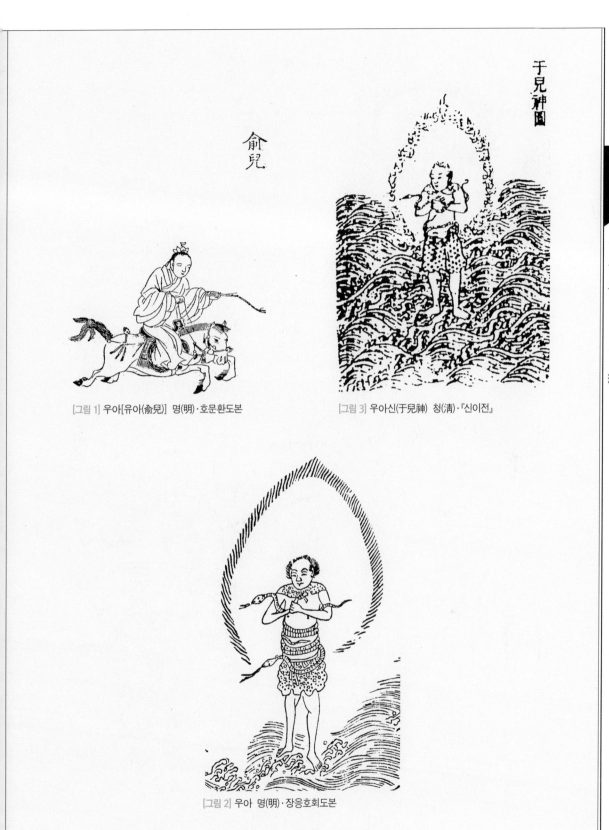

于兒神圖

俞兒

[그림 1] 우아[유아(俞兒)] 명(明)·호문환도본

[그림 3] 우아신(于兒神) 청(淸)·『신이전』

[그림 2] 우아 명(明)·장응호회도본

[그림 4] 우아 청(淸)·사천(四川)성혹인회도본(원래 그림의 잔편)

[그림 5] 신(神) 우아 청(淸)·왕불도본

|권5-71| 제이녀(帝二女)

【경문(經文)】

「중차십이경(中次十二經)」: 동정산(洞庭山)이라는 곳은, 그 위에 황금이 많고, 그 아래에는 은과 철이 많다. ……천제(天帝)의 두 딸이 이곳에 사는데, 늘 장강(長江)의 깊은 곳에서 노닌다. 예수(澧水)와 원수(沅水)에서 이는 바람을 타고, 소상(瀟湘)[51]의 깊은 곳을 오가다, 이들은 구강(九江)[52] 사이에 머무는데, 물속을 드나들 때는 반드시 회오리바람이 불고 폭우가 내린다. …….

[又東南一百十里, 曰洞庭之山, 其上多黃金, 其下多銀·鐵, 其木多相梨橘櫾, 其草多葌·蘪蕪·芍藥·芎藭. 帝之二女居之, 是常遊於江淵. 澧沅之風, 交瀟湘之淵, 是在九江之間, 出入必以飄風暴雨. 是多怪神, 狀如人而載蛇, 左右手操蛇. 多怪鳥.]

【해설(解說)】

천제(天帝)의 두 딸이란, 즉 신의 두 딸·요(堯)임금의 두 딸이다. 요임금의 두 딸 아황(娥皇)·여영(女英)이 순(舜)임금에게 시집을 갔기 때문에, 우[虞 : 우순(虞舜)]의 두 왕비라고도 한다. 요임금의 두 딸은 죽은 후에 상수(湘水)의 강신(江神)이 되었다. 곽박(郭璞)은, 천제의 두 딸이 장강(長江)에 기거하며 신이 되었다고 했다. 왕불(汪紱)은 두 딸에 대한 고사를 기록하면서, 천제의 두 딸은 바로 요임금의 두 딸인 아황·여영을 일컫는다고 했다. 전하는 바에 따르면, 순임금이 남쪽으로 순수(巡狩)[53]를 떠났다가, 창오(蒼梧)에서 죽자, 두 비(妃)가 달려가 통곡하며 상수에 빠져죽어 상수의 신이 되었다고 한다. 굴원(屈原)이 「구가(九歌)」에서 노래한 상군(湘君)과 상부인(湘夫人), 『열선전(列仙傳)』에 나오는 강비(江妃)가 모두 이들이다. 천제의 두 딸은 강의 신·산수(山水)의 신으로서, 항상 장강의 깊은 곳에서 노니는데, 이들이 드나드는 곳에는 항상 광풍과 폭우가 따른다.

---

51) 중국 호남성(湖南省)의 동정호(洞庭湖) 남쪽에 있는 소수(瀟水)와 상강(湘江)을 함께 일컫는 말이다.
52) 여기에서 구강(九江)은 동정호를 일컫는다. 아홉 개의 강줄기가 모여든다고 해서 구강이라 했다. 『박물지(博物志)·지리고(地理考)』를 보면, "동정호에 있는 군산(君山)에 천제의 두 딸이 살았는데, 이들을 상부인이라고 했다. 또 『형주도경(荊州圖經)』에서는, 상군(湘君)이 노니는 곳이기에 군산이라 부른다고 했다.[洞庭君山, 帝之二女居之, 曰湘夫人. 又荊州圖經曰, 湘君所遊, 故曰君山.]"라는 이야기가 나온다.
53) 옛날에 황제가 전국을 시찰하며 순시하는 것을 가리킨다.

곽박의 『산해경도찬(山海經圖讚)』: "신의 두 딸은, 동정에 머물기를 좋아한다네. 다섯 강[五江]에서 노닐면, 어슴푸레하고 아득해진다네. 부인(夫人)이라고 부르지만, 이들은 상수의 신이라네.[神之二女, 愛宅洞庭. 遊化五江, 惚恍窈冥. 號曰夫人, 是維湘靈.]"

　[그림 1-장응호회도본(蔣應鎬繪圖本)]·[그림 2-성혹인회도본(成或因繪圖本)]·[그림 3-왕불도본(汪紱圖本)]

[그림 1] 제이녀　명(明)·장응호회도본

[그림 2] 제이녀 청(淸)·사천(四川)성혹인회도본

[그림 3] 제이녀 청(淸)·왕불도본

|권5-72| 동정괴신(洞庭怪神)

【경문(經文)】

「중차십이경(中次十二經)」 : 동정산(洞庭山)이라는 곳에는, ……괴상한 신들이 많은데, 생김새는 사람과 비슷하지만 뱀을 머리에 이고 있고, 좌우 손에는 뱀을 쥐고 있다. …….

[又東南一百十里, 曰洞庭之山, 其上多黃金, 其下多銀・鐵, 其木多柤梨橘櫾, 其草多葌・蘪蕪・芍藥・芎藭. 帝之二女居之, 是常遊於江淵. 澧沅之風, 交瀟湘之淵, 是在九江之間, 出入必以飄風暴雨. 是多怪神, 狀如人而載蛇, 左右手操蛇. 多怪鳥.]

【해설(解說)】

상강(湘江)의 수신(水神)이 드나드는 동정호(洞庭湖) 위에는, 괴상한 신들도 많은데, 이들은 동정호의 신이자 또한 풍우(風雨)의 신이다. 생김새는 사람인데, 머리 위에는 뱀을 둘둘 감고 있고, 좌우 양손에 뱀을 쥐고 있다. 왕불(汪紱)은 주석에서 말하기를, 지금 동정호에 또한 괴상한 신들과 괴이한 비바람이 많다고 했다.

[그림 1-왕불도본(汪紱圖本)]・[그림 2-『신이전(神異典)』, 구강신(九江神)이라고 함]

[그림 1] 동정괴신 청(淸)・왕불도본   [그림 2] 동정괴신(구강신) 청(淸)・『신이전』

| 권5-73 | 궤(蚗)

【경문(經文)】

「중차십이경(中次十二經)」 : 즉공산(即公山)이라는 곳에, ……어떤 짐승이 사는데, 그 생김새는 거북과 비슷하지만, 흰 몸에 붉은 대가리를 가졌으며, 이름은 궤(蚗) 라 하고, 화재를 막을 수 있다.

[又東南二百里, 曰即公之山, 其上多黃金, 其下多璈珴之玉, 其木多柳枏檀桑. 有獸 焉, 其狀如龜, 而白身赤首, 名曰蚗, 是可以禦火.]

【해설(解說)】

궤(蚗 : '鬼'로 발음)는 화재를 막아주는 기이한 짐승으로, 생김새는 거북과 비슷하며, 대가리는 붉고 몸은 희다. 『사물감주(事物紺珠)』에 기록하기를, 궤는 거북처럼 생겼으며, 흰 몸과 붉은 대가리를 가졌다고 했다.

궤의 그림에는 두 가지 형태가 있다.

첫째, 거북의 모습을 한 것으로, [그림 1-장응호회도본(蔣應鎬繪圖本)]·[그림 2-성혹 인회도본(成或因繪圖本)]과 같은 것들이다.

둘째, 짐승의 모습을 한 것으로, [그림 3-왕불도본(汪紱圖本)]·[그림 4-『금충전(禽蟲 典)』]과 같은 것들이다.

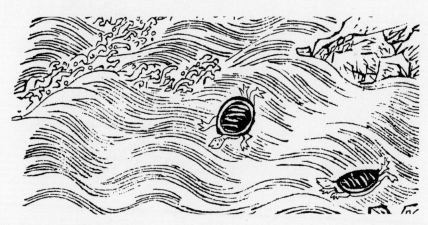

[그림 1] 궤 명(明)·장응호회도본

[그림 2] 궤 청(淸)·사천(四川)성흑인회도본

[그림 3] 궤 청(淸)·왕불도본

[그림 4] 궤 청(淸)·『금충전』

|권5-74| 비사(飛蛇)

【경문(經文)】

「중차십이경(中次十二經)」: 시상산(柴桑山)이라는 곳에는, 그 위에 은이 많고, 그 아래에는 벽옥(碧玉)이 많으며, ……백사(白蛇)와 비사(飛蛇)가 많이 산다.

[又南九十里, 曰柴桑之山, 其上多銀, 其下多碧, 多泠石赭, 其木多柳·芑·楮·桑, 其獸多麋鹿, 多白蛇·飛蛇[54].]

【해설(解說)】

비사(飛蛇)는 즉 등사(螣蛇)로, 안개를 타고 날 수 있다. 이시진(李時珍)은 『본초강목(本草綱目)』에 말하기를, 『산해경』에서는 시상산(柴桑山)에 비사가 많다고 한다고 했다. 『순자(荀子)』에서는, 등사는 발이 없으며 날 수 있다고 했다. 『한비자(韓非子)·십과편(十過篇)』에는, 옛날에 황제(黃帝)가 서태산(西泰山) 위에 귀신을 회합시켰는데, 등사가 땅을 기어 다녔다는 이야기가 기술되어 있다.

곽박의 『산해경도찬(山海經圖讚)』: "등사(螣蛇)는 용과 비견되니, 안개를 타고 오를 수 있다네. 하늘로 오르려고만 하면, 구름이 끝나고 땅이 아득할 정도로 높이 오른다네. 그 재주는 본디 부여받은 바가 아니니, 오래도록 날기는 어렵다네.[螣('螣'이라고 된 것도 있음)蛇配龍, 因霧而躍. 雖欲登天, 雲罷陸莫('略'이라고 된 것도 있음). 材非所任('伏非啓體'라고 된 것도 있음), 難以久托('難以雲托'이라고 된 것도 있음).]"

[그림 1-왕불도본(汪紱圖本)]·[그림 2-『금충전(禽蟲典)』]

---

54) 곽박(郭璞)은 주석하기를, "바로 등사(螣蛇)이며, 안개를 타고 날아다닌다.[卽螣蛇, 乘霧而飛者.]"라고 했다.

[그림 1] 비사 청(清)·왕불도본

[그림 2] 비사 청(清)·『금충전』

|권5-75| 조신용수신(鳥身龍首神) : 새의 몸에 용의 대가리를 한 신

【경문(經文)】

「중차십이경(中次十二經)」: 동정산(洞庭山)의 첫머리, 편우산(篇遇山)부터 영여산(榮余山)까지 모두 열다섯 개의 산들이 있으며, 그 거리는 2,800리에 달한다. 그 산의 신들은 모두 새의 몸에 용의 대가리를 하고 있다. ·······.

[凡洞庭山之首, 自篇遇之山至於榮余之山, 凡十五山, 二千八百里. 其神狀皆鳥身而龍首. 其祠, 毛用一雄雞·一牝豚刏, 糈用稌. 凡夫夫之山·即公之山·堯山·陽帝之山皆冢也, 其祠, 皆肆瘞, 祈用酒, 毛用少牢, 嬰毛一吉玉. 洞庭·榮余山神也, 其祠, 皆肆瘞, 祈酒太牢祠, 嬰用圭璧十五, 五采惠之.]

【해설(解說)】

편우산(篇遇山)부터 영여산(榮余山)까지 모두 열다섯 개의 산들이 있는데, 그 산신들은 모두 새의 몸에 용의 대가리를 하고 있는 신들이다.

[그림 1-왕불도본(汪紱圖本), 중산신(中山神)이라고 함]

[그림] 조신용수신(중산신) 청(淸)·왕불도본

第六卷

海外南經

제6권 해외남경

|권6-1| 결흉국(結匈國)

【경문(經文)】

「해외남경(海外南經)」: 결흉국(結匈國)이 그 남서쪽에 있는데, 그곳 사람들은 가슴이 튀어나와 있다.

[結匈國在其西南, 其爲人結匈[1].]

【해설(解說)】

『회남자(淮南子)·지형편(墜形篇)』의 기록에 따르면, 해외(海外)[2]에 서른여섯 개의 나라들이 있는데, 남서쪽부터 남동쪽까지의 지역으로, 결흉민(結胸民)이 있다고 한다. 즉 결흉국(結匈國)은 멸몽조(滅蒙鳥)의 남서쪽에 있는데, 그 나라 사람들은 가슴이 모두 솟아 있는 것이, 마치 남자의 울대뼈가 튀어 나와 있는 것처럼 생겼다.

[그림 1-장응호회도본(蔣應鎬繪圖本)]·[그림 2-성혹인회도본(成或因繪圖本)]·[그림 3-『변예전(邊裔典)』]

[그림 1] 결흉국 명(明)·장응호회도본

---

1) 곽박(郭璞)은 "가슴뼈가 앞으로 돌출되어 있는 것이, 마치 사람의 울대뼈가 나온 것과 비슷하다.[臆前胅出, 如人結喉也.]"라고 했다.

2) 사해(四海)의 밖, 즉 고대 중국의 나라 밖을 가리킨다.

[그림 2] 결흉국 청(淸)·사천(四川)성혹인회도본

[그림 3] 결흉국 청(淸)·『변예전』

|권6-2| 우민국(羽民國)

【경문(經文)】

「해외남경(海外南經)」 : 우민국(羽民國)이 그 남동쪽에 있는데, 그곳 사람들은 머리가 길고, 몸에 날개가 달려 있다. 혹은 비익조(比翼鳥)의 남동쪽에 있는데, 그곳 사람들은 얼굴이 길다고 한다.

[羽民國在其東南, 其爲人長頭, 身生羽[3]. 一曰在比翼鳥東南, 其爲人長頰.]

【해설(解說)】

우민국(羽民國)은 『회남자(淮南子)』에 기록되어 있는 해외 36국 중 하나이며, 결흉국(結匈國)의 남동쪽에 위치하는데, 일설에는 비익조(比翼鳥)의 남동쪽에 위치한다고도 한다. 그 나라 사람들은 머리와 얼굴이 길고, 흰 머리카락과 붉은 눈을 가졌으며, 새의 뾰족한 부리가 나 있고, 등에는 한 쌍의 날개가 있어서 날 수 있지만 멀리 날지는 못한다. 그들은 날짐승과 마찬가지로 알 속에서 부화해 태어난다. 곽박(郭璞)은 말하기를, 날 수는 있지만 멀리 날지는 못하며, 알에서 태어난다고 했다. 「계서(啓筮)」[4]에서는 우민(羽民)에 대해 묘사하기를, 새의 부리에 붉은 눈이 있으며, 흰 머리를 가졌다고 했다. 진(晉)나라 때 장화(張華)가 지은 『박물지(博物志)·외국(外國)』에는, 우민국의 백성들은 날개가 있지만 멀리 날지는 못하고, 이곳에 난새가 많아, 사람들은 그 알을 먹으며, 구의(九疑 : 즉 九嶷山)에서 남쪽으로 1만 3천 리 떨어져 있다고 기재되어 있다. 이를 통해 우민국이 신화 속에 나오는 이역(異域)임을 알 수 있다. 『초사(楚辭)·원유(遠遊)』에는, "단구(丹丘)[5]에서 우인(羽人)을 따라 노닐며, 죽지 않는 구향(舊鄕)[6]에 머무노라.[仍羽人於丹丘兮, 留不死之舊鄕.]"라는 구절이 있다. 우인의 형상은 『산해경』에서 유래한 것이다.

---

3) 곽박(郭璞)은 "날 수는 있지만 멀리 날지는 못하며, 알을 낳고, 그림을 보면 마치 선인(仙人) 같다.[能飛不能遠, 卵生, 畫似仙人也.]"라고 했다.

4) 전설 속의 옛 역서(易書)인 『귀장(歸藏)』의 한 편명으로, 『귀장』은 『연산(連山)』·『주역(周易)』과 더불어 '삼역(三易)'이라고 불린다. 『귀장』은 전통적으로 상대(商代)의 『역경(易经)』으로 보는 것이 일반적인 견해인데, 위(魏)·진(晉) 시기 이후에 이미 유실되었다.

5) 단구(丹丘)는 신화 속에 나오는 신선이 사는 땅으로, 밤낮 없이 밝고, 죽음이 없는 곳이라고 전해진다. 이 시에서 우인(羽人)은 신선을 가리키는데, 우화등선(羽化登仙)하여 신선이 된다 하여, 신선을 우인이라 한다.

6) 신선의 고장을 가리킨다.

곽박은 주석에서 말하기를, 그림을 보면 마치 신선을 그린 것 같다고 했다. 학의행(郝懿行)도 역시 곽박이 신선을 그린 것 같다고 한 것은, 이 경문의 그림이 이와 같기 때문이라고 했다. 이를 통해『산해경』이 그림으로 문장의 서사 풍격을 삼았다는 것을 알 수 있다.

곽박의『산해경도찬(山海經圖讚)』: "새의 부리가 있고 얼굴이 길며, 날짐승처럼 알을 낳는다네. 날갯짓하여 날지만, 멀리 날 수는 없다네. 사람은 나충(倮蟲)이거늘, 어째서 그 생김새는 반대인가.[鳥喙長頰, 羽('厥'이라 된 것도 있음)生則卵, 矯翼而翔, 能飛不遠. 人維倮屬[7], 何狀之反.]"

[그림 1-장응호회도본(蔣應鎬繪圖本)]·[그림 2-오임신근문당도본(吳任臣近文堂圖本)]·[그림 3-성혹인회도본(成或因繪圖本)]·[그림 4-왕불도본(汪紱圖本)]·[그림 5-『변예전(邊裔典)』]·[그림 6-상해금장도본(上海錦章圖本)]

[그림 1] 우민국 명(明)·장응호회도본

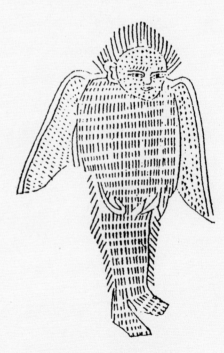

[그림 2] 우민국 청(淸)·오임신근문당도본

7) 나속(倮屬)은 즉 나충(倮蟲)이다. 고대의 이른바 '오충(五蟲)'의 하나로, 날짐승[禽]은 우충(羽蟲), 들짐승[獸]은 모충(毛蟲), 거북류[龜]는 갑충(甲蟲), 물고기[魚]는 인충(鱗蟲), 몸에 깃털·털·비늘·갑각이 없는 동물은 나충(倮蟲)으로 분류되었다. 나충은 전적으로 사람을 가리키기도 한다.

[그림 3] 우민국 청(淸)·사천(四川)성혹인회도본

[그림 4] 우민국 청(淸)·왕불도본

羽民國 為人長頭身生羽
毛在結胸國東南

喙
鳥
長
頰
羽
生
則卵孺翼而翔龍飛不
遠人維俣屬何狀之有

[그림 5] 우민국 청(淸)·『변예전』

[그림 6] 우민국 상해금장도본

|권6-3| 환두국(讙頭國)

【경문(經文)】

「해외남경(海外南經)」 : 환두국(讙頭國)이 그 남쪽에 있는데, 그곳 사람들은 사람의 얼굴을 하고 있지만 날개가 달려 있으며, 새의 부리가 달려 있고, 물고기를 잡는다. 혹은 필방(畢方)의 동쪽에 있다고도 하며, 환주국(讙朱國)이라고도 한다.

[讙頭國在其南, 其爲人人面有翼, 鳥喙, 方捕魚. 一曰在畢方東. 或曰讙朱國.]

【해설(解說)】

환두국(讙頭國)은 『회남자(淮南子)』에 기록되어 있는 해외 36국 중 하나로, 또 환주국(讙朱國)·환두[讙(驩이라고 된 것도 있음)兜國]·단주국(丹朱國)이라고도 한다. 환두국의 사람들은 절반은 사람 절반은 새의 모습을 하고 있는데, 머리는 사람이지만, 새의 부리와 새의 날개가 달려 있다. 그들은 날개가 있지만 날 수는 없고, 단지 지팡이로만 쓸 수 있을 뿐이다. 환두국의 사람들은 매일 날개를 짚고, 해변에서 부리를 이용하여 물고기와 새우를 잡아먹는다. 『신이경(神異經)·남황경(南荒經)』에는 환두국에 대해 다음과 같은 고사(故事)가 기술되어 있다. 즉 남방에 사는 어떤 사람들은, 사람의 얼굴에 새의 부리를 하고 있으며, 날개를 가졌고, 날개를 짚고 다닌다. 바다 속의 물고기를 잡아먹는데, 날개는 있지만 날 수는 없으며, 일명 환두(驩兜)라고도 한다고 했다.

환두(讙頭)·환주(讙朱)·환두(驩兜)는 모두 요(堯)임금의 아들인 단주(丹朱)의 이명(異名)들이다[일설에는 환두(驩兜)가 요임금의 신하라도 함]. 전설에 따르면 단주는 사람됨이 포악하고 게을렀기 때문에, 요임금이 천하를 순(舜)임금한테 넘기고, 단주를 남방의 단수(丹水)로 추방하여 제후(諸侯)로 삼았는데, 후에 단주가 모반을 일으켰다가 실패하자 바다에 빠져죽었으며, 그 영혼이 주(鴸)라는 새가 되었다고 한다. 그리고 그 단주의 자손이 남해에 세운 나라의 이름을 환두국·환주국이라고 불렀다고 한다. 이 이야기는 「남차이경(南次二經)」의 주(鴸)라는 새와 「대황남경(大荒南經)」의 환두국에도 보인다.

곽박(郭璞)의 『산해경도찬(山海經圖讚)』 : "환국(讙國) 사람들은 새의 부리가 있고, 다닐 때 날개를 짚고 다닌다네. 바닷가에서 잠수하고, 조거(祖秬)[8]를 먹는다네. 실로

---

8) 거(秬)는 기장의 하나인 흑서(黑黍)로, 껍질은 회색이고 열매는 검은색이다. 고인(古人)들은 이것을 좋은 곡식으로 여겼다.

좋은 곡식인데, 이른바 윤기가 흐르는 기장이라네.[讙國鳥喙, 行則杖羽. 潛於海濱, 維食祖('秔'로 된 것도 있음)秬. 實維嘉穀, 所謂濡黍.]"

[그림 1-장응호회도본(蔣應鎬繪圖本)]·[그림 2-장응호회도본(蔣應鎬繪圖本)「대황남경(大荒南經)」도(圖)]·[그림 3-오임신강희도본(吳任臣康熙圖本)]·[그림 4-오임신근문당도본(吳任臣近文堂圖本)]·[그림 5-성혹인회도본(成或因繪圖本)]·[그림 6-왕불도본(汪紱圖本)]·[그림 7-『변예전(邊裔典)』]·[그림 8-상해금장도본(上海錦章圖本)]

[그림 1] 환두국 명(明)·장응호회도본

[그림 2] 환두국 명(明)·장응호회도본 「대황남경」도

謹頭國人面有翼鳥喙如魚在畢方東

[그림 3] 환두국 청(淸)·오임신강희도본

謹頭國人面有翼鳥喙魚在畢方東

[그림 4] 환두국 청(淸)·오임신근문당도본

[그림 5] 환두국 청(淸)·사천(四川)성혹인회도본

讙頭國

[그림 6] 환두국 청(淸)·왕불도본

讙頭國

[그림 7] 환두국 청(淸)·『변예전』

祀秬實維嘉穀所謂濡黍
維魚
海濱
潛於
杖羽
行則
鳥啄
讙頭
讙頭國人面有翼鳥喙方捕魚在畢方東

[그림 8] 환두국 상해금장도본

|권6-4| 염화국(厭火國)

【경문(經文)】

「해외남경(海外南經)」 : 염화국(厭火國)은 그 나라의 남쪽에 있는데, 그곳 사람들은 짐승의 몸을 하고 있고 검은색이며, 입속에서 불을 내뿜는다. 환주(讙朱)의 동쪽에 있다고도 한다.

[厭火國在其國南, 其爲人獸身黑色[9], 火出其口中[10]. 一曰在讙朱東.]

【해설(解說)】

염화국(厭火國) 사람들은 생김새가 원숭이와 비슷하며, 피부가 검고, 숯불을 먹기 때문에 입으로 불을 토해낼 수 있다. 곽박(郭璞)은 주석하기를, 불을 토해낼 수 있고, 원숭이처럼 생겼지만 검다고 했다. 염화국은 또 염광국(厭光國)이라고도 하는데, 『박물지(博物志)·외국(外國)』에는, 염광국의 백성들은, 입 속에서 빛이 나오고, 생김새는 원숭이와 매우 흡사하며, 검은색이라고 기록되어 있다. 『본초집해(本草集解)』의 기록에 따르면, 남방에 염화(厭火)의 백성들이 있고, 불을 먹는 짐승이 있다고 했다. 전해지기를, 이 염화국은 흑곤륜(黑崑崙)에 근접해 있고, 사람들이 숯불을 먹을 수 있으며, 불을 먹는 짐승은 화두(禍斗)라 한다고 했다.

곽박의 『산해경도찬(山海經圖讚)』 : "짐승의 몸을 한 사람들이 있으니, 그 생김새가 기이하다네. 불꽃을 토해내고 마시는데, 불이 기(氣)를 따라 세차진다네. 그것을 헤아려보면 기이할 것이 없으니, 뜨거워하지 않는 성질을 가져서라네.[有人獸體, 厥狀怪譎. 吐納炎精, 火隨氣烈. 推之無奇, 理有不熱.]"

지금 보이는 염화국의 그림들은 모두 짐승의 모습으로 그려져 있는데, 세 가지 형태가 있다.

---

9) 원문의 이 구절에는 '其爲人'이라는 말이 없는데, 이 책의 저자가 문맥의 뜻을 살려 넣은 것 같다.

10) 원래의 경문에는 '生火出其口中'이라고 되어 있는데, 이 책에서는 '生'자를 빼버렸다. 이 경문에 대해 원가(袁珂)는, "『박물지(博物志)·외국(外國)』에서 '염광국(厭光國) 사람들은 입 속에서 빛을 내뿜는데, 형상은 원숭이와 매우 비슷하며, 검은색이다.'라고 하여, '염화(厭火)'를 '염광(厭光)'이라 쓰고 '火出其口中'을 '光出口中'이라고 썼는데, 역시 '生'자가 없다. '生'자는 사실 연자(衍字 : 불필요한 것을 잘못 넣은 글자-역자)이다.[『博物志·外國』云, '厭光國民, 光出口中, 形盡似猿猴, 黑色.' '厭火'作'厭光', '火出其口中'作'光出口中', 亦無'生'字, '生'字實衍.]"라고 했다.

첫째, 불을 토해내고 있는 짐승으로, [그림 1-장응호회도본(蔣應鎬繪圖本)] · [그림 2-성혹인회도본(成或因繪圖本)]과 같은 것들이다.

둘째, 원숭이처럼 생겼지만 검고, 불을 토해내고 있는 것으로, [그림 3-일본도본(日本圖本)] · [그림 4-왕불도본(汪紱圖本)]과 같은 것들이다.

셋째, 사람의 얼굴(?)에 원숭이의 몸을 하고 있고, 사람처럼 걸어 다니거나 앉아 있으며, 불을 토해내는 것으로, [그림 5-호문환도본(胡文煥圖本)] · [그림 6-『변예전(邊裔典)』]과 같은 것들이다. 호문환도설(胡文煥圖說)에서는 이렇게 말했다. "염화국에 어떤 짐승이 사는데, 몸이 검은색이고, 입 속에서 불을 토해낸다. 생김새는 원숭이와 비슷한데, 사람처럼 걷고 앉는다.[厭火國有獸, 身黑色, 火出口中. 狀似獼猴, 如人行坐.]"

[그림 1] 염화국 명(明)·장응호회도본

[그림 2] 염화국 청(淸)·사천(四川)성혹인회도본

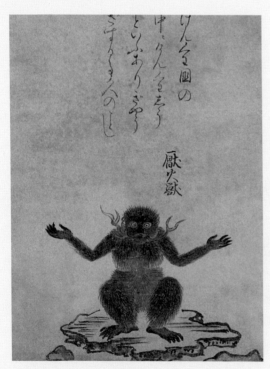

[그림 3] 염화수(厭火獸) 일본도본

[그림 4] 염화국 청(淸)·오임신근문당도본

[그림 5] 염화수 명(明)·호문환도본

[그림 6] 염화국 청(淸)·『변예전』

| 권6-5 | 질국(裁國)

【경문(經文)】

「해외남경(海外南經)」: 질국(裁國)이 그 동쪽에 있는데, 그곳 사람들은 누렇게 생겼고, 활을 쏘아 뱀을 잡을 줄 안다. 일설에는 질국이 삼모(三毛)의 동쪽에 있다고도 한다.

[裁國在其東, 其爲人黃, 能操弓射蛇. 一曰裁國在三毛東.]

【해설(解說)】

질국[裁('秩'로 발음)國]은 즉 질민국(裁民國)이다. 질국의 사람들은 원래 순(舜)임금의 후예로, 피부가 누렇고 활을 쏘아 뱀을 잡을 줄 안다. 『태평어람(太平御覽)』 권79에서는 이 경문을 인용하여 "성국(盛國)"이라고 했다. 「대황남경(大荒南經)」에서는, 이 나라에 오곡과 의복이 절로 나는 정경을 다음과 같이 묘사했다. "질민국이라는 곳이 있다. 순임금이 무음(無淫)을 낳자, 무음은 질(裁)로 내려와 살았는데, 이들을 무질민(巫裁民)이라고 한다. 무질민은 성이 반(朌)씨이고, 곡식을 먹고 살며, 길쌈을 하지 않고 베를 짜지 않아도, 옷을 해 입는다. 또 곡식을 심지 않고 추수를 하지 않아도, 밥을 먹는다. 이곳에는 항상 춤추고 노래하는 새들이 있는데, 난새가 절로 노래하고, 봉새가 절로 춤을 춘다. 이곳에는 온갖 짐승들이 서로 무리를 지어 살며, 온갖 곡식들이 모여 있는 곳이다.[有裁民之國. 帝舜生無淫, 無淫降裁處, 是謂巫裁民. 巫裁民朌姓, 食穀, 不績不經, 服也. 不稼不穡, 食也. 爰有歌舞之鳥, 鸞鳥自歌, 鳳鳥自舞. 爰有百獸, 相群爰處. 百穀所聚.]" 경문에서 묘사하고 있는 질국이 바로 옛 사람들이 마음속으로 꿈꾸던 이상국(理想國)의 모습임을 알 수 있다.

곽박(郭璞)의 『산해경도찬(山海經圖讚)』: "길쌈을 하지 않고 베도 짜지 않으며, 곡식을 심지도 않고 추수도 하지 않는다네. 온갖 짐승들이 함께 춤을 추고, 온갖 새들이 날갯짓 한다네. 이들을 질민(裁民)이라 부르니, 절로 옷을 해 입고 음식을 먹는다네.[不績('蠶'이라고 된 것도 있음)不經('絲'라고 된 것도 있음), 不稼不穡. 百獸率舞, 群鳥拊翼. 是號裁民, 自然衣食.]"

[그림 1-장응호회도본(蔣應鎬繪圖本)]·[그림 2-성혹인회도본(成或因繪圖本)]·[그림 3-『변예전(邊裔典)』]

[그림 1] 질국 명(明)·장응호회도본

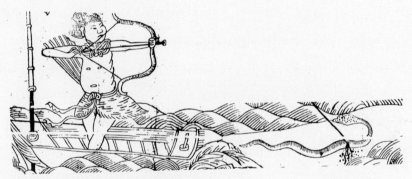

[그림 2] 질국 청(淸)·사천(四川)성혹인회도본

[그림 3] 질국 청(淸)·『변예전』

【경문(經文)】

「해외남경(海外南經)」: 관흉국(貫匈國)이 그 동쪽에 있는데, 그곳 사람들은 가슴에 구멍이 나 있다. 일설에는 질국(載國)의 동쪽에 있다고도 한다.

[貫匈國在其東, 其爲人匈有竅. 一曰在載國東.]

【해설(解說)】

　　관흉국(貫匈國)은 『회남자(淮南子)』에 기록되어 있는 해외 36국 중 하나로, 천흉민(穿胸民)이라고도 한다. 관흉국 사람들은 앞가슴에서부터 등까지 모두 커다란 구멍이 하나 나 있다. 이 큰 구멍은 어떻게 하여 생긴 것인가? 전설에 따르면, 우(禹)임금이 치수(治水)를 할 때, 일찍이 회계산(會稽山)에 천하의 여러 신들을 불러 알현했는데, 오월산(吳越山)의 신인 방풍씨(防風氏)가 늦게 도착하자 그를 죽였다. 후에 홍수가 잦아들자, 우임금은 용이 끄는 수레를 타고 해외(海外) 각국을 순행하다가 남방을 지나게 되었는데, 방풍신(防風神)의 후예가 우임금을 보고 노하여 활을 쏘았다. 그러자 이때 커다란 천둥소리가 났고, 두 마리 용이 끄는 수레가 날아올라 달아나버렸다. 방풍신의 후예는 화를 자초한 것을 깨닫고, 곧 칼로 자신들의 심장을 찔러 죽었다. 우임금은 그의 충성을 훌륭히 여겨, 불사초(不死草)를 죽은 사람의 가슴에 난 구멍 속에 넣게 하여 그를 다시 살아나게 했다. 다시 살아난 사람은, 이 때문에 가슴에서 등까지 커다란 구멍이 남게 되었던 것이다. 이것이 바로 천흉국(穿胸國)의 유래이다[『예문유취(藝文類聚)』권96에서 『괄지도(括地圖)』를 인용한 것을 보라]. 원대(元代)의 주치중(周致中)이 『이역지(異域志)』에 기재한 내용에 따르면, 천흉국은 성해(盛海)의 동쪽에 있으며, 이곳 사람들은 가슴에 구멍이 있는데, 지위가 높은 자는 옷을 벗고서 아랫사람을 시켜 대나무로 가슴에 난 구멍을 통과시키게 한 뒤, 두 사람이 메고 다니게 한다고 했다. 이처럼 존비(尊卑)의 관념을 가지고 관흉국을 설명한 고사는, 분명 후대에 가서야 출현한 것으로 보인다.

　　곽박(郭璞)은 관흉(貫匈)·교경(交脛)·지설(支舌) 등 3국을 『산해경도찬(山海經圖讚)』에서 다음과 같이 읊었다. "쇠를 큰 화로에서 녹이고, 주물을 부어 만물을 만드노라. 조물주는 사사로움이 없으니, 각기 부여받은 대로 (모습을-역자) 맡긴다네. 만물을 곡진하게 만들어내니, 이를 형체로 나타냈도다.[鑠金洪爐, 灑成萬品. 造物無私, 各任所稟. 歸

於曲成[11], 是見兆朕[12].]"

관흉국의 그림에는 두 가지 형태가 있다.

첫째, 가슴이 뚫려 있는 사람으로, [그림 1-장응호회도본(蔣應鎬繪圖本)]·[그림 2-성혹인회도본(成或因繪圖本)]과 같은 것들이다.

둘째, 대나무로 가슴을 통과시켜 사람을 메고 있는 것으로, [그림 3-오임신근문당도본(吳任臣近文堂圖本)]·[그림 4-성혹인회도본(成或因繪圖本)]·[그림 5-왕불도본(汪紱圖本)]과 같은 것들이다.

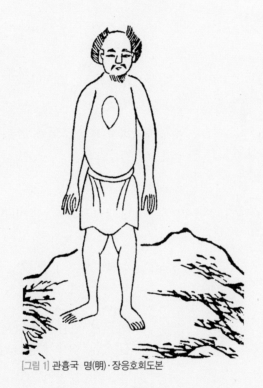

[그림 1] 관흉국 명(明)·장응호회도본

---

11) '曲成'은 여러모로 방법을 강구하여 완전한 성취를 이루는 것, 혹은 자잘한 것까지 상세히 하여 완전무결하게 이루는 것을 뜻한다. 『주역(周易)·계사상(繫辭上)』에, "만물을 곡진하게 만드니, 하나도 빠지지 않았다.[曲成萬物而不遺.]"라는 구절이 있다.

12) '兆朕'은 여기에서 '형체(形體)'라는 의미이다. 『회남자(淮南子)·숙진훈(俶眞訓)』에, "천기가 내리기 시작하고, 지기가 오르기 시작하여, ……왕성하게 어지러이 뒤섞이고, 사물과 접하고자 하지만, 아직 그 조짐[형체]을 이루지 못한 상태이다.[天氣始下, 地氣始上, ……繽紛蘢蓯, 欲與物接, 而未成兆朕.]"라는 말이 나온다. 이에 대해 고유(高誘)는 주석에서, "조짐은 형괴이다.[兆朕, 形怪也.]"라고 했다. 또 우성오(於省吾)의 『쌍검치제자신증(雙劍誃諸子新證)·회남자일(淮南子一)』에서는 이를 다시 설명하여, "'怪'는 '性'이 괴이한 것이다. 성은 체와 같다. ……여기에서 '未成兆朕'이라고 한 것은, 즉 형체가 아직 이루어지지 않은 것이다.['怪'系'性'之譌, 性猶體也. ……此言'未成兆朕', 即未成形體.]"라고 했다.

[그림 2] 관흉국 청(淸)·사천(四川)성혹인회도본

[그림 3] 관흉국 청(淸)·오임신근문당도본

[그림 4] 관흉국 청(淸)·사천(四川)성혹인회도본

[그림 5] 관흉국 청(淸)·왕불도본

貫胸國

| 권6-7 | 교경국(交脛國)

【경문(經文)】

「해외남경(海外南經)」: 교경국(交脛國)이 그 동쪽에 있는데, 그곳 사람들은 정강이가 서로 엇갈려 있다. 천흉(穿匈)의 동쪽에 있다고도 한다.

[交脛國在其東, 其爲人交脛[13]. 一曰在穿匈[14]東.]

【해설(解說)】

교경국(交脛國)은 『회남자(淮南子)』에 기록되어 있는 해외 36국 중 하나로, 그 백성들을 교경민(交脛民)이라고 한다. 교경국 사람들은 키가 크지 않아, 4척 정도이고, 몸에 털이 나 있으며, 다리뼈에 마디가 없어 다리를 구부려 서로 교차시키는데, 쓰러지면 일어날 수 없기에 다른 사람이 부축해줘야 일어날 수 있다. 유흔기(劉欣期)의 『교주기(交州記)』 기록에 따르면, 교지인(交阯人)들이 남쪽으로 나와 고을을 정했는데, 다리뼈에 마디가 없고, 몸에는 털이 나 있으며, 누우면 부축해줘야 일어날 수 있다고 했다.

곽박의 『산해경도찬(山海經圖讚)』: "쇠를 큰 화로에서 녹이고, 주물을 부어 만물을 만드노라. 조물주는 사사로움이 없으니, 각기 부여받은 대로 (모습을-역자) 맡긴다네. 온갖 만물을 곡진하게 만들어내니, 이를 형체로 나타냈도다.[鑠金洪爐, 灑成萬品. 造物無私, 各任所稟. 歸於曲成, 是見兆朕.]"

필원도본(畢沅圖本)·학의행도본(郝懿行圖本)과 상해금장도본(上海錦章圖本)의 찬어(贊語)들은 이와 약간 다른데, "조물주는 사사로움이 없으니, 각각 부여받은 바를 맡긴다네. 결흉(結匈)의 동쪽을 교경(交脛)이라 부른다네.[造物無私, 各任所稟. 結匈之東, 名曰交脛.]"라고 했다.

[그림 1-장응호회회도본(蔣應鎬繪圖本)]·[그림 2-성혹인회도본(成或因繪圖本)]·[그림 3-필원도본(畢沅圖本)]·[그림 4-왕불도본(汪紱圖本)]·[그림 5-『변예전(邊裔典)』]

---

13) 곽박(郭璞)은 주석하기를, "다리가 굽어져 서로 엇갈린 것을 일컫는데, 이른바 조제(雕題)·交趾이다. '頸'이라고도 쓰며, 그 사람들은 정강이가 엇갈린 채로 걸어 다닌다.[言脚脛曲戾相交, 所謂雕題·交趾者也. 或作'頸', 其爲人交頸而行也.]"라고 했다.

14) 학의행(郝懿行)은, "여기에서 '穿匈'이라 했는데, '穿'과 '貫'은 음과 뜻이 같다.[此作'穿匈'者, '穿'·'貫'音義同.]"라고 했다.

[그림 1] 교경국 명(明)·장응호회도본

[그림 2] 교경국 청(淸)·사천(四川)성혹인회도본

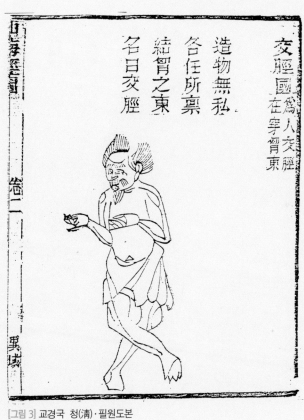

[그림 3] 교경국 청(淸)·필원도본

交脛國

[그림 4] 교경국 청(淸)·왕불도본

交脛國

[그림 5] 교경국 청(淸)·『변예전』

|권6-8| 불사민(不死民)

【경문(經文)】

「해외남경(海外南經)」: 불사민(不死民)이 그 동쪽에 있는데, 그곳 사람들은 피부가 검고, 오래 살며, 죽지 않는다. 천흉국(穿匈國)의 동쪽에 있다고도 한다.

[不死民在其東, 其爲人黑色, 壽, 不死. 一曰在穿匈國東.]

【해설(解說)】

불사국(不死國)은 『회남자(淮南子)』에 기록되어 있는 해외 36국의 하나로, 그 백성들을 불사민(不死民)이라고 부른다. 불사민은 피부가 검고, 오래 살며 죽지 않을 수 있다. 거기에 불사산(不死山)이라는 산이 있는데, 이름은 원구산(員丘山)이라고 한다. 「해내경(海內經)」에 따르면, "유사(流沙)의 동쪽, 흑수(黑水)의 사이에 불사산이라고 부르는 산이 있다.[流沙之東, 黑水之間, 有山名不死之山.]"라고 했다. 곽박(郭璞)은 주석하기를, 바로 원구(員丘)라고 했다. 전설에 따르면, 원구산 위에 불사수(不死樹 : 죽지 않는 나무-역자)가 있는데, 그것을 먹으면 장수할 수 있고, 적천(赤泉)이 있는데, 그 물을 마시면 늙지 않는다고 했다. 또 불사국이 있는데, 「대황남경(大荒南經)」에 따르면, "불사국이 있으니, 성이 아(阿)씨이고 감목(甘木)을 먹는다.[有不死之國, 阿姓, 甘木是食.]"라고 했다. 곽박은 주석하기를, 감목이 바로 불사수이며, 그것을 먹으면 늙지 않는다고 했다. 불사국에 불사수가 있는데, 그것을 먹으면 백 세까지 장수할 수 있고, 또 적천이 있는데, 그것을 마시면 불로장생할 수 있다. 불사민은 불사수와 적천이 있기 때문에 장수하고 죽지 않는 것이지, 도가(道家)의 경전에서 말하듯이 먹지 않고 마시지 않으면서 수련하여 죽지 않는 신이 된다는 관념과는 다른 것이다. 불사수는 불사국의 상징인데, 「해내서경(海內西經)」에는, "곤륜(昆侖)의 개명(開明) 북쪽에 불사수가 있다.[昆侖開明北有不死樹.]"라고 했다. 지금 보이는 장응호회도본(蔣應鎬繪圖本)과 성혹인회도본(成或因繪圖本)의 불사민 그림에서, 불사민은 나뭇잎이 무성한 불사수 아래에 서 있다. 장수불사(長壽不死)는 옛날 사람들이 동경하던 선계와 극락세계의 경지로, 도잠(陶潛)의 「독산해경(讀山海經)」에는 다음과 같은 구절이 있다. "자고로 모두 죽기 마련인 것을, 그 누가 신령하게 오래 살 수 있어, 죽지도 않고 또 늙지도 않으면서, 만 년을 변함없이 살 것인가. 적천이 나에게 물을 주고, 원구에서 나에게 양식을 족히 대주면, 비로소 일월성신과 더불어 노닐게 되니, 수명이 어찌 다하겠는가.[自古皆有沒, 何人得靈長. 不死復不老, 萬歲如平常. 赤泉給我飲, 員丘足我粮. 方與三辰游, 壽考豈渠央.]"

곽박의 『산해경도찬(山海經圖讚)』: "여기 원구에서 사는 사람들이 있다네. 적천은 세월을 머물게 하고, 신목(神木)은 수명을 늘려준다네. 이들에게 긴 수명을 내려주니, 그 요원함이 끝이 없도다.[有人爰處, 員丘之上. 赤泉駐年, 神木養命. 稟此遐齡[15], 悠悠無竟.]"

[그림 1-장응호회도본(蔣應鎬繪圖本)]·[그림 2-성혹인회도본(成或因繪圖本)]·[그림 3-『변예전(邊裔典)』]

[그림 1] 불사민 명(明)·장응호회도본

[그림 2] 불사민 청(淸)·사천(四川)성혹인회도본

---

15) '遐齡'은 '장수'·'보통 사람 이상으로 오래 삶'이라는 뜻이다. 혹은 '하늘이 내려 준 수명'을 의미하기도 한다.

不死國

古今圖書集成

[그림 3] 불사민 청(淸)·『변예전』

|권6-9| 기설국(岐舌國)

【경문(經文)】

「해외남경(海外南經)」: 기설국(岐舌國)이 그 동쪽에 있다. 혹은 불사민(不死民)의 동쪽에 있다고도 한다.

[岐舌國16)在其東. 一曰在不死民東.]

【해설(解說)】

기설(岐舌)은 지설(支舌)·반설(反舌)이라고도 한다. 기설국(岐舌國)은 『회남자(淮南子)』에 기록되어 있는 해외 36국 중 하나로, 그 백성들을 반설민(反舌民)이라고 부른다. 기설국 사람들의 혀는 거꾸로 나 있어서, 혀뿌리가 입술 쪽에 있고, 혀끝은 목구멍을 향해 있다. 그래서 그들이 하는 말은 단지 그들 자신만이 알아들을 수 있다. 『여씨춘추(呂氏春秋)·공명편(功名篇)』의 고유(高誘) 주석에는, 이들의 말을 알아들을 수 없지만 자신들은 서로 알아듣는다고 했다.

곽박의 『산해경도찬(山海經圖讚)』: "쇠를 큰 화로에서 녹이고, 주물을 부어 만물을 만드노라. 조물주는 사사로움이 없으니, 각기 부여받은 대로 (모습을-역자) 맡긴다네. 온갖 만물을 곡진하게 만들어내니, 이를 형체로 나타냈도다.[鑠金洪爐, 灑成萬品. 造物無私, 各任所稟. 歸於曲成, 是見兆眹.]"

[그림 1-장응호회도본(蔣應鎬繪圖本)]·[그림 2-『변예전(邊裔典)』]

---

16) 곽박은 "그곳 사람들은 혀가 모두 갈라져 있는데, 혹은 지설(支舌)이라고도 한다.[其人舌皆岐, 或云支舌也.]"라고 했고, 원가(袁珂)는 주석하기를, "곽박의 주석에서 '舌皆岐[혀가 모두 갈라져 있다]'라고 했는데, 마땅히 '舌皆反[혀가 모두 거꾸로 나 있다]'이라고 해야 한다.[郭注'舌皆岐', 當作'舌皆反'.]"라고 했다. 학의행(郝懿行)은 '支'자와 '反'자가 형태가 서로 비슷해서 잘못된 것이라고 했다.

[그림 1] 기설국 명(明)·장응호회도본

[그림 2] 기설국 청(淸)·『변예전』

| 권6-10| 삼수국(三首國)

【경문(經文)】

「해외남경(海外南經)」: 삼수국(三首國)이 그 동쪽에 있는데, 그곳 사람들은 하나의 몸통에 세 개의 머리를 가졌다.

[三首國在其東, 其爲人一身三首[17].]

【해설(解說)】

삼수국(三首國)은 『회남자(淮南子)』에 기록되어 있는 해외 36국 중 하나로, 그 백성들을 삼두민(三頭民)이라고 부르는데, 하나의 몸에 세 개의 머리가 달려 있다. 「해내서경(海內西經)」에도 삼두인(三頭人)이 나오는데, "복상수(服常樹)라는 나무가 있고, 그 위에 삼두인이 살면서, 낭간수(琅玕樹)를 돌본다.[服常樹, 其上有三頭人, 伺琅玕樹.]"라고 했다.

곽박의 『산해경도찬(山海經圖讚)』: "비록 하나의 기(氣)라고는 하지만, 들이마시고 내쉬는 길은 다르다네.[18] 보면 곧 모두 보고, 먹으면 곧 모두 배부르다네. 만물의 형상은 자연스럽고 알맞으니, 조물주의 솜씨 공교하지 아니한가![雖云一氣, 呼吸異道. 觀則俱見, 食則皆飽. 物形自周, 造化非巧.]"

[그림 1-장응호회도본(蔣應鎬繪圖本)]·[그림 2-오임신근문당도본(吳任臣近文堂圖本)]·[그림 3-성혹인회도본(成或因繪圖本)]·[그림 4-왕불도본(汪紱圖本)]·[그림 5-『변예전(邊裔典)』]

---

17) 원가(袁珂)는 주석하기를, "경문의 '一身三首'의 뒤에 다른 판본들에는 또한 '一曰在鑿齒東.'이라는 몇 글자가 있는데, 학의행전소본(郝懿行箋疏本)에서는 그것을 빼버렸다. 마땅히 이를 근거로 고쳐야 한다.[經文'一身三首'下, 其他各本尙有'一曰在鑿齒東'數字, 郝懿行箋疏本脫去之, 應據補.]"라고 했다. 이 책의 원본에는 "一曰在鑿齒東.[혹은 착치(鑿齒)의 동쪽에 있다고도 한다.]"이라는 구절이 있지만, 이 번역에서는 교주(校註)에 근거하여 빼버렸다.
18) 하나의 몸에 머리가 세 개여서, 각각의 머리마다 따로 호흡한다는 의미이다.

[그림 1] 삼수국 명(明)·장응호회도본

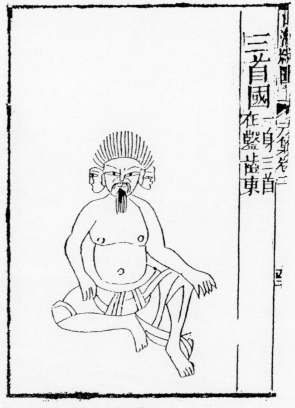

[그림 2] 삼수국 청(淸)·오임신근문당도본

古
本
山
海
經
圖
說
（下）

[그림 3] 삼수국 청(淸)·사천(四川)성혹인회도본

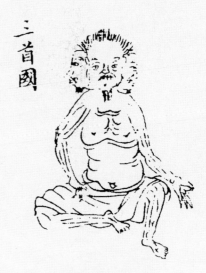

三首國

[그림 4] 삼수국 청(淸)·왕불도본

[그림 5] 삼수국 청(淸)·『변예전』

|권6-11| 주요국(周饒國)

【경문(經文)】

「해외남경(海外南經)」: 주요국(周饒國)이 그 동쪽에 있는데, 그곳 사람들은 키가 작고 왜소하며, 관대(冠帶)를 착용한다. 초요국(焦僥國)이 삼수(三首)의 동쪽에 있다고도 한다.

[周饒國在其東, 其爲人短小, 冠帶. 一曰焦僥國[19]在三首東.]

【해설(解說)】

주요국(周饒國)은 바로 초요국(焦僥國)으로, 소인국(小人國)이다. 원가는, 주요(周饒)·초요(焦僥)는 주유(侏儒)의 발음이 변한 것이라고 여겼다. 주유는 곧 키가 작고 왜소한 사람이며, 주요국·초요국은 즉 이른바 소인국이다. 주요국의 사람들은 산의 동굴 속에 사는데, 몸은 비록 작고 왜소하지만, 보통사람들과 마찬가지로 의관을 갖추고 있으며, 또한 영리해서 각종 정교한 기물을 제작하고 농사를 지을 줄 안다. 곽박(郭璞)은 주석하기를, "그 사람들은 키가 3척(尺) 정도이고, 동굴에 살며, 정교한 기구를 만들 수 있고, 오곡을 짓는다.[其人長三尺, 穴居, 能爲機巧, 有五穀也.]"라고 했다.

『산해경』에 기록되어 있는 이러한 소인들은 네 부류가 있는데, 모두 그림이 있다. 이 경문(「해외남경」−역자)의 주요국 외에도, 「대황동경(大荒東經)」에 소인국이 있는데, 이름이 정인(靖人)이며, 「대황남경(大荒南經)」에 나오는 소인은 이름이 초요국이다. 또 다른 소인은 이름이 균인(菌人)인데, 모두 주유와 같은 부류에 속한다.

고대의 전적(典籍)들에는 소인과 관련된 기록들이 매우 많다. 『위지(魏志)·동이전(東夷傳)』에 주유국(侏儒國)이 있는데, 그 사람들은 키가 3~4척 정도이다. 『습유기(拾遺記)』에는, 원교산(員嶠山)에 타이국(陀移國)이 있으며, 그곳 사람들은 키가 3척 정도이고, 만(萬) 세까지 산다고 기록되어 있는데, 아마도 타이(陀移)는 바로 주요의 다른 이름인 것 같다. 『신이경(神異經)』에는, 서북황(西北荒)에 소인이 사는데, 키가 1치[寸] 정도이고, 붉은 옷에 검은 관을 쓴다고 했다. 또 학국(鶴國)이 있으며, 그곳 사람들은 키가

---

19) 원가(袁珂)는 "'周饒'와 '焦僥'는 모두 '侏儒'의 소리가 변한 것이다. 주유(侏儒)는 난쟁이이다. 주요국과 초요국은, 즉 이른바 소인국이다.['周饒'·'焦僥', 竝'侏儒'之聲轉. 侏儒, 短小人. 周饒國·焦僥國, 卽所謂小人國也.]"라고 했다.

7치 정도여서, 바다고니가 그들을 보면 삼킨다고 했는데, 모두 매우 흥미롭다. 이 밖에도 『법원주림(法苑珠林)』 권8에서 『외국도(外國圖)』를 인용하며 말하기를, 초요국 사람들은 키가 1척(尺) 6치[寸] 정도이며, 바람을 맞으면 넘어지고, 바람을 등지면 엎어지는데, 이목구비는 잘 갖추어져 있지만, 야숙(野宿)을 한다고 했다. 일설에는 초요국 사람들은 키가 3척 정도인데, 그 나라의 초목은 여름에는 죽고 겨울에는 자라며, 구의(九疑)에서 3만 리 떨어져 있다고 했다. 『술이기(述異記)』에는, 대식왕국(大食王國)의 서해에는, 나무 위에 소인이 사는데, 키가 6~7치 정도이고, 사람을 보면 모두 웃으며, 그 수족을 움직여 가지를 하나 꺾으면, 소인은 곧 죽는다고 했다. 원가는, 『서유기(西遊記)』 제24회와 제25회의 오장관(五莊觀)의 인삼과(人參果)가, 바로 이것을 바탕으로 한 것이라고 여겼다.

곽박의 『산해경도찬(山海經圖讚)』: "저마다 통소를 부는 소리가 다르니, 기(氣)에는 만 가지 다름이 있다네. 대인(大人)은 키가 3장(丈)이나 되고, 초요는 1척(尺) 남짓밖에 안 된다네. 그들을 섞어 하나로 합치니, 이는 또한 키가 크구나.[群籟殊吹, 氣有萬殊. 大人三丈, 焦僥尺餘. 混之一歸, 此亦僑如[20].]"

[그림 1-장응호회도본(蔣應鎬繪圖本)]·[그림 2-성혹인회도본(成或因繪圖本)]

[그림 1] 주요국 명(明)·장응호회도본

---

20) '僑'는 키가 큰 모양을 가리킨다. 『설문해자(說文解字)』에서는, "僑는 키가 큰 것이다[僑, 高也.]"라고 했다. '如'는 형용사나 부사 뒤에 붙어서 어떤 상황이나 상태를 나타낸다.

[그림 2] 주요국 청(淸)·사천(四川)성혹인회도본

|권6-12| 장비국(長臂國)

【경문(經文)】

「해외남경(海外南經)」: 장비국(長臂國)은 그 동쪽에 있는데, 물속에서 물고기를 잡아, 두 손에 각각 한 마리씩 쥐고 있다. 일설에는 초요(焦僥)의 동쪽에 있으며, 바다에서 고기를 잡는다고도 한다.

[長臂國在其東, 捕魚水中, 兩手各操一魚. 一曰在焦僥東, 捕魚海中.]

【해설(解說)】

장비국(長臂國)은 『회남자(淮南子)』에 기록되어 있는 해외 36국 중 하나로, 그 나라 백성들을 수비민(修臂民)이라고 부른다. 전해지는 바에 따르면, 장비국은 남방에 있으며, 온 나라 백성들은 모두 팔이 긴데, 팔이 몸보다 길어 늘어뜨리면 땅에 닿는다고 한다. 「대황남경(大荒南經)」에 장홍국(張弘國)이 있는데, 장홍(張弘)은 즉 장굉(張肱 : 긴 팔-역자)으로, 또한 팔이 긴 사람이다. 장비인(長臂人)은 물고기를 잘 잡는데, 필원(畢沅)은 주석하기를, "두 손으로 각각 물고기를 한 마리씩 쥐고 있다고 한 것과, 바다 속에서 물고기를 잡는다고 한 것은, 모두 그 그림이 이와 같기 때문이다.[云兩手各操一魚, 云捕魚海中, 皆其圖像也.]"라고 했다. 학의행(郝懿行)도 또한 주석하기를, "경문에서 두 손에 각각 물고기를 한 마리씩 쥐고 있다고 한 것과, 또한 바다에서 물고기를 잡는다고 한 것은, 모두 그림이 이와 같기 때문이다.[經云兩手各操一魚, 又云捕魚海中, 皆圖畫如此也.]"라고 했다. 이로부터 고대의 『산해경』 중 일부분은, 그림이 먼저 있었고, 글이 나중에 나왔다는 것을 알 수 있다.

곽박의 『산해경도찬(山海經圖讚)』: "두 팔은 길이가 3척이나 되는데, 몸은 보통사람과 비슷하다네. 그들은 누구인가, 장비국의 백성이라네. (팔이-역자) 다리까지 늘어져 스스로 떠받치고, 해변에서 물고기를 잡는다네.[雙肱三尺, 體如中人. 彼曷爲者, 長臂之民. 修脚自負, 捕魚海濱.]"

[그림 1-장응호회도본(蔣應鎬繪圖本)]·[그림 2-성혹인회도본(成或因繪圖本)]·[그림 3-필원도본(畢沅圖本)]·[그림 4-왕불도본(汪紱圖本)]·[그림 5-『변예전(邊裔典)』]·[그림 6-상해금장도본(上海錦章圖本)]

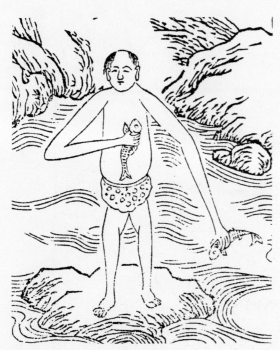

[그림 1] 장비국 명(明)·장응호회도본

[그림 2] 장비국 청(淸)·사천(四川)성혹인회도본

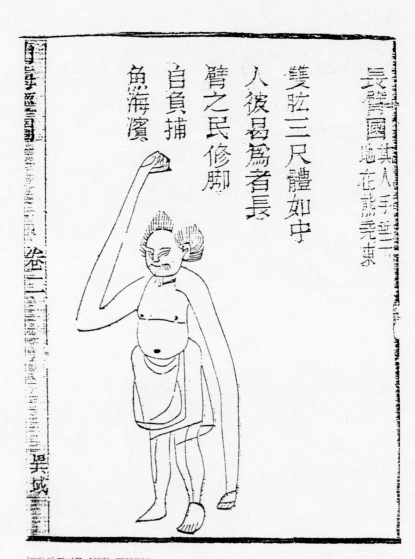

雙肱三尺體如中
人彼昃爲者長
臂之民修脚
自負捕
魚海濱

[그림 3] 장비국 청(淸)·필원도본

長臂國

[그림 4] 장비국 청(淸)·왕불도본

[그림 5] 장비국 청(淸)·『변예전』

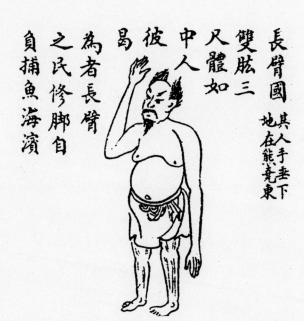

負捕魚海濱
之氏修脚自
爲者長臂
曷
彼
中人
尺體如
雙肱三
長臂國 其人手垂下 地在能窫東

[그림 6] 장비국 상해금장도본

| 권6-13 | 축융(祝融)

【경문(經文)】

「해외남경(海外南經)」: 남방의 축융(祝融)은, 짐승의 몸에 사람의 얼굴을 하고 있으며, 두 마리의 용을 탄다.

[南方祝融, 獸身人面, 乘兩龍.]

【해설(解說)】

고대 신화 속에서, 축융(祝融)은 불의 신[火神]이며, 남방 천제(天帝)인 염제(炎帝)의 후예이자, 또한 염제의 보좌관으로, 사방의 둘레가 1만 2천 리에 달하는 지역을 관할한다. 이 경문에는 축융의 생김새와 행동거지에 대해, 사람의 얼굴에 짐승의 몸을 하고 있고, 두 마리의 용을 타고 드나든다고 기록되어 있다.

축융의 신직(神職)은 불의 신[火神]으로, 염제의 보좌관이다. 『회남자(淮南子)·시칙편(時則篇)』에는 다음과 같이 기록되어 있다. "남방의 끝, 북호(北戶)의 후손의 밖으로부터, 전욱(顓頊)의 나라를 지나, 남쪽으로 위화풍(委火風)의 들판까지이다. 적제(赤帝: 炎帝)와 축융이 관장하는 지역은 1만 2천 리이다.[南方之極, 自北戶孫之外, 貫顓頊之國, 南至委火風之野, 赤帝·祝融之所司者萬二千里.]" 또 『여씨춘추(呂氏春秋)·맹하편(孟夏篇)』에 따르면, "그 천제는 염제이고, 그 신은 축융이다.[其帝炎帝, 其神祝融.]" 축융의 신(神) 계보는 염제의 후예에 속한다. 「해내경(海內經)」에 따르면, "염제의 부인, 적수(赤水)의 아들 청요(聽訞)가 염거(炎居)를 낳고, 염거는 절병(節并)을 낳고, 절병은 희기(戲器)를 낳았으며, 희기가 축융을 낳았다.[炎帝之妻, 赤水之子聽訞生炎居, 炎居生節并, 節并生戲器, 戲器生祝融.]" 일설에는 황제(黃帝)의 계보에 속한다고도 하는데, 「대황서경(大荒西經)」에 따르면, "전욱이 노동(老童)을 낳고, 노동이 축융을 낳았다.[顓頊生老童, 老童生祝融.]" 고대에 염제와 황제는 본래 동족(同族)이었기 때문에, 둘을 동일한 것이라고 볼 수 있다.

축융은 남방의 신이자, 또 여름[夏]을 관장하는 신이다. 장사(長沙)의 자탄고(子彈庫)에서 출토된 초(楚)나라 백서(帛書)인 십이월신도(十二月神圖) 중에 육월신(六月神)이 바로 축융이다[그림 1].

축융과 관련된 신화로서, 『산해경』에 보이는 것은, 「해내경」에 다음과 같이 기록되어 있다. "곤(鯀)이 천제의 식양(息壤)²¹)을 훔쳐 홍수를 막았는데, 천제의 명령을 기다리지 않았기에, 천제는 축융에게 명하여, 곤을 우산(羽山)의 교외에서 죽이도록 했다.[鯀竊帝之息壤以湮洪水, 不待帝命, 帝令祝融殺鯀於羽郊.]"『사기(史記)·보삼황본기(補三皇本記)』에는, 공공(共工)이 축융과 전쟁을 했는데, 이기지 못하자 화가 나서 불주산(不周山)을 들이받았다는 이야기 등의 고사가 기록되어 있다.

곽박의『산해경도찬(山海經圖讚)』: "축융은 불의 신으로, 네 마리의 용이 끄는 마차를 탄다고 하네. 그 기(氣)는 여름을 다스릴 수 있으니, 바로 양(陽)의 기운을 머금고 있어서라네. 염제를 보필하여, 남쪽에 자리한다네.[祝融火神, 云駕龍驂. 氣御朱明²²), 正陽是含. 作配炎帝, 列位於南.]"

[그림 2-장응호회도본(蔣應鎬繪圖本)]·[그림 3-성혹인회도본(成或因繪圖本)]·[그림 4-왕불도본(汪紱圖本)]

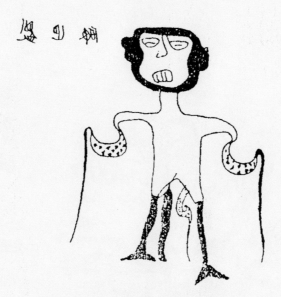

[그림 1] 여름[夏]을 관장하는 신.
초(楚)나라 백서(帛書)인 십이월신도(十二月神圖).

---

21) 아무리 퍼내어 써도 스스로 불어나, 영원히 줄어들지 않는다는 전설 속의 흙을 가리킨다.
22) '朱明'은 '태양이 붉게 빛난다'는 뜻으로, '여름'을 달리 일컫는 말이기도 하다.

[그림 2] 축융 명(明)·장응호회도본

南方祝融

[그림 4] 축융 청(淸)·왕불도본

[그림 3] 축융 청(淸)·사천(四川)성혹인회도본

第七卷

海外西經

제7권 해외서경

|권7-1| 하후계(夏后啓)

【경문(經文)】

「해외서경(海外西經)」: 대운산(大運山)은 높이가 3백 길이며, 멸몽조(滅蒙鳥)의 북쪽에 있다. 대악(大樂)의 들[大樂野]이라는 곳이 있는데, 하후(夏后) 계(啓)가 이곳에서 「구대(九代)」를 추고, 삼층으로 겹겹이 뒤덮여 있는 구름 속에서 두 마리의 용을 타고 있는데, 왼손에는 깃털로 만든 일산을 들고 있고, 오른손에는 옥으로 만든 고리를 쥐고 있으며, 패옥을 차고 있다. 대운산의 북쪽에 있다. 혹은 대유(大遺)의 들[大遺野]이라고도 한다.

[大運山高三百仞, 在滅蒙鳥北. 大樂之野, 夏后啓於此儛九代, 乘兩龍, 雲蓋三層. 左手操翳, 右手操環, 佩玉璜. 在大運山北. 一曰大遺之野.]

【해설(解說)】

하후(夏后) 계(啓)는 즉 우(禹)의 아들 계인데, 계는 전설 속의 하대(夏代)의 군주이다. 전설에 따르면, 우가 도산씨(塗山氏)를 아내로 맞이한 후 치수(治水)를 하러 떠났는데, 한번은 하남(河南)의 환원산(轘轅山)을 통하게 하기 위해, 우가 곰으로 변하여 산을 뚫어 길을 냈다고 한다. 바로 그때 식사를 가지고 오던 도산씨를 보고는 크게 놀라, 숭고산(嵩高山) 아래로 달아나 바위로 변해버렸다. 뒤쫓아 온 우는 화도 나고 조급하여 "내 아이를 돌려주시오![還我兒子!]"라고 고함을 질렀다. 그러자 큰 바위가 북쪽을 향해 쪼개지면서 태어난 아들의 이름이 계이다[『역사(繹史)』 권12에서 『수소자(隨巢子)』를 인용한 것을 보라]. 계는 바로 '쪼개지다'라는 뜻인데, 이때문에 계를 개(開)라고 부르기도 한다[한(漢)나라 경제(景帝)의 이름이 계(啓)이기 때문에, 한대의 사람들이 피휘(避諱)하기 위해 바꾼 것임]. 「대황서경(大荒西經)」에는 다음과 같은 하후 개의 고사가 있다. "남서해 밖, 적수(赤水)의 남쪽, 유사(流沙)의 서쪽에, 두 마리의 푸른 뱀[靑蛇]으로 귀걸이를 한 채, 두 마리의 용을 타고 다니는 사람이 있는데, 이름이 하후(夏后) 개(開)라고 한다. 개는 하늘에 세 명의 궁녀[三嬪][1]를 바치고, 「구변(九辯)」과 「구가(九歌)」 등을 얻었다.[西南海

---

1) 옛날에 황제의 성생활을 위해 시첩(侍妾)과 궁녀를 두던 제도를 일컬어 빈어제도(嬪御制度)라고 했다. 시첩이나 궁녀들이 머무는 곳을 육궁(六宮)이라고 불렀다. 황후는 황제의 정부인으로, 중궁(中宮)에 거처했으며, 아울러 육궁을 통솔했다.

之外, 赤水之南, 流沙之西, 有人珥兩靑蛇, 乘兩龍, 名曰夏后開. 開上三嬪於天, 得「九辯」與「九歌」以下.]"

이 경문에서 묘사한 것은 당연히 군주로서의 계의 모습과 고사이다. 계는 신성(神性)을 띤 영웅으로, 고대 신화 속에서 '절지천통(絶地天通 : 땅과 하늘의 소통이 끊김)'하기 이전에는 천지가 소통하고 사람과 신이 자유롭게 왕래했다는 증거이기도 하다. 전설에 따르면, 그는 두 마리의 용을 타고, 삼층의 구름 사이를 날아다니며, 왼손에는 깃털로 만든 일산을 들고 있고, 오른손에는 옥으로 만든 고리를 쥐고 있으며, 몸에는 패옥을 차고 있다고 하니, 바로 제왕의 풍모이다. 계는 일찍이 세 차례 용을 타고 하늘에 올라, 천제의 빈객으로 가서는, 천궁(天宮)의 악장(樂章)인 「구변」과 「구가」를 몰래 베껴, 대운산 북쪽에 있는 대악의 들에서 연주했다고 하는데, 이것이 바로 훗날의 악무(樂舞 : 반주를 하며 추는 춤-역자)인 「구초(九招)」·「구대(九代)」이다[「대황서경」을 보라]. "왼손에는 깃으로 꾸민 일산을 들고 있고, 오른손에는 고리를 쥐고 있으며, 패옥을 착용한" 계가 대악의 들에서 "구대를 췄다[儛九代]"는 묘사는, 중국 고대 무도(舞蹈)의 기원과 초기 발전에 중요한 구체적인 자료를 제공해주었다.

곽박의 『산해경도찬(山海經圖讚)』: "시초점을 쳐서 용을 타고 하늘로 올라, 결국 구대(九代)를 얻어 춤을 추었네. 융성한 구름 헤치며, 패옥을 차고 있구나. 제왕의 덕을 받들어 널리 드날리니, 하늘로부터 신령스런 가르침을 받았다네.[筮御飛龍, 果儛九代. 雲融是揮, 玉璜是佩. 對揚帝德, 稟天靈誨.]"

[그림 1-장응호회도본(蔣應鎬繪圖本)]·[그림 2-성혹인회도본(成或因繪圖本)]

[그림 1] 하후계 명(明)·장응호회도본

[그림 2] 하후계 청(淸)·사천(四川)성혹인회도본

|권7-2| 삼신국(三身國)

【경문(經文)】

「해외서경(海外西經)」: 삼신국(三身國)이 하후(夏后) 계(啓)의 북쪽에 있는데, 머리가 하나에 몸통이 세 개이다.

[三身國在夏后啓北, 一首而三身.]

【해설(解說)】

삼신국(三身國)은 『회남자(淮南子)』에 기록되어 있는 해외 36국 중 하나로, 그 백성들을 삼신민(三身民)이라고 부른다. 삼신국의 사람들은 하나의 머리에 세 개의 몸통을 가졌으며, 제준(帝俊)과 아황(娥皇)의 후손이다. 「대황남경(大荒南經)」에도 삼신국이 나온다. "대황(大荒)의 가운데에 불정산(不庭山)이 있는데, ……몸통이 세 개인 사람이 있다. 제준은 아황을 아내로 맞이하여 이 삼신국을 만들었다. 성은 요(姚)씨이고, 기장을 먹으며, 사조(四鳥 : 네 짐승)를 부린다.[大荒之中, 有不庭之山……有人三身. 帝俊妻娥皇, 生此三身之國. 姚姓, 黍食, 使四鳥.]" 이 사조는 호랑이·표범·곰·말곰인데, 사조가 어째서 네 마리의 짐승인가? 학의행(郝懿行)은 해석하기를, "경(經)에서 말한 것은 모두 짐승인데, 사조를 부린다고 한 것은, '鳥'자와 '獸'자가 상통하기 때문이다. '使'라는 것은, 길들여 그것을 부리는 것을 말한다.[經言皆獸, 而云使四鳥者, 鳥獸通名耳. 使者, 謂能馴擾役使之也.]"라고 했다. 원가(袁珂)는 지적하기를, 『산해경』에 무릇 사조인 호랑이·표범·곰·큰 곰을 부렸다는 기록이 있는데, 대체로 천제(天帝)인 제준의 후예에 속한다고 했다. 제준은 현조(玄鳥)의 화신으로, 그 자손도 역시 온갖 짐승을 부리는 능력이 있다. 이로부터 신화 속에 나오는 "사조를 부린다[使四鳥]"라는 것은 조수(鳥獸)를 관할하고 부리는 능력을 가졌음을 가리킨다는 것을 알 수 있다.

곽박(郭璞)은 삼신국과 일비국(一臂國)에 대해 「도찬(圖讚)」을 지었다. 즉 "만물이 형체를 갖추니 혼돈(混沌)을 흩어지게 했네. 더하되 많으면 안 되고, 덜되 적으면 안 된다네. 그 변화의 근원을 밝히기 어려우니, 그 근본을 찾아야 하리.[品物流形('行'으로 된 것도 있음), 以散混沌. 增不爲多, 減不爲損. 厥變難原, 請尋其本.]"

[그림 1-장응호회도본(蔣應鎬繪圖本) 「대황남경(大荒南經)」도(圖)]·[그림 2-장응호회도본(蔣應鎬繪圖本)]·[그림 3-성혹인회도본(成或因繪圖本)①②]·[그림 4-오임신근문당

[그림 1] 삼신국 명(明)·장응호회도본 「대황남경」도

[그림 2] 삼신국 명(明)·장응호회도본

[그림 3①] 삼신국 청(淸)·사천(四川)성홍인회도본

[그림 3②] 삼신국 청(淸)·사천(四川)성홍인회도본

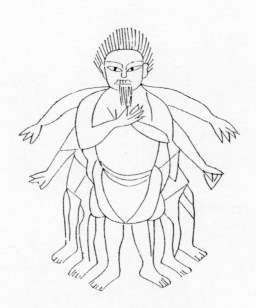

[그림 4] 삼신국 청(淸)·오임신근문당도본

三身國

[그림 5] 삼신국 청(淸)·왕불도본

三身國

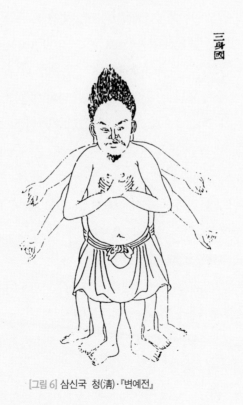

[그림 6] 삼신국 청(淸)·『변예전』

|권7-3| 일비국(一臂國)

【경문(經文)】

「해외서경(海外西經)」: 일비국(一臂國)이 그 북쪽에 있는데, 팔·눈·콧구멍이 모두 하나씩이다. 이곳에 누런 말이 있는데, 호랑이의 무늬가 있고, 눈이 하나에 앞다리가 하나이다.

[一臂國在其北, 一臂一目一鼻孔. 有黃馬, 虎文, 一目而一手[2].]

【해설(解說)】

일비국(一臂國)은 『회남자(淮南子)』에 기록되어 있는 해외 36국 중 하나로, 그 나라 백성들을 일비민(一臂民)이라고 부르며, 또한 비견민(比肩民) 혹은 반체인(半體人)이라고도 부른다. 『이아(爾雅)·석지(釋地)』에 이르기를, "북방에 비견민이 있는데, 번갈아 먹고 번갈아 바라본다.[北方有比肩民焉, 迭食而迭望.]"라고 했다. 곽박(郭璞)은 말하기를, 이들은 즉 반체인으로, 각각 하나의 눈·하나의 콧구멍·하나의 팔·하나의 다리를 가졌다고 했다. 『이역지(異域志)』에서는, 반체국(半體國)의 사람들은 하나의 눈과 하나의 팔과 하나의 다리를 가졌다고 했다. 「대황서경(大荒西經)」에도 일비민이 나온다. 일비국의 사람들은 단지 반쪽의 몸만을 가져, 하나의 눈·하나의 콧구멍·하나의 팔·하나의 다리만을 가졌다. 이 나라에 호랑이 무늬로 뒤덮인 누런 말[馬]이 있는데, 이것 또한 하나의 눈과 하나의 앞다리만을 가졌다. 장응호(蔣應鎬)가 그린 일비민의 그림에는, 일비민이 하나의 눈에 하나의 앞다리만을 가진 누런 말을 타고 있다.

곽박은 삼신국(三身國)과 일비국에 대해 「도찬(圖讚)」을 지었다. 즉 "만물이 형체를 갖추니, 혼돈(混沌)을 흩어지게 했네. 더하되 많으면 안 되고, 덜되 적으면 안 된다. 그 변화의 근원을 밝히기 어려우니, 그 근본을 찾아야 하리.[品物流形('行'으로 된 것도 있음), 以散混沌. 增不爲多, 減不爲損. 厥變難原, 請尋其本.]"

[그림 1-장응호회도본(蔣應鎬繪圖本)]·[그림 2-오임신강희도본(吳任臣康熙圖本)]·[그림 3-성혹인회도본(成或因繪圖本)]·[그림 4-왕불도본(汪紱圖本)]

---

2) 경문의 '一手'에 대해 학의행(郝懿行)은 주석하기를, "'手'는 말의 앞다리이다.[手, 馬臂也.]"라고 했다.

[그림 1] 일비국 명(明)·장응호회도본

一臂民鼻孔在大荒之西

[그림 2] 일비국 청(淸)·오임신강희도본

[그림 3] 일비국 청(淸)·사천(四川)성혹인회도본

[그림 4] 일비국 청(淸)·왕불도본

| 권7-4 | 기굉국(奇肱國)

【경문(經文)】

「해외서경(海外西經)」: 기굉국(奇肱國)이 그 북쪽에 있는데, 그곳 사람들은 팔이 하나에 눈이 세 개이며, 암수한몸이고, 무늬가 있는 말을 탄다. 그곳에 사는 어떤 새는, 대가리가 두 개이고, 적황색인데, 그 곁에 있다.

[奇肱之國在其北, 其人一臂三目, 有陰有陽[3], 乘文馬[4]. 有鳥焉, 兩頭, 赤黃色, 在其旁.]

【해설(解說)】

기굉국(奇肱國)은 『회남자(淮南子)』에 기록되어 있는 해외 36국 중 하나로, 그 이름은 기고(奇股)라고 한다. 기굉은 팔이 하나이고, 기고는 다리가 하나인 것인데, 모두 뛰어난 능력을 가진 비범한 사람[異人]들이다. 전하는 바에 따르면, 기굉국이나 혹은 기고국(奇股國) 사람들은, 하나의 팔에 세 개의 눈 혹은 하나의 발에 세 개의 눈이 있으며, 음(陰)도 있고 양(陽)도 있는데, 음은 위에 있고, 양은 아래에 있다고 한다. 또 각종 정교한 기기를 만들어 짐승을 잡는 데 뛰어나며, 또한 비거(飛車: 나는 수레-역자)를 만들어 바람을 타고 운행할 수 있다고 한다. 은(殷)나라 탕왕(湯王) 시기에 기굉국 사람이 비거를 타고서, 바람을 따라 날다가 예주(豫州) 지역에 이르게 되었는데, 그곳 사람들이 보기 전에 수레를 부수어 사람들이 보지 못하게 했다. 십 년 후, 동풍이 불자 다시 비거를 만들어 그들의 나라로 돌아갔다[곽박(郭璞)의 주석・『박물지(博物志)』・『술이지(述異志)』를 보라]. 『죽서기년(竹書紀年)』에서는 상대(商代)에 서방의 각 나라들과 왕래하던 상황을 기재하고 있다. 즉 탕왕 때 제후들이 팔택(八澤)[5]에 모이자, 수많은 나라들에서 모여들었는데, 그 중 기굉씨(奇肱氏)는 수레를 타고 왔다. 이에 천을(天乙: 탕왕-

---

3) 곽박은 주석하기를, "음(陰)은 위에 있고, 양(陽)은 아래에 있다.[陰在上, 陽在下.]"라고 했다. "有陰有陽"은 한 몸에 남녀 생식기를 모두 가지고 있는 것을 일컫는다.

4) 원가(袁珂)는 주석하기를, "「해내북경(海內北經)」에 '견융국(犬戎國)에 무늬 있는 말이 있는데, 몸은 희고 갈기는 붉으며, 눈은 마치 황금 같다. 이름을 길량(吉量)이라고 하는데, 이것을 타면 천 살까지 장수한다.'고 기록되어 있다. 길량(吉量)은 즉 '吉良'이다.[海內北經云: '犬戎國有文馬, 縞身朱鬣, 目若黃金, 名曰吉量, 乘之壽千歲.' 吉量卽吉良也.]"라고 했다.

5) 여덟 개의 큰 연못으로, 대택(大澤)・대저(大渚)・원택(元澤)・호택(浩澤)・단택(丹澤)・천택(泉澤)・해택(海澤)・한택(寒澤)을 가리킨다.

역자)을 함께 받들어 천자(天子)의 자리에 오르게 했다고 한다.

기굉국[奇肱國, 혹은 기고국(奇股國)]의 사람들은 항상 '길량(吉良)'이라고 하는 신마(神馬)를 타고 다니는데, 길량은 길량(吉量)·길황(吉黃)이라고도 하며, 흰색이고, 그 위에 얼룩무늬가 있으며, 말갈기는 붉고, 두 눈은 금빛이 번쩍인다. 전하는 바에 따르면, 길량을 탄 사람은 천 살까지 살 수 있다고 한다. 독비인(獨臂人) 혹은 독족인(獨足人)의 몸 옆에는, 대가리가 두 개인 기이한 새가 있는데, 색은 적황색(赤黃色)이고, 그들과 함께한다.

기굉국(혹은 기고국) 신화에는 두 가지 모티브가 있는데, 그림에도 이러한 내용이 묘사되어 있다.

첫째, 하나의 팔에 세 개의 눈을 가졌으며, 길량이라는 신마를 타고, 대가리가 두 개인 기이한 새와 함께 있어, 그 신(神)의 품격이 두드러지는 것으로, [그림 1-장응호회도본(蔣應鎬繪圖本), 눈이 세 개인데, 세 번째 눈은 이마의 가운데에 있음]·[그림 2-성혹인회도본(成或因繪圖本), 눈이 세 개인 듯한데, 하나는 이마의 가운데에 있으며, 세로로 세워져 있고, 나머지 둘은 젖가슴 부분에 달려 있다. 몸통의 뒤에 두 마리의 새가 있는데, 대가리가 두 개인 새는 아님]과 같은 것들이다.

둘째, 하나의 팔과 세 개의 눈이 있고, 기구를 잘 만들어, 날아다니는 수레를 만들 수 있는 것으로, [그림 3-오임신근문당도본(吳任臣近文堂圖本)]·[그림 4-왕불도본(汪紱圖本)]과 같은 것들이다.

곽박의 『산해경도찬(山海經圖讚)』: "그 정교함 신묘하구나, 기굉국 사람들이여. 바람으로 인해 구상하여, 날아다니는 수레를 만들었다네. 높이 날다 수레가 떨어지니, 탕왕이 이를 맞이했다네.[妙哉工巧, 奇肱之人. 因風構思, 制爲飛輪. 凌頹遂軌, 帝湯是御('賓'으로 된 것도 있음).]"

[그림 1] 기굉국 명(明)·장응호회도본

[그림 2] 기굉국 청(淸)·사천(四川)성혹인회도본

奇肱國其人一臂三目有陰有陽能作飛車從風遠行在一臂國北

[그림 3] 기굉국 청(淸)·오임신근문당도본

奇肱國

[그림 4] 기굉국 청(淸)·왕불도본

|권7-5| 형천(形天)

【경문(經文)】

「해외서경(海外西經)」 : 형천(形天)이 황제(黃帝)와 여기에서 신의 자리를 다투었는데, 황제가 그의 머리를 베어 상양산(常羊山)에 묻었다. 이에 형천은 젖꼭지를 눈으로 삼고, 배꼽을 입으로 삼아, 방패와 도끼를 들고 춤을 추었다.

[形天與帝⁶⁾至此爭神, 帝斷其首, 葬之常羊之山, 乃以乳爲目, 以臍爲口, 操干戚以舞.]

【해설(解說)】

형천(形天)은 형천(邢天)·형요(形夭)라고도 쓰며, 염제(炎帝)의 신하이다. 원가(袁珂)의 『산해경교주(山海經校注)』에 따르면, "'天'은 갑골문(甲骨文)에서 呆으로 썼다. 금문(金文)에서는 呆으로 썼는데, □와 ●는 모두 사람의 머리를 본뜬 것으로, 의미는 이마[顚]나 정수리[頂]를 뜻한다. 형천은 아마도 머리가 잘렸다는 뜻인 듯하다. 이 형천이 뜻하는 것은, 본래 이름이 없던 천신(天神)이었는데, 머리가 잘린 후 비로소 '형천(刑天)'이라고 불리게 되었다.[天, 甲骨文作呆, 金文作呆, □與●均象人首, 義爲顚爲頂, 刑天蓋卽斷首之意. 意此刑天者, 初本無名天神, 斷首之後, 始名之爲'刑天'.]" 머리가 없는 형천(刑天)이 여전히 살아 있기 때문에, 또한 '무수민(無首民 : 머리 없는 사람)'(곽박 주석)·'형잔시(形殘尸 : 형체가 불완전한 송장)'[『회남자(淮南子)·지형편(墜形篇)』]라고도 했다. 전설에 따르면 형천은 원래 염제의 신하였는데, 황제(黃帝)와의 싸움에서 황제에게 머리가 잘렸고, 황제는 그의 머리를 상양산(常羊山)에 묻었다고 한다. 머리가 잘린 형천은 결코 죽지 않았는데, 그는 두 젖꼭지를 눈으로 삼고, 배꼽을 입으로 삼았으며, 한 손에는 방패를 들고, 한 손에는 도끼를 들고서 전투를 계속했다. 형천의 정신은 영원히 죽지 않고, 영원히 민중의 마음속에 살아 있다. 도잠(陶潛)의 「독산해경(讀山海經)」이라는 시에, "형천(形天)이 방패와 도끼 휘두르니, 용맹한 기개 굳건히 오래도록 남아 있다네.[刑天舞干戚, 猛志固常在]"라는 구절이 있는데, 이는 바로 불굴의 정신을 읊은 것이다.

곽박의 『산해경도찬(山海經圖讚)』 : "신의 자리를 다투다가 승리하지 못하고, 황제한

---

6) 원가(袁珂)는 주석하기를, "'제(帝)'는 '천제(天帝)'이다. 여기서는 '황제(黃帝)'를 가리킨다.[帝, 天帝. 此指黃帝.]"라고 했다.

테 죽임을 당했다네. 마침내 저 형천은, 배꼽을 입으로 삼고 젖꼭지를 눈으로 삼아, 여전히 방패와 도끼를 휘두르며, 죽을지언정 굴복하지 않았다네.[爭神不勝, 爲帝所戮. 遂厥形天, 臍口乳目. 仍揮干戚, 雖化不服.]"

　　[그림 1-장응호회도본(蔣應鎬繪圖本)]·[그림 2-『신이전(神異典)』]·[그림 3-오임신강희도본(吳任臣康熙圖本)]·[그림 4-오임신근문당도본(吳任臣近文堂圖本)]·[그림 5-성혹인회도본(成或因繪圖本)]·[그림 6-왕불도본(汪紱圖本)]

[그림 1] 형천　명(明)·장응호회도본

形天神圖

形天無首▨千戚而舞以
形天孔▨目以臍爲口

[그림 2] 형천 청(淸)·『신이전』

[그림 3] 형천 청(淸)·오임신강희도본

形天無首操干戚而舞以,
形天孔竅爲目以臍爲口

[그림 4] 형천 청(淸)·오임신근문당도본

[그림 5] 형천 청(淸)·사천(四川)성혹인회도본

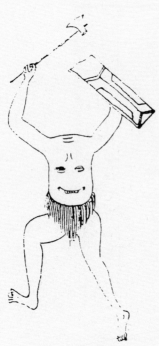

[그림 6] 형천 청(淸)·왕불도본

|권7-6| 첨차조(鶼鴜鳥)

【경문(經文)】

「해외서경(海外西經)」: 차조(鴜鳥)와 첨조(鶼鳥)는 그 빛깔이 청황색인데, 이 새들이 지나가면 나라가 망한다. 여제(女祭)의 북쪽에 있는데, 차조는 사람의 얼굴을 하고 있으며, 산 위에 산다. ……

[鴜鳥·鶼鳥[7], 其色靑黃, 所經國亡. 在女祭北. 鴜鳥人面, 居山上. 一曰維鳥·靑鳥·黃鳥所集.]

【해설(解說)】

첨조(鶼鳥)와 차조(鴜鳥)는 사람의 얼굴을 한 새이며, 화(禍)를 부르는 새로, 망할 것을 암시하는 새이다. 곽박(郭璞)은 주석하기를, "이 새는 재앙을 부르는 새로, 즉 지금의 올빼미·수리부엉이 종류이다.[此應禍之鳥, 卽今梟·鵂鶹之類.]"라고 했다.

곽박의 『산해경도찬(山海經圖讚)』: "청황색의 새가 있는데, 첨조와 차조라고 한다네. 재앙과 회합하니, 이것이 모이는 곳에 화가 이른다네. 종류는 즉 올빼미나 수리부엉이이류이며, 그 생김새는 아름답지 못하다네.[有鳥靑黃, 號曰鶼鴜. 與妖會合, 所集禍至. 類則梟·鵂, 厥狀難媚.]"

[그림-『금충전(禽蟲典)』]

[그림] 첨차조 청(淸)·『금충전』

---

7) 곽박(郭璞)은 주석하기를, "이것들은 화를 부르는 새로, 즉 지금의 올빼미·수리부엉이 종류이다.[此應禍之鳥, 卽今梟·鵂鶹之類.]"라고 했다.

| 권7-7 | 장부국(丈夫國)

【경문(經文)】

「해외서경(海外西經)」: 장부국(丈夫國)은 유조(維鳥)의 북쪽에 있는데, 그곳 사람들은 의관(衣冠)을 갖춘 채 검을 차고 있다.

[丈夫國在維鳥北, 其爲人衣冠帶劍.]

【해설(解說)】

장부국(丈夫國)은 『회남자(淮南子)』에 기록되어 있는 해외 36국 중 하나로, 그 백성들을 장부민(丈夫民)이라고 한다. 장부국에는 전부 남자만 있고 여자는 없다. 이곳 사람들은 의관을 단정히 한 채, 몸에는 보검(寶劍)을 착용하여, 자못 군자의 풍모가 있다. 장부국은 어째서 남자만 있는 것일까? 전설에 따르면 은(殷)나라의 황제 태무(太戊)가 왕맹(王孟) 등의 사람들을 보내, 서왕모(西王母)의 산에 가서 불사약을 구해오도록 했는데, 이곳에 이르렀을 때 양식이 다 떨어져 더 나아갈 수 없었다고 한다. 그래서 그들은 할 수 없이 이곳에 머물면서, 야생 열매를 따먹고, 나무껍질로 옷을 만들어 입으며 살았는데, 이것이 바로 장부국이라고 한다. 이곳에는 여자가 없기 때문에, 모든 사람이 죽을 때까지 아내가 없다. 그러나 그들은 모두에게 아들이 두 명씩 있는데, 이 아들들은 그들의 신체에서 분리된 것이다. 일설에는, 등 부분의 뼈 사이에서 나온다고도 한다. 아들이 태어나면 그 자신은 즉시 죽어버린다[곽박(郭璞)의 주석·『현중기(玄中記)』·『괄지도(括地圖)』를 보라].

곽박의 『산해경도찬(山海經圖讚)』: "음(陰)은 한쪽으로 치우친 조화(造化)가 있고, 양(陽)은 생산하는 이치가 없도다. 장부국은 왕맹이 시조라네. 신령에 감응하여 통해도, 상석(桑石)에는 자식이 없을 수밖에.[陰有偏化[8], 陽無産理. 丈夫之國, 王孟是始. 感靈所通, 桑石無子.]"

[그림 1-장응호회도본(蔣應鎬繪圖本)]·[그림 2-성혹인회도본(成或因繪圖本)]·[그림 3-『변예전(邊裔典)』]

---

[8] 사물을 낳을 때, 전체의 기운을 그대로를 다 받지 못하고, 일부 기운만으로 조화(造化)하는 것을 의미한다.

[그림 1] 장부국 명(明)·장응호회도본

[그림 3] 장부국 청(淸)·『변예전』

[그림 2] 장부국 청(淸)·사천(四川)성혹인회도본

|권7-8| 여축시(女丑尸)

【경문(經文)】

「해외서경(海外西經)」: 여축시(女丑尸: 여축의 시체-역자)를 산 채로 열 개의 태양이 뜨겁게 달구어 죽게 했다. 장부(丈夫)의 북쪽에 있으며, 오른손으로 얼굴을 가리고 있다. 열 개의 태양이 하늘에 떠 있고, 여축(女丑)은 산 위에 있다.

[女丑之尸, 生而十日炙殺之. 在丈夫北. 以右手鄣其面. 十日居上, 女丑居山之上.]

【해설(解說)】

여축(女丑)은 옛날 여자 무당의 이름이다. 여축은 또한 「대황서경(大荒西經)」에도 보이는데, "푸른 옷을 입은 사람이 있으니, 소매로 얼굴을 가리고 있으며, 이름은 여축시라 한다.[有人衣靑, 以袂蔽面, 名曰女丑之尸.]"라고 했다. 「대황동경(大荒東經)」에는, "해내(海內)에 두 사람이 있는데, 이름은 여축이라 한다.[海內有兩人, 名曰女丑.]"라고 했다. 전설에 따르면, 먼 옛날에 열 개의 태양이 한꺼번에 떠서, 여축을 뜨겁게 달구어 죽게 했다고 한다. 중국에서는 옛날에 사람을 '시체'로 여기는 풍습이 있었다. 여축은 죽었지만, 그 혼은 여전히 남아서 항상 살아 있는 사람의 몸에 의지해 존재했으며, 사람들을 위해 제사를 지내거나 무사(巫事)를 담당했는데, 여축의 시체라고 불렀다. 고대에는 가뭄이 들어 비를 내려달라고 빌 때, 항상 여자 무당을 한발(旱魃)[9]로 꾸며놓고 그를 말리고 태워서 재앙을 쫓는 기도를 했다. 여축이 맡은 것이 바로 한발의 역할이었다.

곽박(郭璞)의 『산해경도찬(山海經圖讚)』: "열 개의 태양이 한꺼번에 내려쪼여, 여축을 죽게 했다네. 산언덕에 드러난 채, 소매를 들어 자신의 얼굴 가리고 있네. 저 미인은 누구인가, 하늘의 운수를 점친다네.[十日竝熯, 女丑以斃. 暴於山阿, 揮袖自翳. 彼美誰子, 逢天之歷.]"

[그림 1-장응호회도본(蔣應鎬繪圖本) 「대황서경」도(圖)]·[그림 2-왕불도본(汪紱圖本)]

---

9) 전설상에서 가뭄을 일으킨다는 신이다.

[그림 1] 여축시 명(明)·장응호회도본 「대황서경」도

[그림 2] 여축시 청(淸)·왕불도본

|권7-9| 무함국(巫咸國)

【경문(經文)】

「해외서경(海外西經)」: 무함국(巫咸國)은 여축(女丑)의 북쪽에 있는데, (무당들이-역자) 오른손에는 청사(靑蛇)를 쥐고 있고, 왼손에는 적사(赤蛇)를 쥐고서, 등보산(登葆山)에 있다. (이 산은-역자) 많은 무당들이 오르내리는 곳이다.

[巫咸國在女丑北, 右手操靑蛇, 左手操赤蛇, 在登葆山, 群巫所從上下也.]

【해설(解說)】

　무함국(巫咸國)은 무함(巫咸)을 우두머리로 한 여러 무당들이 이룬 국가이다. 「대황서경(大荒西經)」의 기재에 따르면, 많은 무당들이 대황(大荒) 가운데의 영산(靈山)에 사는데, 무함·무즉(巫卽)·무분(巫盼)·무팽(巫彭)·무고(巫姑)·무진(巫眞)·무례(巫禮)·무저(巫抵)·무사(巫謝)·무라(巫羅) 등 열 명의 무당을 가리킨다고 한다. 이 무당들은 오른 손에는 청사(靑蛇)를, 왼손에는 적사(赤蛇)를 쥐고 있으며, 하늘과 땅, 신과 인간이라는 두 세계의 소통자이다. 이들은 또 하늘을 오르내리며 하늘과 땅 사이를 왕래할 수 있는데, 등보산(登葆山)과 영산은 모두 하늘로 오르는 계단으로, 하늘과 땅이라는 두 세계의 통로이자 다리이다.

　　[그림-『변예전(邊裔典)』]

[그림] 무함국 청(淸)·『변예전』

|권7-10| 병봉(幷封)

【경문(經文)】

「해외서경(海外西經)」: 병봉(幷封)은 무함국(巫咸國)의 동쪽에 있는데, 그 생김새가 돼지와 비슷하고, 앞뒤에 모두 대가리가 있으며, 검다.

[幷封在巫咸東, 其狀如彘, 前後皆有首, 黑.]

【해설(解說)】

병봉(幷封)은 대가리가 두 개인 신수(神獸)로, 생김새는 돼지와 비슷하며, 검고, 앞뒤에 모두 대가리가 달려 있다. 『이아(爾雅)·석지(釋地)』에는 지수사(枳首蛇)라는 뱀이 나오는데, 곽박(郭璞)은 주석하기를, 지금의 노현사(弩弦蛇)도 역시 이 종류라고 했다. 『후한서(後漢書)』에서 이르기를, 운양(雲陽)에 신록(神鹿)이 있고, 이것은 대가리가 두 개이며, 독초를 먹을 수 있다고 했는데, 모두 병봉처럼 대가리가 두 개인 괴수(怪獸)에 속한다. 「대황서경(大荒西經)」에는 병봉(屛蓬)이 나오고, 「대황남경(大荒南經)」에는 출척(跊踢)이 나오는데, 모두 좌우에 대가리가 달린 신수(神獸)이다. 『주서(周書)·왕회편(王會篇)』에는 별봉(鱉封)이 나오는데, "구양(區陽)¹⁰⁾ 부족은 별봉으로, 별봉이란 것은 돼지와 비슷하게 생겼으며, 앞뒤에 모두 대가리가 달려 있다.[區陽以鱉封, 鱉封者, 若彘, 前後皆有首.]"라고 했다. 이 병봉·병봉(屛蓬)·별봉은 모두 발음이 변한 것으로, 같은 종류의 괴수들이다. 문일다(聞一多)는 『복희고(伏羲考)』에서, 병봉·병봉(屛蓬)은 모두 '합치다[合]'라는 의미가 있는데, 이는 짐승의 암수가 서로 합쳐진 형상이라고 여겼다.

곽박의 『산해경도찬(山海經圖讚)』: "용과(龍過)는 대가리가 없고, 병봉은 대가리가 앞뒤로 맞닿아 나 있네. 생김새가 서로 등을 돌리고 있으니, 마치 천리마가 등지고 있는 듯하구나. 운수는 절로 통하는 것이니, 그것을 구하고자 하면 더욱 막힌다네.[龍過無頭, 幷封連載. 物狀相乖¹¹⁾, 如驥分背¹²⁾. 數得自通, 尋之愈閡.]"

---

10) 고대 중국의 서쪽 변방에 살던 오랑캐 부족의 명칭이다.
11) '乖'는 '배반하다'는 뜻으로, 여기서는 '등을 돌리다'라는 의미로 쓰였다. 『설문해자』에서는 "乖는 戾(배반하다, 어그러지다)이다.[乖, 戾也.]"라고 했다.
12) '分背'란 서로 등을 맞댄 채 서 있는 것이다. 『장자(莊子)·마제(馬蹄)』편에, "(말은) 기쁘면 목을 맞대고 서로 비벼대고, 화가 나면 등을 돌리고 서로 걷어찬다.[喜則交頸相靡, 怒則分背相踶.]"라는 구절에서 나온 말이다.

병봉의 그림에는 두 가지 형태가 있다.

첫째, 짐승의 대가리를 하고 있는데, 다리가 네 개이고, 대가리가 둘인 뱀으로, [그림 1-장응호회도본(蔣應鎬繪圖本)]·[그림 2-성혹인회도본(成或因繪圖本)]과 같은 것들이다.

둘째, 대가리가 두 개인 돼지로, [그림 3-필원도본(畢沅圖本)]·[그림 4-왕불도본(汪紱圖本)]·[그림 5-『금충전(禽蟲典)』]·[그림 6-상해금장도본(上海錦章圖本)]과 같은 것들이다.

[그림 1] 병봉 명(明)·장응호회도본

[그림 2] 병봉 청(淸)·사천(四川)성혹인회도본

古本 山海經 圖說 (下)

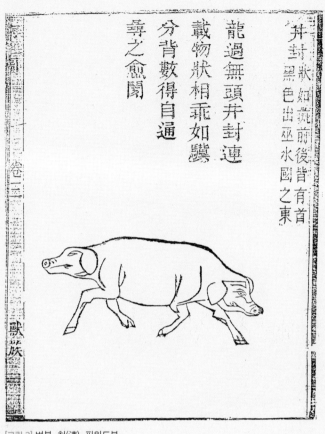

井封狀如龕前後皆有首

井封黑色出巫水國之東

龍過無頭井封連

戴物狀相乖如驟

分背數得自通

尋之愈闊

[그림 3] 병봉 청(淸)·필원도본

井封

[그림 4] 병봉 청(淸)·왕불도본

[그림 5] 병봉 청(淸)·『금충전』

并封 狀如彘前後皆有首
黑色出巫水國之東．

龍過無頭
并封連載
物狀相乖
如驥分背
數得自通
尋之愈閟

[그림 6] 병봉 상해금장도본

|권7-11| 여자국(女子國)

【경문(經文)】

「해외서경(海外西經)」: 여자국(女子國)이 무함(巫咸)의 북쪽에 있는데, 두 여자가 살고 있으며, 물이 그곳을 둘러싸고 있다. 혹은 (두 여자가-역자) 한 집안에 산다고도 한다.

[女子國在巫咸北, 兩女子居, 水周之. 一曰居一門中.]

【해설(解說)】

여자국(女子國)은 『회남자(淮南子)』에 기록되어 있는 해외 36국 중 하나로, 그 백성들을 여자민(女子民)이라고 한다. 「대황서경(大荒西經)」에 여자국이 있다. 전설에 따르면, 여자국은 바다 가운데에 있어서, 사방이 물로 둘러싸여 있다고 한다. 나라 안에는 남자가 없는데, 부인(婦人)들이 황지(黃池)에서 목욕을 하면 곧 임신하여 아이를 낳는다. 그런데 만약 남자아이를 낳으면, 세 살 때 곧 죽어버리기 때문에, 여자국에는 오로지 여자만 있고 남자는 없다. 『변예전(邊裔典)』에 여국도(女國圖)가 있는데, 여자가 못에서 목욕을 하면 임신하여 아이를 낳을 수 있다는 것을 묘사했다[그림 1-여국도, 『변예전』]. 『삼국지(三國志)·위지(魏志)·동이전(東夷傳)』에는, "옥저(沃沮)의 노인이 말하기를, 어떤 나라가 또한 바다 가운데에 있는데, 순전히 여자만 있고 남자는 없다고 했다.[沃沮耆老言, 有一國亦在海中, 純女無男.]"라고 기록되어 있다. 또 『후한서(後漢書)·동이전(東夷傳)』에는, 그 나라에 신령스러운 우물이 있는데, 그것을 들여다보면 곧 임신하여 아이를 낳는다고 기록했다[그림 2-여인국(女人國), 『변예전』].

학의행(郝懿行)은 주석하기를, "한 집안에 거주한다는 것은, 아마도 여자국의 거주지가 동일한 촌락임을 일컫는 것 같다.[居一門中, 蓋謂女國所居同一聚落也.]"라고 했다. 원가(袁珂)의 주석에서는, "학의행의 설은 틀렸다. 이른바 '한 집안에 거주한다'는 것은, 그림에서도 이와 같은데, 마치 '두 여자가 살고 있고, 물이 그 주위를 둘러싸고 있는' 다른 그림 같은 것을 말하는 것 같다.[郝說非治. 所謂'居一門中'者, 亦圖像如此, 猶'兩女子居, 水周之'之爲另一圖像然.]"라고 했다. 내[이 책의 저자인 마창의(馬昌儀)-역자]가 보기에, 학의행의 설은 민족학의 관점에서 경문을 해석한 것이고, 원가는 그림을 가지고 해석한 것으로, 양자는 단지 관점만이 다를 뿐이라고 생각된다.

곽박(郭璞)의 『산해경도찬(山海經圖讚)』: "간적(簡狄)[13]은 알을 삼켜서 임신했고, 강원(姜嫄)[14]은 거인의 발자국을 밟고 임신했다네. 여자국 사람들은, 황수(黃水)에서 목욕을 한다네. 이에 임신하여 자식을 낳는데, 사내아이를 낳으면 죽는다네.[簡狄有呑, 姜嫄有履. 女子之國, 浴於黃水. 乃娠乃字, 生男則死.]".

[그림 3-장응호회도본(蔣應鎬繪圖本)]·[그림 4-성혹인회도본(成或因繪圖本)]

[그림 1] 여국(女國) 청(淸)·『변예전』

[그림 2] 여인국(女人國) 청(淸)·『변예전』

---

13) 제곡(帝嚳)의 둘째 부인인 간적(簡狄)은 제비[玄鳥]의 알을 먹고 나서 은(殷)나라의 시조인 설(契)을 낳았다고 한다.

14) 제곡의 후비(后妃)인 강원(姜嫄)이 들에 나갔다가, 거인(巨人)의 발자국을 밟고 나서 임신하여 주(周)나라의 시조인 후직(后稷)을 낳았다고 한다.

[그림 3] 여인국 명(明)·장응호회도본

[그림 4] 여인국 청(淸)·사천(四川)성혹인회도본
(그림 속에서 목욕을 하고 있는 여자들과 물가에 서 있는 여자들이 여인국 사람들이다.)

|권7-12| 헌원국(軒轅國)

【경문(經文)】

「해외서경(海外西經)」: 헌원국(軒轅國)은 궁산(窮山)의 끝자락에 있는데, 그곳 사람들은 오래 살지 못하는 사람도 8백 살은 산다. 여자국(女子國)의 북쪽에 있다. (그곳 사람들은-역자) 사람의 얼굴에 뱀의 몸을 하고 있고, 꼬리가 머리 위에 꼬여 있다.

[軒轅之國在此窮山之際, 其不壽者八百歲. 在女子國北. 人面蛇身, 尾交首上.]

【해설(解說)】

헌원국(軒轅國)은 황제(黃帝)가 태어나 살았던 곳이다. 「대황서경(大荒西經)」에 헌원국이 나오는데, "헌원국이라는 나라가 있는데, (그곳 사람들은-역자) 강산의 남쪽에 살며 길하여, 적게 살아도 8백 살까지 산다.[有軒轅之國, 江山之南栖爲吉, 不壽者乃八百歲.]"라고 했다. 또 「서차삼경(西次三經)」에는 헌원구(軒轅丘)가 나온다. 헌원국의 사람들은 모두 사람의 얼굴에 뱀의 몸을 하고 있고, 꼬리가 머리 위에 꼬여 있는데, 어쩌면 이러한 모습이 바로 고대 신화 속에 나오는 황제의 형상일 것이다. 주목할 만한 것은, "사람의 얼굴에 뱀의 몸을 하고 있고, 꼬리가 머리 위에 꼬여 있는[人面蛇身, 尾交首上]" 형상이 앙소문화(仰韶文化) 묘저구(廟底溝)[15] 시기의 채도병(彩陶瓶)[그림 1] 위에 보이는데, 이것이 신화 속 헌원국과 어떤 관계가 있는 것은 아닌가 하는 점이다.

곽박(郭璞)의 『산해경도찬(山海經圖讚)』: "헌원국의 사람들은, 하늘의 복을 내려 받았도다. 겨울에는 옷을 걸치지 않고, 여름에는 더워서 부채질 하는 일이 없다네. 도리어 기(氣)가 조화로워, 가문에서 팽조(彭祖)[16]가 나왔다네.[軒轅之人, 承天之祜. 冬不襲衣, 夏不扇署. 猶氣之和, 家爲彭祖.]"

[그림 2-장응호회도본(蔣應鎬繪圖本)]·[그림 3-성혹인회도본(成或因繪圖本)]·[그림 4-왕불도본(汪紱圖本)]

---

15) 황하(黃河) 중류 지역에 있던 중요한 신석기 문화로, 1921년에 하남성(河南省) 삼문협(三門峽) 민지현(澠池縣) 앙소촌(仰韶村)에서 발견되었다. 존속 시기는 대략 기원전 5000년부터 기원전 3000년경까지이다. 묘저구 시기는 기원전 3900년경부터 기원전 2800년경까지에 해당한다.

16) 황제(黃帝)의 후예이자 전설 속의 선인(仙人)으로, 장수했다고 전해진다.

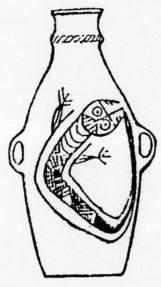

[그림 1] 꼬리가 머리 위에 꼬여 있는 인면예어문(人面鯢魚紋) 채도병.
앙소문화 감숙(甘肅)에서 출토.

[그림 2] 헌원국 명(明)·장응호회도본

[그림 3] 헌원국 청(淸)·사천(四川)성혹인회도본

軒轅國

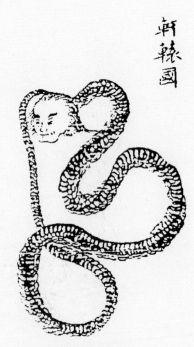

[그림 4] 헌원국 청(淸)·왕불도본

|권7-13| 용어(龍魚)

【경문(經文)】

「해외서경(海外西經)」: 용어(龍魚)[17]가 그 북쪽에 있는 언덕에 사는데, 생김새는 잉어와 비슷하다. 혹은 하(鰕)[18]라고도 한다. 신성한 무당[19]이 이것을 타고 구야(九野)[20]를 다닌다. 혹은 별어(鱉魚)라고도 하며, 요야(沃野)의 북쪽에 있는데, 그 생김새는 또한 잉어처럼 생겼다고도 한다.

[龍魚陵居在其北, 狀如貍. 一曰鰕. 即有神聖乘此以行九野. 一曰鱉魚, 在沃野北, 其爲魚也如鯉.]

【해설(解說)】

용어(龍魚)는 신화 속의 신령한 물고기로, 신성한 무당이 타고 다니는데, 구름을 타고 날 수 있어, 신이 타고 구야(九野)를 날아다니며, 말이 하늘을 나는 것 같다. 양신(楊愼)은 「이어찬(異魚讚)」에서 다음과 같이 읊었다. "용어의 하천은 병(洴) 밖의 땅에 있다네. 하도(河圖)는 복희씨를 내리셨으니, 실제로는 여기에서 나온 것이라네. 신이 구야를 날아다니는 것이 마치 말이 하늘을 나는 것 같다네.[龍魚之川, 在洴之墺. 河圖授羲, 實此出焉. 神行九野, 如馬行天.]"

경문의 기록에 따르면, 용어는 두 가지 형태가 있다. 하나는 물고기의 모습을 한 것으로, 잉어처럼 생겼고, 다른 하나는 짐승의 모습을 한 것으로, 살쾡이처럼 생겼다.

용어가 물고기의 모습을 하고 있다고 한 것으로는, 먼저 곽박(郭璞)이 「강부(江賦)」에서 용리(龍鯉)라고 한 것이다. 즉 "용리는 언덕에 살며, 그 생김새가 잉어와 비슷하

---

17) 원가(袁珂)의 주석에는, "용어(龍魚)는 즉 「해내북경(海內北經)」에 기록되어 있는 능어(陵魚)인 것 같은데, 모두 신화 전설 속에 나오는 인어 종류이다.[龍魚, 疑卽海內北經所記陵魚, 蓋均神話傳說中人魚之類也.]"라고 했다.

18) 필원(畢沅)은, "일설에는 하(鰕)와 비슷하다고 했는데, 생김새가 암코래와 비슷하며, 네 개의 다리가 있다.[一作如鰕, 言狀如鯢魚有四脚也.]"라고 했다.

19) 저자주: 왕불(汪紱)본과 『후한서(後漢書)』에서는 모두 이것을 인용하며 "有神巫[신성한 무당이 있어]"라고 했다.

20) 옛날에 중국에서는 하늘을 아홉 방위로 나누고, 중앙은 균천(鈞天), 동쪽은 창천(蒼天), 북동쪽은 변천(變天), 북쪽은 현천(玄天), 북서쪽은 유천(幽天), 서쪽은 호천(昊天), 남서쪽은 주천(朱天), 남쪽은 염천(炎天), 남동쪽은 양천(陽天)이라 했다. 즉 구야는 하늘의 중앙과 팔방을 일컫는 것으로, 여기에서는 하늘 또는 온 천하를 의미한다.

다네.[龍鯉陵居, 其狀如鯉.]"라고 했다. 또 장형(張衡)의 「사현부(思玄賦)」에서는 이 경문을 인용하여, "용어는 언덕의 북쪽에 사는데, 생김새가 잉어와 비슷하다네.[龍魚陵居在北, 狀如鯉.]"라고 했다. 그리고 원가(袁珂)는 용어가 바로 능어(陵魚)라고 여겼는데, 그 이유로는 다음의 네 가지를 들었다. 첫째, 용어는 즉 「해내북경(海內北經)」에 기재되어 있는 능어로, 모두 신화 속 인어(人魚)의 한 종류에 속한다. 둘째, 용어는 언덕에 살며, 능어도 역시 물에서도 살 수 있고 언덕에서도 살 수 있기 때문에, 능어라고 한 것이다. 셋째, 용어가 잉어와 비슷하게 생겼기 때문에, 그것을 용리(龍鯉)라고 부르며, 능어도 잉어와 비슷하게 생겼기 때문에, 그것을 능리(陵鯉)라고 부른다. 넷째, 용어와 능어는 모두 인어의 모습을 하고 있으며, 용어는 "일명 하(鰕)라고 하는데[一日鰕]", 『이아(爾雅)·석어(釋魚)』에 "도롱뇽 중에 큰 것을 하(鰕)라 한다.[鯢大者謂之鰕]"라고 했다. 또 『본초강목(本草綱目)』에서도, "도롱뇽은 일명 인어라 한다.[鯢魚, 一名人魚.]"라고 했는데, "사람의 얼굴에 사람의 손과 발이 있고, 물고기의 몸을 하고 있으며, 바다 속에 사는[人面手足魚身在海中]" 능어는 바로 인어의 형상이다.

또 용어가 짐승의 모습을 하고 있고, 살쾡이와 비슷하게 생겼다고도 했다. 곽박은, "혹자는 말하기를, 용어는 살쾡이처럼 생겼고, 뿔이 하나라고 했다.[或曰 : 龍魚似狸, 一角.]"라고 주석했다. 학의행(郝懿行)은 주석하기를, "'貍'는 당연히 '鯉'이다. 글자가 틀린 것이다.[貍當爲鯉, 字之僞.]"라고 했다. 송나라본[宋本]과 『장경(藏經)』본의 주석에서는 '鯉'자를 모두 '貍'자로 썼다.

곽박의 『산해경도찬(山海經圖讚)』: "용어는 뿔이 하나이고, 잉어와 비슷하게 생겼으며 산언덕에 산다네. 때를 기다렸다가 나와, 신성한 사람을 태운다네. 구역(九域 : 천하-역자)을 날아 질주하며, 구름을 타고 날아오른다네.[龍魚一角, 似鯉(『백자전서(百子全書)』본 도찬에는 '貍'로 썼음)居('處'로 된 것도 있음)陵. 俟時而出, 神聖攸乘. 飛騖九域, 乘雲上升.]"

용어의 그림도 두 가지 형태가 있다.

첫째, 물고기의 모습을 한 것으로, 물고기의 대가리에 용의 몸과 네 개의 발이 달렸는데, [그림 1-『금충전(禽蟲典)』]과 같은 것이다.

둘째, 짐승의 모습을 한 것으로, 이리처럼 생겼고 뿔이 하나인 것인데, [그림 2-왕불도본(汪紱圖本)]과 같은 것이다.

[그림 1] 용어 청(淸)·『금충전』

[그림 2] 용어 청(淸)·왕불도본

|권7-14| 승황(乘黃)

【경문(經文)】

「해외서경(海外西經)」: 백민국(白民國)은 용어(龍魚)의 북쪽에 있는데, 흰 몸이 털로 덮여 있다. 그곳에 승황이라는 짐승이 있는데, 그 생김새는 여우와 비슷하고, 등 위에 뿔이 있으며, 이것을 타면 2천 살까지 장수한다.

[白民之國在龍魚北, 白身被髮. 有乘黃, 其狀如狐, 其背上有角, 乘之壽二千歲.]

【해설(解說)】

승황(乘黃)은 또 비황(飛黃)·자황(訾黃)·신황(神黃)·등황(騰黃)이라고도 한다. 승황은 준마[騏]21)와 비슷하게 생겼으며, 일종의 신마(神馬)로 상서로운 짐승이다. 이 경문(「해외서경」-역자)에서는, 승황의 생김새가 여우와 비슷하며, 또한 용의 날개가 달려 있고, 말의 몸을 하고 있는데, 등에는 두 개의 뿔이 있다고 했다. 『주서(周書)·왕회편(王會篇)』에는, 승황이 준마와 비슷하게 생겼다고 기록되어 있다. 또 백민국(白民國)에 승황이 사는데, 여우처럼 생겼고, 등에는 두 개의 뿔이 있으며, 바로 비황(飛黃)이라고 했다. 『회남자(淮南子)』에서는, 천하에 도(道)가 있으면 비황이 마구간에 엎드려 있다고 했다. 호문환(胡文煥)의 『산해경도(山海經圖)』에 나오는 승황은, 등에 세 개의 뿔이 달려 있는데, 그 도설(圖說)에서 말하기를, "서해 밖의 백민국에는 승황이라는 말이 사는데, 흰 몸이 털로 덮여 있고, 생김새는 여우와 비슷하며, 등에는 뿔이 돋아 있다. 그것을 타면 2천 살까지 장수한다.[西海外, 白民國有乘黃馬, 白身披髮, 狀如狐, 其背上首角. 乘之壽二千歲.]"라고 했다. "背上首角"은 분명 경문의 "背上有角"의 글자가 잘못된 것으로 보이는데, 화공은 이에 근거하여 세 개의 뿔이 달린 승황을 그렸다.

고대 문헌의 기재에 따르면, 승황은 상서롭고 길한 짐승이다. 일설에는 그것을 타면 2천 살까지 장수한다고도 하고, 또 다른 일설에는 그것을 타면 3천 살까지 장수한다고도 한다[『초학기(初學記)』·『박물지(博物志)』를 보라]. 또 다른 일설에는 황제(黃帝)가 그것을 타고 올라가 신선이 되었다고 한다. 『한서(漢書)·예악지(禮樂志)』에서 응소(應劭)는 주석하기를, "자황은 일명 승황으로, 용의 날개가 달려 있으며, 말의 몸을 하고 있는데, 황제가 그것을 타고 신선이 되었다.[訾黃一名乘黃, 龍翼而馬身, 黃帝乘之而仙.]"라고

---

21) 기(騏)는 매우 잘 달리는 준마로, 푸른 바탕에 검은 무늬가 있다.

했다. 또 『손씨서응도(孫氏瑞應圖)』에서는, "등황(騰黃)이라는 짐승은 신마인데, 그 색깔이 누렇고, 일명 승황이라고도 하며, 비황(飛黃)이라고도 하고, 함길황(咸吉黃)이라고도 하며, 혹은 취황(翠黃)이라 하고, 자황(訾黃)이라고도 한다. 그 생김새는 여우와 비슷하고, 등에 두 개의 뿔이 달려 있으며, 백민국에서 나는데, 그것을 타면 3천 살까지 장수한다.[騰黃者, 神馬也, 其色黃, 一名乘黃, 亦曰飛黃, 亦曰咸吉黃, 或曰翠黃, 一名紫黃, 其狀如狐, 背上有兩角, 出白民之國, 乘之壽三千歲.]"라고 했다. 그리고 『포박자(抱朴子)』에서는, "등황이라는 말[馬]은, 길한 짐승으로 모두 3천 살까지 장수한다.[騰黃之馬, 吉光之獸, 皆壽三千歲.]"라고 했다.

곽박(郭璞)의 『산해경도찬(山海經圖讚)』: "비황(飛黃)은 기이한 준마로, 그것을 타면 잘 늙지 않는다네. 뿔을 힘껏 비벼 가볍게 날아오르니, 홀연히 용이 나는 것 같다네. 실로 덕이 있음을 살펴, 저 이른 아침에 모인다네.[飛黃奇駿, 乘之難老. 揣角輕騰, 忽若龍矯. 實鑑有德, 乃集厥早.]"

승황의 그림에는 두 가지 형태가 있다.

첫째, 뿔이 두 개인 신마로, [그림 1-장응호회도본(蔣應鎬繪圖本)]·[그림 2-성혹인회도본(成或因繪圖本)]·[그림 3-왕불도본(汪紱圖本)]과 같은 것들이다.

둘째, 뿔이 세 개인 신마로, 대가리 꼭대기에 뿔이 하나 있고, 등에 두 개의 뿔이 있는 것인데, [그림 4-호문환도본(胡文煥圖本)] [그림 5-일본도본(日本圖本)]·[그림 6-오임신근문당도본(吳任臣近文堂圖本)]·[그림 7-필원도본(畢沅圖本)]·[그림 8-『금충전(禽蟲典)』]·[그림 9-상해금장도본(上海錦章圖本)]과 같은 것들이다.

乘黃

[그림 3] 승황 청(淸)·왕불도본

[그림 1] 승황 명(明)·장응호회도본

[그림 2] 승황 청(淸)·사천(四川)성혹인회도본

乘
黃

[그림 4] 승황 명(明)·호문환도본

[그림 5] 승황 일본도본

[그림 6] 승황 청(淸)·오임신근문당도본

乘黃狀如狐其背上有角乘
之壽有千歲出自民國

飛黃奇駿乘之
難老揣角輕臟
忽若龍矯寶鑒
有德乃集厥早

[그림 7] 승황 청(淸)·필원도본

[그림 8] 승황 청(淸)·『금충전』

乘黃狀如狐其背上有角乘
之壽有千歲出白民國

飛黃奇
駿乘之難
老揣角輕
騰勿若龍
矯寔鑒有
德乃集厥早

[그림 9] 승황 상해금장도본

|권7-15| 숙신국(肅愼國)

【경문(經文)】

「해외서경(海外西經)」: 숙신국(肅愼國)이 백민(白民)의 북쪽에 있으며, 그곳에 웅상(雄常)이라는 나무가 있는데, 성인(聖人)이 대를 이어 즉위하면, 이 나무에서 옷을 만들어 입는다.

[肅愼之國在白民北, 有樹名曰雄常, 聖入代立, 於此取衣[22].]

【해설(解說)】

숙신국(肅愼國)은 『회남자(淮南子)』에 기록되어 있는 해외 36국 중 하나로, 그 백성들을 숙신민(肅愼民)이라고 한다. 그 나라 사람들은 산의 동굴 속에 사는데, 옷을 입지 않고, 평소에는 돼지가죽을 몸에 걸치고 다니며, 겨울에는 기름을 아주 두툼하게 한 층 몸에 발라 바람과 추위를 막는다. 그곳에 웅상(雄常)이라는 나무가 자라는데, 이 나무는 "덕에 감응하여 통하는[應德而通]" 신령스런 힘을 가지고 있어, 성제(聖帝)가 제위할 때, 이 나무껍질을 가지고 옷을 만든다고 한다. 그 나라 사람들은 또 활을 잘 쏘는데, 활의 길이가 4척(尺)이나 되며, 힘이 비할 데 없이 세다. 「대황북경(大荒北經)」의 불함산(不咸山)에도 숙신씨(肅愼氏)의 나라가 있다. 곽박(郭璞)은 주석하기를, "지금 숙신국은 요동(遼東)에서 3천여 리 떨어져 있는데, 동굴에서 살고, 옷이 없으며, 돼지가죽을 걸치고, 겨울에는 기름을 몸에 두껍게 여러 번 칠하여, 바람과 추위를 물리친다. 그들은 모두 활을 잘 쏘는데, 활의 길이가 4척이나 되고, 푸른 돌로 화살촉을 만든다. 이것은 춘추 시기에 송골매가 진(陳)나라 제후의 정원에 모여들었을 때 얻은 화살이다.[今肅愼國去遼東三千餘里, 穴居, 無衣, 衣猪皮, 冬以膏塗體, 厚數分, 用却風寒. 其人皆工射, 弓長四尺, 靑石爲鏑. 此春秋時隼集陳侯之庭所得矢也.]"라고 했다.

이 경문의 마지막 두 구절은 원래 "先入伐帝, 於此取之"인데, 의미가 통하지 않는다.

---

22) 원래의 경문에는 "先入伐帝, 於此取之"라고 되어 있는데, 이 책에서는 "聖人代立, 於此取衣"라 했고, 해석 또한 이에 따랐다. 이 경문에 대해 곽박은, "그들의 풍습에는 의복을 입지 않는데, 중국에서 성군이 대를 이어 즉위하면, 곧 이 나무에서 가죽이 나와 옷을 만들어 입을 수 있다.[其俗無衣服, 中國有聖帝代立者, 則此木生皮可衣也.]"라고 했으며, 원가의 주석에서는, "곽박의 주에 근거하면, '聖人代立, 於此取衣'라고 하는 것이 옳다. 손성연도 바로잡아 역시 '聖人代立, 於此取衣'라 했다.[據郭注, 作'聖人代立, 於此取衣'是也. 孫星衍校亦作'聖人代立, 於此取衣.']"라고 했다.

그래서 이 책에서는 원가(袁珂)가 왕염손(王念孫)과 손성연(孫星衍)을 따라 바로잡아 고친 것을 채택했다.

[그림—장응호회도본(蔣應鎬繪圖本)]

[그림] 숙신국 명(明)·장응호회도본

| 권7-16 | **장고국(長股國)**

【경문(經文)】

「해외서경(海外西經)」: 장고국(長股國)이 웅상(雄常)의 북쪽에 있는데, 그곳 사람들은 머리를 산발하고 있다. 혹은 장각(長脚)이라고도 한다.

[長股之國在雄常北, 被髮. 一曰長脚.]

【해설(解說)】

장고국(長股國)은 장경국(長脛國)이라고도 하며, 『회남자(淮南子)』에 기록되어 있는 해외 36국 중 하나로, 그 백성들을 장고민(長股民)이라 하며, 또한 장각(長脚)이라고도 한다. 「대황서경(大荒西經)」에 장경국이 있는데, "북서해 밖, 적수(赤水)의 동쪽에 장경국이 있다.[西北海之外, 赤水之東, 有長脛之國.]"라고 했다. 장경국은 즉 장고국으로, 적수의 동쪽에 있는데, 그 나라 사람들의 몸은 보통사람과 비슷하지만, 다리의 길이가 3장(丈)이나 되며, 장각인(長脚人)이 항상 장비인(長臂人)을 업고 바다에 들어가 물고기를 잡는다고 전해진다. 후세의 서커스 공연에서 죽마놀이[23]가 바로 장각인을 모방하여 전해오는 것이다. 곽박(郭璞)은 말하기를, 혹자는 교국(喬國)이 있다고 하는데, 지금의 기예가인 교인(喬人)이 아마 이들의 몸과 비슷한 것 같다고 했다. '喬'는 즉 발돋움[蹻]하는 것이다.

[그림 1-장응호회도본(蔣應鎬繪圖本)]·[그림 2-장응호회도본(蔣應鎬繪圖本)「대황서경(大荒西經)」도(圖)]·[그림 3-성혹인회도본(成或因繪圖本)]·[그림 4-오임신근문당도본(吳任臣近文堂圖本)]·[그림 5-왕불도본(汪紱圖本)],

---

23) 두 다리를 각각 긴 막대에 묶고 걸어다니는 것.

[그림 1] 장고국 명(明)·장응호회도본

[그림 2] 장고국 명(明)·장응호회도본 「대황서경」도

[그림 3] 장고국 청(淸)·사천(四川)성혹인회도본

長股國一云長股脚過三丈在雄常樹之北

[그림 4] 장고국 청(淸)·오임신근문당도본

長股國

[그림 5] 장고국 청(淸)·왕불도본

|권7-17| 욕수(蓐收)

【경문(經文)】

「해외서경(海外西經)」: 서방(西方)의 욕수(蓐收)는, 왼쪽 귀에 뱀을 걸고 있고, 두 마리의 용을 탄다.

[西方蓐收, 左耳有蛇, 乘兩龍.]

【해설(解說)】

　욕수(蓐收)는 서방(西方)의 천제(天帝)인 소호(小昊)의 아들로, 서방의 형신(刑神)·금신(金神)이다. 곽박(郭璞)은 주석하기를, "금신이며, 사람의 얼굴에 호랑이의 발톱과 흰 털을 가졌으며, 도끼를 들고 있다.[金神也, 人面·虎爪·白毛, 執鉞.]"라고 했다. 「서차삼경(西次三經)」에서, 욕수는 또한 해가 지는 것을 관장하는 신으로, 홍광신(紅光神)이라고 하며, 그 형상의 특징은 사람의 얼굴에 호랑이의 발톱과 흰 털을 가졌고, 도끼를 들고 있다. 그리고 이곳 「해외서경」의 욕수는, 서방의 금신·형신으로, 그 형상의 특징은 호랑이의 발톱에 뱀으로 귀걸이를 했으며, 도끼를 들고 용을 탄다. 호문환도설(胡文煥圖說)에서는, "서방의 욕수는 금신이다. 왼쪽 귀에 청사가 있고, 두 마리의 용을 타며, 얼굴에는 털이 나 있고, 호랑이의 발톱에 도끼를 들고 있다.[西方蓐收, 金神也. 左耳有靑蛇, 乘兩龍, 面目有毛, 虎爪執鉞.]"라고 했다. 욕수의 신직(神職)은 무도(無道)함을 전담하고, 천토(天討)[24]를 받들어 행하는 것으로, 사악함을 물리치고 마귀를 쫓는 천신이다. 이 때문에 사람의 얼굴에 호랑이의 발톱이 있고, 귀에 뱀을 걸고, 도끼를 든 형상은, 고대의 장식품과 한대(漢代) 이후의 진묘신수(鎭墓神獸)[25] 중에 자주 등장한다. 청대(淸代)의 소운종(蕭雲從)은 「천문도(天問圖)」에서 욕수의 형상을 생동적으로 잘 묘사했다[그림 1]. 욕수는 또 가을을 관장하는 신으로, 장사(長沙)의 자탄고(子彈庫)에서 출토된 전국(戰國) 시기의 초(楚)나라 백서(帛書)인 「십이월신도(十二月神圖)」 중 구월(九月)의 신이 바로 욕수이다[그림 2].

　곽박의 『산해경도찬(山海經圖讚)』: "욕수는 금신(金神)으로, 흰 털에 호랑이의 발톱

---

24) 원래는 하늘의 징벌을 가리키는데, 후에는 천제(天帝)가 직접 군대를 보내 토벌하는 것을 말한다.

25) 악귀를 물리쳐 사자(死者)의 영혼을 지키도록 하기 위해 신묘한 짐승 모양으로 만든 것으로, 시신과 함께 무덤 속에 묻는다.

을 가졌다네. 뱀으로 귀걸이를 하고서 도끼를 들고 있는데, 무도(無道)함을 전담한다네. 서방에 봉해져서, 천토를 받들어 행하네.[蓐收金神, 白毛虎爪. 珥蛇執鉞, 專司無道. 立號西阿, 恭行天討.]"

[그림 3-장응호회도본(蔣應鎬繪圖本)]·[그림 4-성혹인회도본(成或因繪圖本)]·[그림 5-호문환도본(胡文煥圖本)]·[그림 6-오임신근문당도본(吳任臣近文堂圖本)]·[그림 7-왕불도본(汪紱圖本)]

[그림 1] 욕수 청(淸)·소운종의 「천문도」

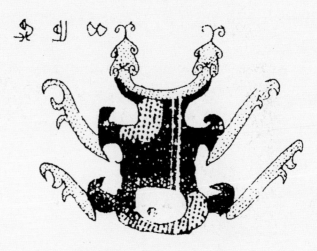

[그림 2] 가을을 관장하는 신(神)인 욕수. 초나라 백서인 「십이월신도」

[그림 3] 욕수 명(明)·장응호회도본

[그림 4] 욕수 청(淸)·사천(四川)성혹인회도본

蓐收

[그림 5] 욕수 명(明)·호문환도본

[그림 6] 욕수 청(淸)·오임신근문당도본

西方蓐收

[그림 7] 욕수 청(淸)·왕불도본

第八卷

海外北經

제8권 해외북경

第八卷 海外北經

|권8-1| 무계국(無膂國)

【경문(經文)】

「해외북경(海外北經)」: 무계국(無膂國)이 장고국(長股國)의 동쪽에 있는데, 그곳 사람들은 후손이 없다.

[無膂之國在長股東, 爲人無膂.]

【해설(解說)】

무계[無膂('啓'로 발음)]는 즉 무계(無啓)·무계(無繼)이며, 무계국(無膂國)은 즉 무계국(無啓國)으로, 『회남자(淮南子)』에 기록되어 있는 해외 36국 중 하나이며, 그 백성들을 무계민(無繼民)이라고 부른다. 전설에 따르면, 무계국(無繼國)은 북방에 있는데, 그 나라 사람들은 후사(後嗣)가 없으며, 평소에는 동굴 속에서 생활하고, 남녀의 구별이 없으며, 공기·물고기·흙을 먹는 것에 의지하여 생명을 유지하다가, 죽으면 땅속에 묻는다고 한다. 사람은 비록 죽어도 그 영혼(심장)은 죽지 않고 있다가, 100년(일설에는 120년이라고 함) 후에 부활하여 사람으로 다시 태어난다고 한다. 「대황북경(大荒北經)」에 계무민(繼無民)이 나오는데, "계무민은 성이 임(任)씨이고, 뼈가 없으며, 공기와 물고기를 먹는다(학의행은 주석하기를, 공기와 물고기를 먹는다는 것은, 이들이 공기도 먹고 아울러 물고기도 먹는다는 것을 말한다고 했음).[繼無民, 任姓, 無骨子, 食氣·魚.]"라고 했다. 『박물지(博物志)·이인(異人)』에 기록되어 있기를, 무계민(無膂民)은 동굴에 살면서 흙을 먹고, 남녀의 구별이 없으며, 죽으면 땅에 묻는데, 그 심장은 썩지 않고 있다가 100년 후에 다시 사람으로 변한다고 했다. 세민(細民)은, 그 간이 썩지 않고 있다가, 100년 후에 사람이 되고, 모두 동굴에 산다. 두 나라는 동류(同類)이다. 사람이 죽어도, 그 영혼은 죽지 않으며, 얼마간의 세월이 지난 후에 부활하거나 혹은 살아나 사람이 된다고 하는데, 이러한 원시적 영혼 관념은 이 신화 속에 생생하게 반영되어 있다.

곽박(郭璞)의『산해경도찬(山海經圖讚)』: "만물은 대대로 이어지니, 자식만이 곧 그 근본은 아니라네. 무계민은 심장으로 인해, 육체는 썩어도 영혼만은 살아 있다네. 능히 그러할 수 있는 까닭은, 존귀한 형체가 존재하기 때문이라네.[萬物相傳, 非子則根. 無膂因心, 構肉生魂. 所以能然, 尊形者存.]"

[그림 1-오임신근문당도본(吳任臣近文堂圖本)]·[그림 2-왕불도본(汪紱圖本)]·[그림 3-

古本 山海經 圖說 (下)

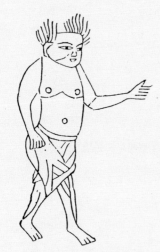

[그림 1] 무계국 청(淸)·오임신근문당도본

[그림 2] 무계국 청(淸)·왕불도본

[그림 3] 무계국 청(淸)·『변예전』

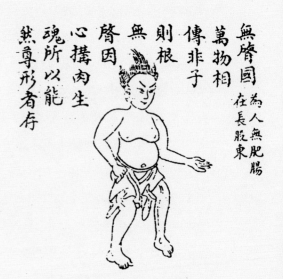

[그림 4] 무계국 상해금장도본

|권8-2| 촉음(燭陰)

【경문(經文)】

「해외북경(海外北經)」: 종산(鍾山)의 신은 이름이 촉음(燭陰)이라고 한다. 이 신이 눈을 뜨면 낮이 되고, 눈을 감으면 밤이 되며, 입으로 숨을 세게 내쉬면 겨울이 되고, 천천히 내쉬면 여름이 되며, 마시지도 않고, 먹지도 않으며, 숨을 쉬지도 않는데, 숨을 쉬면 바람이 되고, 몸의 길이가 천 리(里)나 된다. 무계(無臀)의 동쪽에 있다. 그 생김새는 사람의 얼굴에 뱀의 몸을 하고 있으며, 붉은색이고, 종산의 기슭에 산다.

[鍾山之神, 名曰燭陰, 視爲晝, 瞑爲夜, 吹爲冬, 呼爲夏, 不飮, 不食, 不息, 息爲風, 身長千里. 在無臀之東. 其爲物, 人面, 蛇身, 赤色, 居鍾山下.]

【해설(解說)】

촉음(燭陰)은 즉 촉룡(燭龍)·촉구음(燭九陰)으로, 중국의 신화에서 창세신(創世神)이자, 또한 종산[鍾山 : 장미산(章尾山)]의 산신이다. 「대황북경(大荒北經)」의 장미산에 어떤 신이 있는데, "이 신은 촉구음이며, 촉룡이라고 부른다.[是燭九陰, 是謂燭龍.]" 촉룡은 종산의 기슭에 사는데, 몸의 길이가 천 리나 되고, 사람의 얼굴에 뱀의 몸을 하고 있으며, 붉은색이다. 눈은 세로로 길게 나 있는데, 감으면 일직선으로 봉합된다. 그것의 두 눈이 한 번 뜨고 한 번 감으면, 곧 환한 낮이 되고 깜깜한 밤이 되며, 숨을 한 번 내쉬고 한 번 들이마시면, 곧 봄·여름·가을·겨울이 된다. 그는 마시지도 않고, 먹지도 않으며, 숨을 쉬지도 않는데, 숨을 쉬면 바람이 된다. 전설에 따르면, 촉룡이 입에 불꽃을 머금고 있다가, 천문(天門 : 천궁의 문-역자) 가운데서 비추면, 구음(九陰)의 땅을 모두 밝게 비추기 때문에, 촉룡 또는 촉구음·촉음이라 부른다고 했다. 청대(淸代)의 소운종(蕭雲從)이 그린 「천문도(天問圖)」에 있는 촉룡 그림[그림 1]은, 입에 불꽃을 머금고 있는 촉룡의 신격(神格)이 뚜렷하다.

『회남자(淮南子)·지형편(墜形篇)』에는 촉룡의 고사가 나오는데, 촉룡은 안문(雁門)의 북쪽에 있어, 위우산(委羽山)에서 가리면 태양이 보이지 않으며, 그 신은 사람의 얼굴에 용의 몸을 하고 있고, 다리가 없다고 했다. 『초사(楚辭)·대초(大招)』에 나오는 탁룡(逴龍)도 또한 촉룡인데, "북쪽에 한산(寒山)이 있으며, 탁룡은 붉은색이다.[北有寒山, 逴

龍赤色只.]"라고 했다. 『광박물지(廣博物志)』에서는 『오운역년기(五運歷年記)』를 인용하여 말하기를, "반고(盤古)[1]라는 군주는 용의 대가리에 뱀의 몸을 하고 있고, 숨을 천천히 내쉬면 비바람이 되고, 숨을 내쉬면 천둥번개가 되며, 눈을 뜨면 낮이 되고, 눈을 감으면 밤이 된다.[盤古之君, 龍首蛇身, 噓爲風雨, 吹爲雷電, 開目爲晝, 閉目爲夜.]"라고 했다. 원가(袁珂)는, 촉룡의 신격은 천지개벽의 신인 반고와 비슷하며, 반고의 원형 중 하나라고 여겼다. 현재 보이는 고대의 그림들 중, 명대(明代)의 일본도본(日本圖本)과 청대의 사천성혹인회도본(四川成或因繪圖本)의 촉룡 그림은 모두 여성신인데, 이는 매우 주목할 만하다.

곽박(郭璞)의 『산해경도찬(山海經圖讚)』: "하늘의 북서쪽에 빛이 모자라니, 용이 불꽃을 머금고 있다가 비춘다네. 숨으로는 겨울과 여름을 만들고, 눈[眼]으로는 밤과 낮을 만든다네. 몸의 길이가 천 리나 되니, 신이라 할 만하도다.[天缺西北, 龍銜火精. 氣爲寒暑, 眼作昏明. 身長千里, 可謂至神('靈'으로 된 것도 있음).]"

[그림 1-소운종의 「천문도」]·[그림 2-호문환도본(胡文煥圖本)]·[그림 3-일본도본(日本圖本)]·[그림 4-성혹인회도본(成或因繪圖本)]·[그림 5-오임신강희도본(吳任臣康熙圖本)]·[그림 6-왕불도본(汪紱圖本)]

[그림 1] 촉음 청(淸)·소운종의 「천문도」　　　　[그림 2] 촉음 명(明)·호문환도본

---

1) 중국 신화에 나오는 천지개벽의 시조로, 몸집이 거대한 신이다.

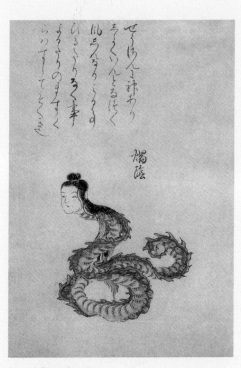

[그림 3] 촉음 일본도본

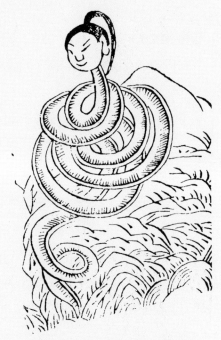

[그림 4] 촉음 청(淸)·사천(四川)성혹인회도본

[그림 5] 촉음 청(淸)·오임신강희도본

[그림 6] 촉음 청(淸)·왕불도본

|권8-3| 일목국(一目國)

【경문(經文)】

「해외북경(海外北經)」: 일목국(一目國)이 그 동쪽에 있는데, 하나의 눈이 그 얼굴의 가운데에 있다. ......

[一目國在其東, 一目中其面而居. 一曰有手足[2].]

【해설(解說)】

일목국(一目國)은 『회남자(淮南子)』에 기록되어 있는 해외 36국 중 하나로, 그 백성들을 일목민(一目民)이라고 부르는데, 하나의 눈이 얼굴의 한가운데에 있다. 『산해경』에는 일목국과 관련된 눈이 하나인 기인(奇人)을 기록한 곳이 두 군데 있는데, 모두 그림이 있다. 하나는 위(威)씨 소호(少昊)의 아들이고[「대황북경(大荒北經)」을 보면, "눈이 하나인 사람이 있는데, 얼굴의 가운데에 달려 있다. 일설에는 위씨이며, 소호의 아들로, 기장을 먹는다고 한다.(有人一目, 當面中生. 一曰威姓, 少昊之子, 食黍)"라고 되어 있음], 다른 하나는 귀국(鬼國) 사람들이다[「해내북경(海內北經)」을 보면, "귀국(鬼國)은 이부시(貳負尸)의 북쪽에 있는데, 그곳 사람들은 사람의 얼굴을 하고 있고, 눈이 하나이다(鬼國在貳負之尸北, 爲物人面而一目)"].

곽박(郭璞)의 『산해경도찬(山海經圖讚)』: "창힐(蒼頡)의 눈이 네 개인 것은 많은 게 아니고, 이 일목민의 눈이 하나인 것은 적은 게 아니라네. 어두워 분간하기 어려운 들에서도, 잘 드러나지 않는 것까지 꿰뚫어 본다네. 객지에서 노니노라면, 귀한 것은 외눈이라네.[蒼四[3]不多, 此一不少. 于('予'라고 된 것도 있음)野冥瞽, 洞見無表. 形遊逆旅, 所貴維眇.]"

일목민의 그림에는 두 가지 형태가 있다.

첫째, 하나의 눈이 세로로 곧게 나 있는 것으로, 이 말은 경문에서는 보이지 않는다. [그림 1-장응호회도본(蔣應鎬繪圖本)]·[그림 2-성혹인회도본(成或因繪圖本)]과 같은 것들이다.

---

2) 경문의 "一曰有手足"은 연문(衍文 : 잘못하여 불필요하게 들어간 문자-역자)이다.

3) 여기에서 '蒼'은 창힐(蒼頡), 혹은 倉頡)을 가리킨다. 전설에 따르면 황제(黃帝)의 사관(史官)으로서, 눈이 네 개였다고 한다. 『설문해자(說文解字)』에는, 황제 때 문자를 만들었다고 기록되어 있다.

둘째, 하나의 눈이 가로로 나 있는 것으로, [그림 3-오임신강희도본(吳任臣康熙圖本)] · [그림 4-왕불도본(汪紱圖本)] · [그림 5-『변예전(邊裔典)』]과 같은 것들이다.

[그림 1] 일목국 명(明) · 장응호회도본

[그림 2] 일목국 청(淸) · 사천(四川)성혹인회도본

一目國
苦一目
在中
其面
而

[그림 3] 일목국 청(淸) · 오임신강희도본

[그림 4] 일목국 청(淸)·왕불도본

[그림 5] 일목국 청(淸)·『변예전』

|권8-4| 유리국(柔利國)

【경문(經文)】

「해외북경(海外北經)」: 유리국(柔利國)이 일목(一目)의 동쪽에 있는데, 그곳 사람들은 팔도 하나이고 발도 하나이며, 무릎이 반대로 꺾여 있고, 발이 반대로 굽어져 있다. 유리국(留利國)이라고도 하며, 사람들의 발이 반대로 꺾여 있다고도 한다.

[柔利國在一目東, 爲人一手一足, 反膝, 曲足居上[4)]. 一云留利之國, 人足反折.]

【해설(解說)】

유리(柔利)는 또한 우려(牛黎)·유리(留利)라고도 부른다. 유리국(柔利國)은 『회남자(淮南子)』에 기록되어 있는 해외 36국 중 하나로, 그 백성들을 유리민(柔利民)이라고 부른다. 그 나라 사람들은 팔과 다리가 각각 하나씩이고, 뼈가 없기 때문에, 팔과 다리가 모두 위를 향해 반대로 꺾여 있어서, 마치 부러진 것처럼 보인다. 유리민은 섭이국[聶耳國: 또는 담이국(儋耳國)라고도 함]의 후예들로, 「대황북경(大荒北經)」에 따르면, "우려국(牛黎國)이 있는데, 그곳 사람들은 뼈가 없고, 담이(儋耳)의 자손들이다.[有牛黎之國. 有人無骨; 儋耳之子.]"라고 했다.

곽박의 『산해경도찬(山海經圖讚)』: "유리국 사람들은 다리가 휘어 있고, 팔이 반대로 꺾여 있다네. 자손 대대로 추구한 모습이니, 이들을 견주어 보아도 추할 게 없다네. 귀한 것은 정신이니, 겉모습이 뭐 중요하겠는가.[柔利之人, 曲脚反肘. 子求之容, 方此無醜. 所貴者神, 形於何有.]"

[그림 1-장응호회도본(蔣應鎬繪圖本)]·[그림 2-오임신강희도본(吳任臣康熙圖本)]·[그림 3-성혹인회도본(成或因繪圖本)]·[그림 4-왕불도본(汪紱圖本)]·[그림 5-『변예전(邊裔典)』]

---

4) 곽박(郭璞)은 주석하기를, "하나의 다리와 하나의 팔이 반대로 굽어져 있는 것이다.[一脚一手反卷曲也.]"라고 했다.

[그림 1] 유리국 명(明)·장응호회도본

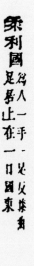

[그림 2] 유리국 청(淸)·오임신강희도본

[그림 3] 유리국 청(淸)·사천(四川)성혹인회도본

[그림 4] 유리국 청(淸)·왕불도본

[그림 5] 유리국 청(淸)·『변예전』

|권8-5| 상류(相柳)

【경문(經文)】

「해외북경(海外北經)」: 공공(共工)의 신하를 상류씨(相柳氏)라고 하는데, 머리가 아홉 개이며, 아홉 개의 산에서 먹을 것을 찾아 먹는다. 상류(相柳)가 이르는 곳은 못과 계곡이 된다. 우(禹)임금이 상류를 죽였는데, 그 피가 비려서 오곡의 씨앗을 심을 수 없었다. 우임금은 그것을 세 길이나 파서 막았으나 세 번 다 무너져버리자, 이에 여러 임금들[衆帝]5)의 대(臺)를 만들었다. (이 대는-역자) 곤륜(昆侖)의 북쪽, 유리(柔利)의 동쪽에 있다. 상류는 아홉 개의 대가리가 있고, 사람의 얼굴에 뱀의 몸을 하고 있으며, 푸른빛이다. 활을 쏘는 자들이 감히 북쪽을 향해 활을 쏘지 못하는 것은, 공공대(共工臺)를 두려워하기 때문이다. 대는 그 동쪽에 있다. 대는 네모나고, 귀퉁이마다 뱀이 한 마리씩 있는데, 호랑이 색깔이며, 머리가 남쪽을 향하고 있다.

[共工之臣曰相柳氏, 九首, 以食於九山6). 相柳之所抵, 厥爲澤溪. 禹殺相柳, 其血腥, 不可以樹五穀種. 禹厥之, 三仞三沮, 乃以爲衆帝之臺. 在昆侖之北, 柔利之東. 相柳者, 九首人面, 蛇身而靑. 不敢北射, 畏共工之臺. 臺在其東. 臺四方, 隅有一蛇, 虎色, 首衝7)南方.]

【해설(解說)】

상류(相柳)는 또 상요(相繇)라고도 하며, 공공(共工)의 신하이다. 공공은 수신(水神)으로, 중국 신화에서 낡은 질서를 깨뜨린 천신(天神)이다. 「대황북경(大荒北經)」에는 이렇게 기록되어 있다. "공공의 신하를 상요라고 하는데, 머리가 아홉 개에 뱀의 몸을 하고 있고, 구불구불 똬리를 틀고 있으며, 구토(九土)에서 나는 것을 먹는다. 그가 토하는 곳과 이르는 곳은 곧 늪이 되는데, 늪의 물이 맵지 않으면 곧 써서, 어떤 짐승도 살

---

5) 원가(袁珂)의 주석에서는, "여러 임금들이란, 요(堯)임금·제곡(帝嚳) 등 고대의 임금들을 가리킨다.[衆帝, 指帝堯·帝嚳等古帝.]"라고 했다.

6) 경문의 "九首, 以食於九山."에 대해, 곽박은 주석하기를, "각각의 머리가 각기 하나의 산에서 나는 것을 먹는 것으로, 탐욕스럽고 포학하여 성에 차지 않는 것을 말한다.[頭各自食一山之物, 言貪暴難饜.]"라고 했다.

7) 곽박은, "'衝'은 '向[향하다]'과 같은 뜻이다.[衝, 猶向也.]"라고 주석했다.

수 없는 곳이다. 우임금이 홍수를 막고, 상요를 죽였다. 그 피가 비려서, 곡식이 자랄 수 없었다. 그 땅은 물이 많아 살 수도 없었다. 우(禹)임금이 이를 막아, 세 길이나 파서 가두었으나 세 번 다 무너져버려, 이에 못이 되자, 여러 임금들은 이 때문에 대(臺)[8]로 만들었으니, 곤륜의 북쪽에 있다.[共工之臣名曰相繇, 九首蛇身, 自環, 食於九土. 其所歍所尼, 卽爲源澤. 不辛乃苦, 百獸莫能處. 禹湮洪水, 殺相繇. 其血腥臭, 不可生穀. 其地多水, 不可居也. 禹湮之, 三仞三沮, 乃以爲池, 群帝因是以爲臺, 在昆侖之北.]"『초사(楚辭)·천문(天問)』에 나오는 웅훼(雄虺)[그림 1]는, 하나의 몸통에 아홉 개의 머리가 있는데, 바로 상류이다.

상류는 머리가 아홉 개에 사람의 얼굴과 뱀의 몸을 하고 있는 괴물로, 뱀의 몸은 검은색이며, 휘감아 오른다. 그는 천성이 탐욕스러워, 아홉 개의 대가리로 각각 아홉 개의 산에서 먹을 것을 취한다. 그가 한 번 삼키고 한 번 토해내면, 그것이 미치는 곳은 모두 늪이 되는데, 그 늪의 물은 비할 데 없이 쓰고 떫어, 사람이든 짐승이든 모두 살수가 없다. 우임금이 홍수를 수습한 후 상류를 죽였다. 그러자 상류의 피가 온 들판에 흘러 비리고 역한 냄새가 지독하여, 오곡이 자라지 못하고, 모든 백성이 도탄에 빠졌다. 게다가 그 땅은 물이 많아, 백성들이 살 곳이 없었다. 그래서 우임금은 흙으로 피가 흐르지 못하게 틀어막으려고 했는데, 세 번이나 가두어 막았지만 세 번 모두 무너져버려, 어쩔 수 없이 못으로 만들었다. 여러 신들은 곧 곤륜(昆侖)의 북쪽, 유리국(柔利國) 동쪽의 상류를 죽인 곳에 대(臺)를 만들고 이름을 공공대(共工臺)라고 했는데, 공공대는 네모난 모양이다. 네 모서리마다 호랑이의 얼룩무늬를 한 뱀이 한 마리씩 있는데, 대가리를 남쪽으로 향하고서, 이곳을 지킨다. 수신(水神)인 공공이 명성을 널리 떨치자, 활을 쏘는 자들이 감히 북쪽을 향해 활을 쏘지 못했는데, 공공대를 두려워했기 때문이다. 양신(楊愼)은 『산해경보주(山海經補注)』에서, "어떤 뱀이 있는데, 호랑이의 색깔을 하고 있으며, 머리가 남쪽을 향하고 있다.[有一蛇, 虎色, 首衝南方.]"라는 구절을 해석하면서, "머리가 남쪽을 향하고 있다는 것은, 정(鼎)에 주조되어 새겨져 있는 형상이다. 호랑이의 색이라는 것은, 뱀의 무늬가 호랑이처럼 생겼다는 것이다. 아마도 정에 주조되어 있는 형상은 또한 채색(彩色)으로 이와 구분되게 한 것 같다.[首衝南方者, 紀鼎上所鑄之像. 虎色者, 蛇斑如虎. 蓋鼎上之像, 又以彩色点染別之.]"라고 해석했다. 이로부터 또한 『산해경』이 구정(九鼎)에 주조된 그림 형상을 근거로 하여 글을 썼다는 오래된 서

---

8) 대(臺)란, 흙이나 돌을 높이 쌓아올려 사방을 관찰할 수 있도록 만든 곳을 일컫기도 하고, 높은 정자나 누대(樓臺)를 가리키기도 하는데, 여기에서는 아마도 전자(前者)의 의미로 사용한 것이 아닌가 싶다.

사 풍격을 엿볼 수 있다.

　곽박(郭璞)의 『산해경도찬(山海經圖讚)』: "공공의 신하를, 상류라고 부른다네. 이것
에게 기이한 모습을 내려주니, 뱀의 몸에 아홉 개의 대가리가 달렸다네. 힘을 믿고 걸
(桀)왕처럼 난폭하게 굴다가, 결국 하후(夏后)에게 사로잡혔다네.[共工之臣, 號曰相柳. 稟
此奇表, 蛇身九首. 恃力桀暴, 終禽夏后.]"

　[그림 1－웅훼구수(雄虺九首)]·[그림 2－장응호회도본(蔣應鎬繪圖本)]·[그림 3－호문
환도본(胡文煥圖本), 상류씨(相抑氏)라고 함]·[그림 4－일본도본(日本圖本), 상류씨라고
함]·[그림 5－성혹인회도본(成或因繪圖本)]·[그림 6－필원도본(畢沅圖本)]·[그림 7－왕불도
본(汪紱圖本)]

[그림 1] '웅훼구수' 청(淸)·소운종(蕭雲從)의 「천문도(天問圖)」

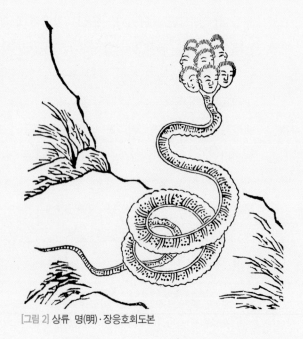

[그림 2] 상류 명(明)·장응호회도본

相柳氏

[그림 3] 상류(상류씨) 명(明)·호문환도본

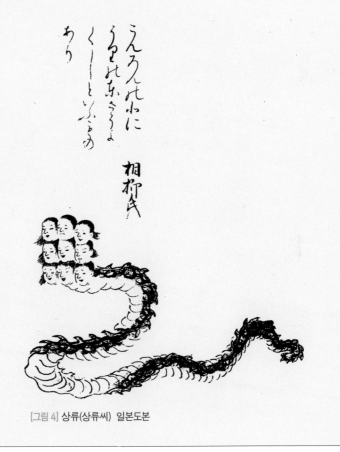

[그림 4] 상류(상류씨) 일본도본

[그림 5] 상류 청(淸)·사천(四川)성혹인회도본

其工之臣號
曰相柳禀此
奇表蛇身九
首恃力桀暴
終禽夏后

相柳九首人面蛇身

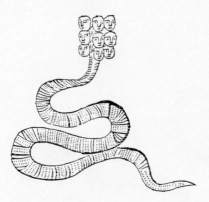

[그림 6] 상류 청(淸)·필원도본

[그림 7] 상류 청(淸)·왕불도본

|권8-6| 심목국(深目國)

【경문(經文)】

「해외북경(海外北經)」: 심목국(深目國)이 그 동쪽에 있는데, 그곳 사람들은 눈이 움푹 들어가 있고, 한 손을 들고 있다. 일설에는 공공대(共工臺)의 동쪽에 있다고도 한다.

[深目國在其東, 爲人深目, 擧一手, 一曰在共工臺東⁹⁾.]

【해설(解說)】

심목국(深目國)은 『회남자(淮南子)』에 기록되어 있는 해외 36국 중 하나로, 그 백성들을 심목민(深目民)이라고 한다. 「대황북경(大荒北經)」에는, "물고기를 잡아먹는 사람들의 나라가 있는데, 이름이 심목국이라 하며, 성이 분(朌)씨이고, 물고기를 잡아먹는다.[有人方食魚, 名曰深目之國, 朌姓, 食魚.]"라고 기록되어 있다. 곽박(郭璞)이 『산해경도찬(山海經圖讚)』에서, "심목(深目)은 오랑캐 부류이다.[深目類胡]"라고 한 것에 따르면, 심목민이 호인(胡人 : 오랑캐-역자)일 가능성이 있다. 『주서(周書)·왕회편(王會篇)』에서는, 심목인(深目人)은 남방 양광[兩廣 : 광동(廣東)과 광서(廣西)-역자] 일대의 소수민족일 것이라고 추측했다. 경문에는 원래 "爲人擧一手一目[사람들이 한 손을 들고 있고 눈이 하나이다]"이라고 되어 있는데, 원가는 이를 그 나머지 여러 나라들의 서술 체제에 근거하여, "爲人深目, 擧一手[사람들은 눈이 움푹 들어가 있고, 한 손을 들고 있다]"로 교정했다.

곽박의 『산해경도찬』: "심목민은 오랑캐 부류로, 입이 매우 작다네. 헌원(軒轅)이 도를 베푸니, 변방의 이민족들이 복속했다네. 가슴이 뚫린 이들과 다리가 긴 이들이, 모두 이민족들이라네.[深目類胡, 但口絶縮. 軒轅道降, 款塞歸服. 穿胸長脚, 同會異族.]"

[그림 1-장응호회도본(蔣應鎬繪圖本)]·[그림 2-성혹인회도본(成或因繪圖本)]·[그림

---

9) 원래의 경문에는 "爲人擧一手一目, 在共工臺東."이라고 되어 있는데, 이 책에서는 "爲人深目, 擧一手. 一曰在共工臺東"으로 되어 있다. 여기에서는 이 책에 있는 대로 번역했다. 이 경문에 대해 원가(袁珂)의 주석에서는, "……'一目'은 마땅히 '一曰'이라고 해야 하며, 뒤쪽 구절에 붙여서 읽는 것이 옳다. ……'爲人'의 뒤에 또한 '深目'이라는 두 글자가 빠진 것 같다. '爲人深目·擧一手'라고 해야 경문에 기록되어 있는 여러 나라들의 체제와 부합한다.[……'一目'正當作'一曰'連下讀爲是. …… 疑'爲人'下, 尙脫'深目'二字, '爲人深目·擧一手', 卽與經記諸國之體例相符矣.]"라고 했다. 학의행(郝懿行)은 경문의 "爲人擧一手一目, 在共工臺東."에 대해, "'一目'은 '一曰'로 쓰고, 뒤쪽 구절에 붙여서 읽는 것이 옳다.[一目作一曰連下讀是也.]"라고 했다.

古
本
山
海
經
圖
說
(下)

[그림 1] 심목국 명(明)·장응호회도본

[그림 2] 심목국 청(淸)·사천(四川)성흑인회도본

[그림 3] 심목국 청(淸)·『변예전』

| 권8-7 | 무장국(無腸國)

【경문(經文)】

「해외북경(海外北經)」 : 무장국(無腸國)이 심목(深目)의 동쪽에 있는데, 그곳 사람들은 키가 크지만 창자가 없다.

[無腸之國在深目東, 其爲人長而無腸.]

【해설(解說)】

무장국(無腸國)은 또한 무복국(無腹國)이라고도 하며, 『회남자(淮南子)』에 기록되어 있는 해외 36국 중 하나인데, 그 백성들을 무장민(無腸民)이라고 한다. 「대황북경(大荒北經)」에는, "또한 무장국이 있는데, 성은 임(任)씨이고, 무계(無繼 : 이 책 〈권8-1〉 참조-역자)의 자손이며, 물고기를 잡아먹는다.[又有無腸之國, 是任姓, 無繼子, 食魚.]"라고 했다. 무장민은 키가 크고, 배속에 창자가 없어서, 무엇을 먹든지 단번에 끝까지 통과해버린다. 『신이경(神異經)』에는, 지나간 일을 아는 어떤 사람이 있는데, 뱃속에 오장(五臟)이 없고, 곧게 뻗어 있어, 음식물이 그냥 통과해버린다고 기록되어 있는데, 여기에서 말한 것이 바로 무장민이다.

[그림 1-『변예전(邊裔典)』, 무장국]·[그림 2-『변예전』, 무복국]

[그림 1] 무장국 청(淸)·『변예전』

[그림 2] 무복국 청(淸)·『변예전』

955

|권8-8| 섭이국(聶耳國)

【경문(經文)】

「해외북경(海外北經)」: 섭이국(聶耳國)이 무장국(無腸國)의 동쪽에 있는데, 두 마리의 무늬가 있는 호랑이를 부리며, 사람들은 두 손으로 자신의 귀를 잡고 있다. 동떨어져서 바다 가운데에 사는데, 물가 근처에는 기이한 것들이 드나든다. 두 마리의 호랑이는 그 동쪽에 있다.

[聶耳之國在無腸國東, 使兩文虎, 爲人兩手聶其耳[10]. 縣('懸'과 같음)居海水中[11], 及水所出入奇物. 兩虎在其東.]

【해설(解說)】

섭이국(聶耳國)은 즉 담이국(儋耳國)이다. 「대황북경(大荒北經)」에 담이국이 있는데, 성은 임(任)씨이고, 우호(禺號)의 자손으로, 곡식을 먹는다. 우호는 곧 우호(禺䝞)로, 동해(東海)의 신이다. 섭이국 사람들은 해신(海神)의 후예이기 때문에, 바다 가운데의 작은 섬에 산다. 그곳 사람들은 모두 한 쌍의 긴 귀를 가지고 있는데, 곧게 가슴까지 늘어져 있어, 길을 걸을 때는 부득이 양손으로 귀를 받쳐 들어야 한다. 섭이국의 동쪽 가장자리에는 반점 무늬가 있는 호랑이 두 마리가 사는데, 그 사람들이 그것들을 부린다. 『회남자(淮南子)·지형편(墜形篇)』에는 섭이국이 없으며, 단지 과보(夸父)·탐이(耽耳)가 그 북쪽에 있다고 했으니, 탐이국(耽耳國)이 바로 섭이국임을 알 수 있다. 당(唐)나라 이용(李冗)의 『독이지(獨異志)』에는 대이국(大耳國)이 나오는데, 『산해경』에 대이국이 있으며, 그곳 사람들은 잠을 잘 때, 항상 한쪽 귀는 깔고 다른 귀는 덮고 잔다고 했다.

곽박(郭璞)의 『산해경도찬(山海經圖讚)』: "섭이국은, 멀리 바다 가운데에 있는 작은 섬이라네. 무늬 있는 호랑이를 이들이 부리고, 기이한 것들이 모두 보인다네. 그 모습이 수염처럼 늘어진 귀를 가지고 있으니, 손이 얼굴에서 떠나지 않는다네.[聶耳之國, 海渚是縣(懸). 雕虎斯使, 奇物畢見. 形有相須, 手不離面.]"

---

10) 경문의 "兩手聶其耳"에 대해, 곽박은 주석하기를, "귀가 길어서, 걸어 다닐 때 손으로 귀를 받쳐 드는 것을 말한다.[言耳長, 行則以手攝持之也.]"라고 했다.

11) 원가(袁珂)는 주석하기를, "'縣'은 '懸'의 본자(本字)이다. '縣居海水中'이라는 것은, 섭이국이 있는 곳이 곧 외롭게 바다의 가운데에 있는 섬이라는 것을 말하는 것이다.[縣, 懸本字. '縣居海水中'者, 言聶耳國所居乃孤懸於海中之島也.]"라고 했다.

[그림 1-장응호회도본(蔣應鎬繪圖本)]·[그림 2-오임신근문당도본(吳任臣近文堂圖本)]·[그림 3-왕불도본(汪紱圖本)]·[그림 4-『변예전(邊裔典)』]

[그림 1] 섭이국 명(明)·장응호회도본

聶耳國

[그림 3] 섭이국 청(淸)·왕불도본

[그림 4] 섭이국 청(淸)·『변예전』

第八卷 海外北經

957

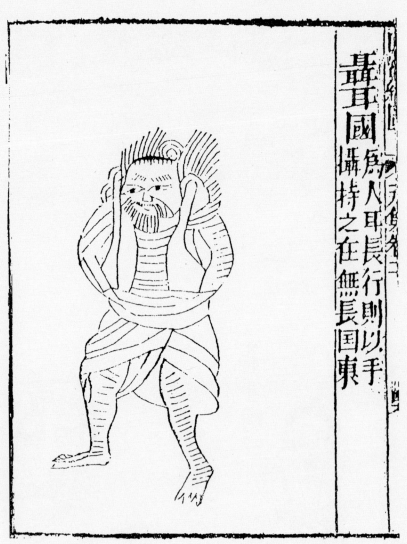

[그림 2] 섭이국 청(淸)·오임신근문당도본

|권8-9| 과보축일(夸父逐日)

【경문(經文)】

「해외북경(海外北經)」: 과보(夸父)가 태양과 뒤쫓아 달리기 경주를 했는데, 해가 저물었다. 목이 말라 물을 마시고 싶어지자, 황하(黃河)와 위수(渭水)의 물을 마셨다. 황하와 위수로도 부족하여, 북쪽의 대택(大澤)으로 가서 마시려고 했지만, 도착하기도 전에 길에서 목이 말라 죽었다. 그의 지팡이를 버리자, 변해서 등림(鄧林)[12]이 되었다.

[夸父與日逐走, 入日. 渴欲得飮, 飮於河渭. 河渭不足, 北飮大澤. 未至, 道渴而死. 棄其杖, 化爲鄧林.]

【해설(解說)】

과보축일[夸父逐('冑'로 발음)日 : 과보가 해를 뒤쫓음-역자]의 신화는 「대황북경(大荒北經)」에도 보인다. 즉 "대황(大荒) 가운데에 어떤 산이 있는데, 이름이 성도재천(成都載天)이라고 한다. 그곳에는 두 마리의 황사(黃蛇)를 귀에 걸고, 다른 두 마리의 황사를 쥔 사람이 있는데, 이름은 과보라 한다. 후토(后土)가 신(信)을 낳고, 신은 과보를 낳았다. 과보는 헤아릴 수 없을 정도로 힘이 셌는데, 태양을 뒤쫓고자 하여 우곡(禺谷)에서 따라잡았다. 그리고는 황하의 물을 다 마셨지만 부족했다. 그리하여 대택(大澤)의 물을 마시러 달려갔는데, 도착하지 못하고, 여기에서 죽었다.[大荒之中, 有山, 名曰成都載天. 有人珥兩黃蛇, 把兩黃蛇, 名曰夸父. 后土生信, 信生夸父. 夸父不量力, 欲追日景, 逮之於禺谷. 將飮河而不足也. 將走大澤, 未至, 死於此.]"

과보는 염제(炎帝)의 후손으로, 신화에서 거인족의 한 갈래이며, 생김새가 매우 기괴하다. 두 귀를 뚫어 두 마리의 황사를 꿰고 있으며, 두 손에도 또한 두 마리의 황사를 쥐고 있고, 북쪽 대황에 있는 성도재천이라는 높은 산에 산다. 과보는 어느 날 태양과 달리기 경주를 하기로 결심하고는, 눈부시게 빛나는 태양을 쫓아갔는데, 쫓고 쫓아서 그는 태양이 서산으로 지는 우곡까지 쫓아가, 금방이라도 태양을 따라잡을 듯이 보였

---

12) 필원(畢沅)은 주석하기를, "등림(鄧林)은 즉 도림(桃林 : 복숭아나무 숲)이다. '鄧'과 '桃'는 발음이 서로 비슷하다. ……아마도 「중산경(中山經)」에서 말한 '과보산(夸父山)에는, 북쪽에 도림이 있다.'라고 한 것이 바로 이것인 듯하다. 그 지역은 즉 초나라의 북쪽 경계이다.[鄧林卽桃林也, 鄧·桃音相近. ……蓋卽中山經所云'夸父之山, 北有桃林.'矣. 其地則楚之北境也.]"라고 했다.

다. 이때 그는 몹시 목이 말라 참을 수 없자, 곧장 몸을 구부려 단숨에 황하와 위수를 모두 마셔버렸다. 그래도 부족하여 다시 북쪽의 대택으로 달려갔다. 그러나 불행히도 목적지에 다다르기도 전에, 과보는 곧 목이 말라 땅에 쓰러져 죽었다. 죽을 때 그는 지팡이를 던졌는데, 그 지팡이가 떨어진 곳에 한 떼기의 도림(桃林)이 생겨났으며, 신선한 복숭아가 나뭇가지에 주렁주렁 가득 열렸다. 도림은 등림(鄧林)이라고도 부르는데, 전하는 바에 따르면 초(楚)나라의 북쪽 경계에 있다고 한다.

해[日]를 뒤쫓은 과보 말고도, 『산해경』에는 또 과보국[夸父國 : 즉 박보국(博父國), 「해외북경(海外北經)」을 보라]이 나오는데, 이는 거인국이다. 그리고 이 밖에 과보는 또 경문 중에 나오는 원숭이를 닮은 괴조(怪鳥)·괴수(怪獸)를 가리키기도 한다. 예를 들면 「북차이경(北次二經)」의 양거산(梁渠山)에 있는 효조(囂鳥)는, 그 생김새가 과보와 비슷하고, 「서차삼경(西次三經)」의 숭오산(崇吾山)에 있는 거보(擧父)는, 또한 과보라고도 부른다.

과보축일은 중국인들의 불굴의 정신을 표현한 것인데, 도잠(陶潛)은 그의 시 「독산해경(讀山海經)」(제9편)에서 다음과 같이 읊었다. "과보는 웅혼한 뜻을 품고는, 이에 태양과 경주를 했다네. 함께 우연(虞淵) 아래까지 이르도록, 승부는 나지 않을 것 같았다네. 신령한 힘이 절묘함을 이미 다했으니, 황하의 물을 다 마신들 어찌 족하겠는가. 남은 자취를 등림에다 기탁하니, 그의 공은 마침내 죽은 후에 남았도다.[夸父誕宏志, 乃與日競走. 俱至虞淵下, 似若無勝負. 神力既殊妙, 傾河焉足有. 餘迹寄鄧林, 功竟在身後.]"

곽박(郭璞)의 『산해경도찬(山海經圖讚)』: "신기하도다 과보, 이치로는 따지기가 어렵구나. 황하의 물을 다 마시도록 해를 뒤쫓고는, 그 모습 등림에 숨어버렸네. 일에 맞닥뜨려 죽게 된 것은, 상심(常心)이 없어서이리.[神哉夸父, 難以理尋. 傾河逐日, 遯形鄧林. 觸類而化[13], 應無常心.]"

[그림 1-장응호회도본(蔣應鎬繪圖本)]·[그림 2-성혹인회도본(成或因繪圖本)]

---

13) 여기에서 '化'는 '죽다'는 의미이다.

[그림 1] 과보축일 명(明)·장응호회도본

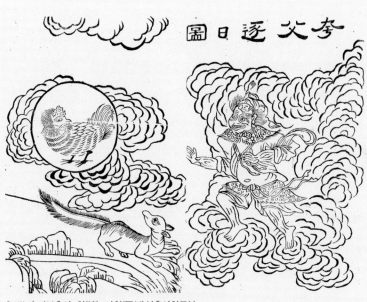

[그림 2] 과보축일 청(淸)·사천(四川)성혹인회도본

|권8-10| 과보국(夸父國)

【경문(經文)】

「해외북경(海外北經)」: 과보국(夸父國)이 섭이(聶耳)의 동쪽에 있는데, 그곳 사람들은 몸집이 크고, 오른손에는 청사(靑蛇) 쥐고 있으며, 왼손에는 황사(黃蛇)를 쥐고 있다. 등림(鄧林)이 그 동쪽에 있는데, 두 그루의 나무가 있다. 일명 박보(博父)라고도 한다.

[夸[14]父國在聶耳東, 其爲人大, 右手操靑蛇, 左手操黃蛇. 鄧林在其東, 二樹木[15]. 一曰博父.]

【해설(解說)】

과보(夸父)는 바로 박보(博父)이며, 또한 대인(大人) 혹은 풍인(豐人 : 학의행 주석)이라고도 하니, 과보국(夸父國)은 곧 박보국(博父國)이다. 전설에 따르면 과보는 염제(炎帝)의 후예로, 염제와 황제(黃帝)가 전쟁할 때, 황제의 신룡(神龍)인 응룡(應龍)한테 죽임을 당했으며[「대황동경(大荒東經)」에서는 "응룡이 치우(蚩尤)와 과보를 죽였다(應龍殺蚩尤與夸父)"라고 했고, 또 「대황북경(大荒北經)」에서는 "응룡이 치우를 죽이고 나서 또 과보를 죽였다(應龍已殺蚩尤, 又殺夸父)"라고 한 것을 보라], 과보의 후예가 나라를 세웠는데, 그것이 바로 과보국이라고 한다. 과보국은 거인국으로, 그 나라 사람들은 생김새가 해를 뒤쫓은 과보와 차이가 많지 않은데, 오른손에는 청사(靑蛇)를 쥐고 있고, 왼손에는 황사(黃蛇)를 쥐고 있다. 이로부터, 해를 뒤쫓은 과보는 이 거인족의 일원이라는 것을 상상할 수 있다. 과보가 해를 뒤쫓을 때, 그의 지팡이가 변하여 생긴 등림(鄧林)은 바로 과보국의 동쪽 가장자리에 있으며, 비할 데 없이 넓고 광활한데, 두 그루의 나무가 숲을 이룰 수 있다.

---

14) 원래의 경문에는 '博'자로 되어 있는데, 원가(袁珂)는 다음과 같이 주석했다. 즉 "박보국(博父國)은 마땅히 과보국(夸父國)이고, 이곳의 박보(博父) 또한 마땅히 과보(夸父)라고 써야 한다. 『회남자(淮南子)·지형편(墬形篇)』에 이르기를, '과보와 탐이(耽耳)가 그 북쪽에 있다.'라고 했는데, 즉 이것을 일컫는 것이다. 아래 문장에서 '일명 박보라고도 한다.'라고 했는데, 박보는 이미 나왔기에, 이곳에서 더 이상 박보라고 쓰면 안 된다. 그렇지 않으면 아래 문장에서 마땅히 '일명 과보라고 한다.'라고 해야 하며, 두 곳 중 반드시 한 곳에만 있어야 한다고 했다.[博父國即夸父國, 此處博父亦當作夸父, 淮南子墬形篇云 : '夸父耽耳在其北.' 即謂是也. 下文既有 '一曰博父', 則此處不當復作博父亦已明矣; 否則下文當作 '一曰夸父', 二者必居其一也.]" 이 책의 저자도 원래 경문의 '博父'를 '夸父'로 고쳐 썼다.

15) 학의행(郝懿行)은 주석하기를, "'二樹木'은 등림이 두 그루의 나무로 이루어져 있음을 일컫는 것으로, 그 나무가 거대하다는 것을 말한 것이다.[二樹木, 蓋謂鄧林二樹而成林, 言其大也.]"라고 했다.

[그림 1-장응호회도본(蔣應鎬繪圖本)]·[그림 2-성혹인회도본(成或因繪圖本)]·[그림 3-『변예전(邊裔典)』, 박보국]

[그림 1] 과보국 명(明)·장응호회도본

[그림 2] 과보국 청(淸)·사천(四川)성혹인회도본

[그림 3] 박보국 청(淸)·『변예전』

博父國

|권8-11| 구영국(拘纓國)

【경문(經文)】

「해외북경(海外北經)」: 구영국(拘纓國)이 그 동쪽에 있는데, (그곳 사람들은-역자) 한 손으로 혹을 잡고 있다. 일명 이영국(利纓國)이라고도 한다.

[拘纓之國在其東, 一手把纓. 一曰利纓之國.]

【해설(解說)】

　구영(拘纓)은 즉 구영(拘癭)으로, 『회남자(淮南子)·지형편(墬形篇)』에 구영민(句嬰民)[16]이 나온다. 곽박(郭璞)은 주석에서 말하기를, 구영(拘纓)이라고 한 것은 그곳 사람들이 항상 한 손으로 갓끈[冠纓]을 잡고 있기 때문이라고 했다. 그는 또한 '纓'은 마땅히 '癭'이라고 써야 한다고 했다. '癭'은 일종의 혹으로, 대부분은 목덜미에 생기며, 큰 것은 조롱박이 매달린 것 같아, 행동하는 데 방해가 되기 때문에, 그것을 손으로 잡고 있어야 한다. 구영국(拘癭國)이라는 이름은 이 때문에 붙여진 것이라고 했다[원가(袁珂)의 주석].

　[그림-『변예전(邊裔典)』]

[그림] 구영국 청(淸)·『변예전』

---

16) 저자주 : 고유(高誘)는 주석하기를, '句嬰'은 '九嬰'으로 읽으며, 북방의 나라라고 했다.

|권8-12| 기종국(跂踵國)

【경문(經文)】

「해외북경(海外北經)」: 기종국(跂踵國)이 구영(拘纓)의 동쪽에 있는데, 그곳 사람들은 몸집이 크고 두 발도 역시 크다. 일명 대종(大踵)이라고도 한다.

[跂踵國在拘纓東, 其爲人大, 兩足亦大. 一曰大踵[17].]

【해설(解說)】

기종(跂踵)은 즉 지종(支踵)·반종(反踵)이다. 기종국(跂踵國)은 『회남자(淮南子)』에 기록되어 있는 해외 36국 중 하나로, 그 백성들을 기종민(跂踵民)이라고 한다. 그 나라 사람들은 발가락으로 걸으며, 걸을 때 발꿈치가 땅에 닿지 않기 때문에 기종(跂踵)·지종(支踵)이라고 부른다. 또 그들은 발이 거꾸로 달려 있어, 만약 남쪽으로 걸으면 발자국은 거꾸로 북쪽을 향해 나기 때문에, 또한 반종(反踵)이라고도 부른다. 곽박(郭璞)은 말하기를, "그 나라 사람들은 걸을 때 발꿈치가 땅에 닿지 않는다.[其人行, 脚跟不着地也.]"라고 했다. 『회남자(淮南子)』에도 기종민이 나오는데, 고유(高誘)는 주석하기를, "기종민은 발꿈치를 땅에 대지 않고, 다섯 발가락으로 걷는다.[跂踵民, 踵不至地, 以五指(趾)行也.]"라고 했다. 원가는 주장하기를, 『문선(文選)』에 수록된 왕원장(王元長)[18]의 「곡수시서(曲水詩序)」 주(注)에서 고유의 주석을 인용하여, '반종은 나라 이름이다. 그 나라 사람들은 남쪽으로 걸으면 발자국이 북쪽을 향해 난다.'라고 했는데, 이것과 의

---

17) 경문의 "其爲人大, 兩足亦大. 一曰大踵."에 대해, 원가(袁珂)는 주석하기를, "즉 경문의 '其爲人大'의 '大'자는 연문(衍文 : 불필요한 것을 잘못 넣은 글—역자)인 것 같다. 그리고 '兩足皆大'라고 하면 '跂踵[발돋움하다]'이라는 의미로 해석하는 데 저촉된다. 아마도 '大'는 마땅히 '支'로 써야 하며, '大'와 '支'의 형태가 비슷하여 잘못 쓴 것 같다. '兩足皆支[두 발 모두 곧추세우다]'라고 해야 '발돋움하다'로 해석되기 때문이다. 즉 이 경문은 '其爲人兩足皆支'로 써야 한다.[……則經文'其爲人大'之大字蓋衍文也. 然'兩足皆大', 於釋'跂踵'義猶扞格. 疑大當作支, 大·支形近而訛. '兩足皆支', 正所以釋'跂踵'也; 則此處經文實當作'其爲人兩足皆支'.]"라고 했다. 학의행은 주석하기를, "'大踵'은 '支踵' 혹은 '反踵'이라고 해야 하는데, 글자가 잘못된 것 같다.[大踵疑當爲支踵或反踵, 竝字形之訛.]"라고 했다. 또 원가는 "'反踵'이라고 해야 옳다. 나라 이름을 이미 '跂踵'이라고 했으므로, 다시 또 '支踵'이라 하면 안 된다. 그리고 '大踵'이라 하는 것은 말이 되지 않는다. 그러므로 '反踵'이라고 해야 타당하다.[作'反踵'是也. 國名既爲'跂踵', 則不當復作'支踵', 而作'大踵'乃未聞成說, 故實祇宜作'反踵'.]"라고 했다. 원가의 주장에 근거하면, "其爲人兩足皆支. 一曰反踵.[그 사람들은 두 발 모두 곧추세운다. 혹은 반종(反踵)이라고도 한다.]"이 된다. '支'자와 '跂'자는 서로 통한다고 볼 수 있다.

18) 본명은 왕융(王融, 467~493년)이며, 자(字)가 원장(元長)이다. 남조 시기 제(齊)나라의 문인이다.

미가 다르다.[然『文選』王元長「曲水詩序」注引高注則作'反踵, 國名, 其人南行, 迹北向也.' 與此異義.]"라고 했다.

　　곽박의『산해경도찬(山海經圖讚)』: "그 모습은 비록 몸집이 크지만, 그 발은 발돋움하고 다닌다네. 껑충껑충 뛰어다녀도, 발꿈치가 땅에 닿지 않는다네. 덕에 감응하여 와서, 변방의 이민족들이 의를 따라 귀부했다네.[厥形雖('誰'라고 된 것도 있음)大, 斯脚則企. 跳步雀踊, 踵不闚地. 應德而臻, 款塞歸義.]"

　　원래의 경문에는 "其爲人大, 兩足亦大. 一曰大踵.[그 사람들은 키가 크고, 두 발도 역시 크다. 일명 대종이라고도 한다.]"라고 되어 있다. 그러나 원가가 학의행의 주장에 근거하여 교정했다. 장응호회도본(蔣應鎬繪圖本)의 기종국 그림은 원래의 경문인 "그 사람들은 키가 크고, 두 발도 역시 크다."라는 말에 근거하여 그린 것이 분명하지만, '기종(跂踵 : 발돋움함)'의 특징은 보이지 않는다. 곽박은『산해경도찬』에서 또한 말하기를, "그 모습은 비록 몸집이 크지만[厥形雖大]"이라고 했는데, 전체적인 문장을 따져봤을 때 '발돋움하다'라는 의미와 부합하지 않는 듯하다. 왕불도본(汪紱圖本)의 기종국 그림은 발가락으로 걷고, 발뒤꿈치가 땅에 닿지 않는 기종민의 특징이 뚜렷하다.

　　[그림 1-장응호회도본(蔣應鎬繪圖本)]·[그림 2-성혹인회도본(成或因繪圖本)]·[그림 3-왕불도본(汪紱圖本)]

[그림 1] 기종국 명(明)·장응호회도본

[그림 2] 기종국 청(淸)·사천(四川)성혹인회도본

跂踵國

[그림 3] 기종국 청(淸)·왕불도본

|권8-13| 구사국(歐絲國)

【경문(經文)】

「해외북경(海外北經)」：구사야(歐絲野：구사의 들판-역자)가 대종(大踵)의 동쪽에 있는데, 한 여인이 무릎을 꿇고 앉아 나무에 기대어 실을 토해낸다.

[歐絲之野在大踵東, 一女子跪據樹歐絲.]

【해설(解說)】

북해(北海) 밖 구사야(歐絲野)에 한 여인이 뽕나무 앞에서 무릎을 꿇고 앉아 실을 토해낸다. 실을 토해내는 여인의 생동적인 그 고사는 뒷날 유명한 마두낭(馬頭娘) 전설[진(晉)나라 간보(干寶)[19]의 『수신기(搜神記)』를 보라]의 원형이 되었다.

[그림 1-성혹인회도본(成或因繪圖本)]·[그림 2-『변예전(邊裔典)』]

[그림 1] 구사국 청(淸)·사천(四川)성혹인회도본   [그림 2] 구사국 청(淸)·『변예전』

---

19) 간보(干寶 : ?~336년)는 동진(東晉)의 문인(文人)이자 사학가(史學家)로, 자는 영승(令升)이며, 본적은 하남(河南) 신채(新蔡)이다. 그가 지은 단편소설집 『수신기(搜神記)』는 중국 소설사에 매우 깊은 영향을 끼쳤으며, 그는 중국 소설의 비조로 일컬어진다.

|권8-14| 도도(騊駼)

【경문(經文)】

「해외북경(海外北經)」 : 북해(北海) 안에 어떤 짐승이 있는데, 그 생김새가 말과 비슷하고, 이름은 도도(騊駼)[20]라 한다. ······.

[北海內有獸, 其狀如馬, 名曰騊駼. 有獸焉, 其名曰駮, 狀如白馬, 鋸牙, 食虎豹. 有素獸焉, 狀如馬, 名曰蛩蛩. 有靑獸焉, 狀如虎, 名曰羅羅.]

【해설(解說)】

도도(騊駼 : '陶塗'라고 발음)는 북방의 우량한 말[良馬]·상서로운 말[瑞馬]·명마(名馬)로, 잘 달리며, 상서로움의 상징이다. 『수경(獸經)』에서는, 말 중에 뛰어난 것을 도도라 한다고 했다. 『자림(字林)』에서는, 도도는 북적(北狄 : 북쪽 오랑캐-역자)의 우량한 말인데, 일명 야마(野馬 : 야생마-역자)라고도 한다고 했다. 『사기(史記)』에서는, 흉노(匈奴)의 기이한 가축을 도도라 한다고 했다. 『서응도(瑞應圖)』에는, 모습을 드러내지 않고 숨어 있던 짐승이, 현명한 군주가 재위에 오르자 나타났다고 기록되어 있다. 『목천자전(穆天子傳)』에서는, 야마는 오백 리를 달릴 수 있다고 했고, 『이아익(爾雅翼)·석수(釋獸)』에는, 도도는 말[馬]이라고 기록되어 있다. 『산해경』에서는, 북해(北海) 안에 어떤 짐승이 있는데, 말처럼 생겼다. 도도는 짐승들 중에 잘 달리는 것으로, 말처럼 생겼을 뿐만 아니라, 또한 잘 달린다. 그래서 말들 가운데 뛰어난 것을 도도라고 이름 붙였다고 했다.

곽박(郭璞)의 『산해경도찬(山海經圖讚)』 : "도도는 야생의 준마로, 북방에서 난다네. 서로 목을 맞댄 채 비벼대고, 등을 마주한 채 땅을 박차고 오르는구나. 비록 손양(孫陽)[21]이 있었다 해도, 끝내 굴복하지 않았으리.[騊駼野駿, 産自北域. 交頸相摩, 分背翹陸. 雖有孫陽, 終不在('能'이라고 된 것도 있음)服.]"

[그림 1-장응호회도본(蔣應鎬繪圖本)]·[그림 2-성혹인회도본(成或因繪圖本)]

---

20) 원가(袁珂)는 주석에서, "도도는 야생마에 속한다.[騊駼者, 野馬之屬也.]"라고 했다.

21) 손양(孫陽, 대략 기원전 680~기원전 610년)은 주(周)나라[춘추 중기 고(郜)나라(지금의 산동성 성무현(成武縣)] 사람이다. 백락(伯樂)이란, 원래 전설에 나오는 천마(天馬)를 주관하는 별자리인데, 손양이 명마를 알아보는 안목이 매우 뛰어났기 때문에 백락이라고 불렸다. 그는 자신의 경험을 종합하여 중국 역사상 최초의 상마학(相馬學) 저서인 『백락상마경(伯樂相馬經)』을 지었다.

[그림 1] 도도 명(明)·장응호회도본

[그림 2] 도도 청(淸)·사천(四川)성혹인회도본

| 권8-15 | 나라(羅羅)

【경문(經文)】

「해외북경(海外北經)」: 북해(北海) 안에, ……푸른 짐승이 있는데, 호랑이처럼 생겼고, 이름은 나라(羅羅)[22]라고 한다.

[北海內有獸, 其狀如馬, 名曰騊駼. 有獸焉, 其名曰駮, 狀如白馬, 鋸牙, 食虎豹. 有素獸焉, 狀如馬, 名曰蛩蛩. 有靑獸焉, 狀如虎, 名曰羅羅.]

【해설(解說)】

나라(羅羅)는 호랑이처럼 생긴 짐승으로, 옛날에는 청호(靑虎)를 나라라고 불렀다. 지금 운남(雲南)의 이족(彝族)[23]은 호랑이를 나라라고 부르는데, 나라는 현재 이족의 30여 개 계열 부족들 중 주요 부족으로, 호랑이의 후예·호인(虎人)이라는 의미이며, 호랑이를 신앙하는 이족은 스스로를 나라인(羅羅人)이라고 부른다.

[그림 1-장응호회도본(蔣應鎬繪圖本)]·[그림 2-성혹인회도본(成或因繪圖本)]·[그림 3-『금충전(禽蟲典)』]

[그림 1] 나라 명(明)·장응호회도본

---

22) 오임신(吳任臣)은, "『병아(騈雅)』에서는, '청호(靑虎)를 나라(羅羅)라 한다.'라고 했다. 지금 운남(雲南)의 만인(蠻人)들은 호랑이를 또한 나라라고 부르는데, 『천중기(天中記)』에 보인다.[騈雅曰, '靑虎謂之羅羅.' 今雲南蠻人呼虎亦爲羅羅, 見『天中記』.]"라고 주석했다.

23) 이족(彝族)은 중국의 수많은 소수민족들 가운데 유구한 역사와 오래된 문화를 가진 민족들 중 하나로, 낙소(諾蘇)·납소(納蘇)·나무(羅武)·미살발(米撒潑)·살니(撒尼)·아서(阿西) 등의 여러 가지 이름으로 불린다. 주로 운남(雲南)·사천(四川)·귀주(貴州) 등 3성(省)과 광서(廣西) 장족(壯族)자치구의 북서쪽에 분포되어 있다.

[그림 2] 나라 청(淸)·사천(四川)성혹인회도본

[그림 3] 나라 청(淸)·『금충전』

| 권8-16 | 우강(禺彊)

【경문(經文)】

「해외북경(海外北經)」: 북방(北方)의 우강(禺彊)은 사람의 얼굴에 새의 몸을 하고 있는데, 두 마리의 청사(靑蛇)로 귀걸이를 하고 있고, 두 마리의 청사를 밟고 있다. [北方禺彊, 人面鳥身, 珥兩靑蛇. 踐兩靑蛇.]

【해설(解說)】

우강[禺彊('强'으로 발음)]은 즉 우강(禺强)·우경(禺京)으로, 북해(北海)의 해신(海神)이며, 동해(東海)의 해신인 우호(禺䝞)의 아들이다. 「대황동경(大荒東經)」에서는, "황제(黃帝)가 우호를 낳고, 우호가 우경을 낳았다. 우경은 북해에 거처하고, 우호는 동해에 거처하는데, 이들은 해신이다.[黃帝生禺䝞, 禺䝞生禺京, 禺京處北海, 是爲海神.]"라고 했다. 「대황북경(大荒北經)」에서는 또한 "어떤 신이, 사람의 얼굴에 새의 몸을 하고 있는데, 두 마리의 청사(靑蛇)로 귀걸이를 하고서, 두 마리의 적사(赤蛇)를 밟고 있으며, 이름은 우강이라 한다.[有神, 人面鳥身, 珥兩靑蛇, 踐兩赤蛇, 名曰禺彊.]"라고 했다.

우강의 자(字)는 현명(玄冥)이며, 전욱(顓頊)의 보좌관이자, 또한 북쪽의 신·겨울을 관장하는 신이다. 장사(長沙) 자탄고(子彈庫)에서 출토된 초(楚)나라 백서(帛書)인 십이월신도(十二月神圖) 가운데 겨울을 관장하는 신인 현명의 형상이 있다[그림 1]. 북해의 해신으로서, 우강의 형상의 특징은, 사람의 얼굴에 새의 몸을 하고 있으며, 뱀으로 귀걸이를 하고서, 뱀을 밟고 있으며, 두 마리의 용에 타고 있다. 우강은 동시에 또한 북풍(北風)의 풍신(風神)이기도 한데, 그 형상은 사람의 얼굴에 물고기의 몸을 하고 있으며[원가(袁珂)의 주석을 보라], 우리가 옛 기물들의 무늬 장식에서 볼 수 있는 새와 물고기의 합체 형상이 바로 북해의 해신과 북풍의 풍신이라는 신직(神職)을 담당하는 우강이다[그림 2]. 청대(淸代)의 소운종(蕭雲從)도 해신 우강('현명'이라 함)과 풍신 우강[백강(伯强)이라 함]을 각각 한 폭씩 그림으로 그렸다[그림 3]. 우강의 신직은, 사실은 해신이지만 풍신을 겸했다. 지금 『산해경』에서 보이는 우강은 북해의 해신으로, 사람의 얼굴에 새의 몸을 하고 있으며, 두 귀에 두 마리의 청사로 귀걸이를 하고 있고, 두 발로 두 마리의 청사[일설에는 적사(赤蛇)라 함]를 밟고 있으며, 두 마리의 용을 타고 있다. 그리고 장응호회도본(蔣應鎬繪圖本)의 우강 그림에 나오는 우강은, 바로 사람의 얼굴에 새의 몸을 하고 있으며, 날개가 달려 있는데, 두 귀는 두 마리의 뱀으로 꿰뚫었고, 두 발(손 모양으로 그렸음)에는 각각 한 마리씩의 뱀들이 휘감고 있으며, 마치 사람처럼 두 마리의 용 위에 단정하게 앉아, 바다와 하늘 사이를 날아다니는 모습을 하고 있다. 왕불도본(汪紱圖本)에 나오는 북방의 우강도, 사람의 얼굴에 새의 몸을 하고 있고, 새의 발과 한 쌍의 날개가 달려 있으며, 두 귀를 두 마리의 뱀이 꿰뚫고 있고, 두 발로는 똬리를 틀고 있는 두 마리의 뱀을 밟고 있다.

곽박(郭璞)은 '북방(北方)의 우강'에 대한 찬문(讚文)을 지었는데, 『산해경도찬(山海經圖讚)』에서 이렇게 읊었다. "우강은 수신(水神)으로, 얼굴색이 시커멓다네. 용을 타고 다니고 뱀을 밟고 있는데, 하늘을 찌를 듯한 기세로 날개를 치는구나. 도를 깨달아 심오하고 현묘하며, 북극에 자리하고 있다네.[禺彊水神, 面色黧黑. 乘龍踐蛇, 凌雲拊翼. 靈一玄冥, 立於北極.]"

[그림 4-장응호회도본(蔣應鎬繪圖本)]·[그림 5-『신이전(神異典)』]·[그림 6-성혹인회도본(成或因繪圖本)]·[그림 7-왕불도본(汪紱圖本)]

[그림 1] 겨울을 관장하는 신(神)인 현명.
초(楚)나라 백서(帛書)인 십이월신도(十二月神圖).

[그림 3] 해신 현명과 풍신 백강.
① 해신 현명. 청(淸)·소운종『이소도(離騷圖)·원유(遠遊)』

[그림 2] 새와 물고기의 합체에, 무사(巫師)의 직능을 겸하는 해신(海神)인 우강.
호북(湖北)에 있는 전국(戰國) 시대 증후을(曾侯乙) 묘의 내관(內棺) 동쪽 벽판의 문양.

[그림 3] 해신 현명과 풍신 백강.
② 풍신 백강. 청(淸)·소운종「천문도(天問圖)」

[그림 4] 우강 명(明)·장응호회도본

海神部彙考二

山海經
禺彊
神圖

[그림 5] 우강신(禺彊神) 청(淸)·『신이전』

[그림 6] 우강 청(淸)·사천(四川)성혹인회도본

[그림 7] 우강 청(淸)·왕불도본

第九卷　海外東經

第九卷

海外東經

제9권 해외동경

|권9-1| 대인국(大人國)

【경문(經文)】

「해외동경(海外東經)」 : 해외(海外)의 남동쪽 귀퉁이부터 북동쪽 귀퉁이까지 이르는 지역이다. ……대인국(大人國)이 그 북쪽에 있는데, 그곳 사람들은 키가 매우 커서, 앉아서 배를 깎아 만든다. 차구(嵯丘)의 북쪽에 있다고도 한다.

[海外自東南陬至東北陬者. ……大人國在其北, 爲人大, 坐而削船. 一曰在嵯丘北.]

【해설(解說)】

대인국(大人國)은 『회남자(淮南子)』에 기록되어 있는 해외 36국 중 하나이다. 『산해경』에 있는 대인국에 관한 기록은, 「해외동경(海外東經)」 외에 「대황동경(大荒東經)」에도 있다. 즉 "파곡산(波谷山)이라는 곳에 대인국이 있다. 대인(大人)들의 저자가 있고, 거기에 대인들의 당(堂)이라는 곳이 있는데, 대인 한 명이 그 위에 쪼그리고 앉아서, 양 어깨를 쭉 펴고 있다.[有波谷山者, 有大人之國. 有大人之市, 名曰大人之堂, 有一大人踆其上, 張其兩臂.]" 또 「대황북경(大荒北經)」에는, "대인이라고 불리는 사람들이 있다. 대인국이 있는데, 성이 이(釐)씨이고, 기장을 먹는다.[有人名曰大人. 有大人之國, 釐姓, 黍食.]"라고 했다. 대인국 사람들은 몸집이 크고 키도 큰데, 『박물지(博物志)·이인(異人)』의 기록에 따르면, 그 사람들은 키가 10장(丈)이나 된다고 한다. 「천문(天問)」에는 "장인(長人)은 어디를 지키는가.[長人何守.]"라는 구절이 있다. 「초혼(招魂)」에는 "장인은 키가 천 길[仞][1]이나 된다.[長人千仞.]"라는 말이 있는 것으로 보아, 그 사람들은 키가 20여 장 정도 되는 것 같다. 『열자(列子)·탕문(湯問)』에는 용백국(龍伯國)의 대인에 대해, "걸음을 몇 발짝 떼지 않아도 오산(五山)이 있는 곳에 이른다.[擧足不盈數步而暨五山之所.]"라고 기록하고 있다. 「해외동경」에는, "대인국은 그 북쪽에 있는데, 그곳 사람들은 키가 매우 커서, 앉은 채 배를 깎아 만든다.[大人國在其北, 爲人大, 坐而削船.]"라고 했다. 이에 대해 학의행(郝懿行)은 주석하기를, "'削船'이란 '배를 다룬다[操舟]'는 것이다.[削船謂操舟也]"라고 했다. 원가(袁珂)는 주석하기를, "'削船'은 각기 자신의 배를 깎고 다듬는 것이다.[削船謂各治其船也.]"라고 했다. 『설문해자(說文解字)』에 따르면, "'削'이란, 칼[刀]을 따르고, 나

---

1) '길[仞]'은 옛날에 길이를 재는 단위로, 대략 8척(尺)이며, 지금의 2미터 정도에 해당한다. '천 길'은 매우 큰 것을 의미한다.

무를 쪼갠다는 뜻이다.[削, 從刀, 訓破木.]"라고 했다. 이로부터 "坐而削船"이란, 나무를 쪼개서 깎고 다듬어 배를 만드는 것으로 이해할 수 있다. 지금 청대(淸代)의 『변예전(邊裔典)』에 나오는 대인국 그림을 보면, 대인 한 사람이 칼을 쥐고 배 옆에 앉아 있는데, 이 대인은 아마도 배를 만들던 공장신(工匠神)의 원시적 형태인 것으로 보인다.

　[그림 1-장응호회도본(蔣應鎬繪圖本), 「대황동경」도(圖)]·[그림 2-왕불도본(汪紱圖本)]·[그림 3-『변예전(邊裔典)』]

[그림 1] 대인국 명(明)·장응호회도본 「대황동경」도

大人國

[그림 2] 대인국 청(淸)·왕불도본

大人國

[그림 3] 대인국 청(淸)·『변예전』

|권9-2| 사비시(奢比尸)

【경문(經文)】

「해외동경(海外東經)」: 사비시[奢比尸 : 사비(奢比)의 시체-역자][2]가 그 북쪽에 있다. 짐승의 몸에, 사람의 얼굴을 하고 있고, 큰 귀가 있으며, 청사(靑蛇) 두 마리를 귀에 걸고 있다. 간유시(肝楡尸 : 간유의 시체-역자)라고도 한다. 대인국(大人國)의 북쪽에 있다.

[奢比之尸在其北, 獸身·人面·大耳, 珥兩靑蛇[3]. 一曰肝楡之尸. 在大人北.]

【해설(解說)】

사비시(奢比尸)는 즉 간유(肝楡)의 시체이다. 천신(天神)인 사비시의 모습은 매우 괴상하여, 사람의 얼굴에 짐승의 몸을 가졌으며, 큰 귀가 있는데, 두 귀에는 각각 청사(靑蛇) 한 마리씩을 꿰고 있다. 사비시는 또한 「대황동경(大荒東經)」에도 보이는데, "어떤 신이, 사람의 얼굴에 큰 귀와 짐승의 몸을 하고 있으며, 청사 두 마리를 귀에 걸고 있다. 이름은 사비시라 한다.[有神, 人面·大耳·獸身, 珥兩靑蛇, 名曰奢比尸.]"라고 했다.

시체의 형상은 『산해경』에 보이는 매우 특수한 신화적 현상으로, 어떤 신이 여러 가지 다른 원인으로 죽임을 당하더라도, 그 영혼은 죽지 않고 '시체'의 형태로 계속 활동하는 것을 가리킨다. 청대(淸代)의 학자인 진봉형(陳逢衡)[4]이 『산해경휘설(山海經彙說)』이라는 책에서 통계를 냈는데, 『산해경』에 기록되어 있는 시체의 형상들은 "모두 열두 번 보인다.[凡十二見]"라고 했다. 이 중에서 중요한 시체의 형상은, 모두 각종 판본의 산해경도(山海經圖)들에서 그 그림을 찾아볼 수 있다.

[그림 1-사비시, 명(明)나라 초에 발행한 『영락대전(永樂大典)』 권910에서 취함]·[그림 2-장응호회도본(蔣應鎬繪圖本)]·[그림 3-장응호회도본(蔣應鎬繪圖本), 「대황동경(大荒東經)」도(圖)]·[그림 4-호문환도본(胡文煥圖本), 사시(奢尸)라 함]·[그림 5-일본도본(日

---

2) 곽박(郭璞)은 "역시 신의 이름이다.[亦神名也.]"라고 했다.

3) 곽박(郭璞)은 주석하기를, "'珥[귀고리 이]'는 뱀으로 귀를 뚫은 것이다. '釣餌'의 '餌'로 발음한다.[珥, 以蛇貫耳也, 音釣餌之餌.]"라고 했고, 원가(袁珂)의 주석에서는, "곽박의 주석에서 '以蛇貫耳[뱀으로 귀를 뚫은 것이다]'라고 한 것은, 귀를 뚫어 장식한 것인 듯하다.[郭注'以蛇貫耳', 蓋貫耳以爲飾也.]"라고 했다.

4) 진봉형(陳逢衡, 1778~1855년)은, 자가 이장(履長)·목당(穆堂)이며, 강소(江蘇)의 강도(江都) 사람이다. 저서로는 『독소루시(讀騷樓詩)』 2권·『죽서기년집증(竹書紀年集證)』 50권·『박물지고증(博物志考證)』 등 다수가 있다.

本圖本), 사시라 함]·[그림 6-오임신근문당도본(吳任臣近文堂圖本)·[그림 7-왕불도본(汪
紱圖本)]

[그림 1] 사비시 명나라 초기의 『영락대전』 권910.

[그림 2] 사비시 명(明)·장응호회도본

奢尸

[그림 3] 사비시 명(明)·장응호회도본 「대황동경」도.　　　　[그림 4] 사시(奢尸) 명(明)·호문환도본

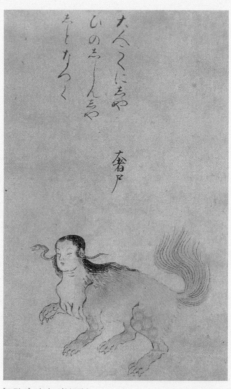

[그림 5] 사시 일본도본

奢比獸身人面大
比耳珥兩靑蛇

[그림 6] 사비시 청(淸)·오임신근문당도본

奢比尸

[그림 7] 사비시 청(淸)·왕불도본

| 권9-3 | 군자국(君子國)

【경문(經文)】

「해외동경(海外東經)」: 군자국(君子國)이 그 북쪽에 있는데, 의관을 갖춘 채, 검을 차고 다니며, 짐승을 잡아먹고, 두 마리의 무늬가 있는 호랑이를 옆에 거느리며, 양보하기를 좋아하여 다투지 않는다. 훈화초(薰華草)[5]라는 풀이 있는데, 아침에 살아났다가 저녁에 죽는다. 일설에는 간유시(肝楡尸)의 북쪽에 있다고도 한다.

[君子國在其北, 衣冠帶劍, 食獸, 使二大虎[6]在旁, 其人好讓不爭. 有薰華草, 朝生夕死. 一日在肝楡之尸北.]

【해설(解說)】

군자국(君子國)은 『회남자』에 기록되어 있는 해외 36국 중 하나이다. 「대황동경(大荒東經)」에서는, "동쪽 어귀에 어떤 산이 있으며, 그곳에 군자국이 있는데, 그곳 사람들은 의관을 갖춘 채 검을 차고 다닌다.[有東口之山, 有君子之國, 其人衣冠帶劍.]"라고 했다. 또 『박물지(博物志)·외국(外國)』에는, "군자국 사람들은 의관을 갖춘 채 검을 차고 다니며, 두 마리의 호랑이를 부리고, 백성들은 들에서 나오는 실로 옷을 만들어 입으며, 예(禮)를 지켜 양보하기를 좋아하여 다투지 않는다. 영토는 천 리(里)에 이르고, 훈화초(薰華草)가 많이 난다. 백성들이 풍기(風氣)[7] 많이 앓기 때문에, 사람이 잘 번식하지 못한다. 겸손하여 양보하기를 좋아하기 때문에 군자국이라 한다.[君子國人, 衣冠帶劍, 使兩虎, 民衣野絲, 好禮讓不爭. 土千里, 多薰華之草. 民多疾風氣, 故人不蕃息. 好讓, 故爲君子國.]"라고 기록되어 있다.

곽박(郭璞)의 『산해경도찬(山海經圖讚)』: "동방(東方)은 기운이 어질어, 나라에 군자가 많다네. 훈화초는 이들이 먹는 것이고, 무늬 있는 호랑이는 이들이 부린다네. 본디 예(禮)를 지켜 양보하기를 좋아하니, 예로써 이치를 논한다네.[東方氣仁, 國有君子: 薰華

---

5) 근화(槿花)라고도 하며, 즉 무궁화를 가리킨다.

6) 경문의 '大虎'에 대해 학의행(郝懿行)은 주석하기를, "『후한서(後漢書)·동이전(東夷傳)』의 주에서 이 경문을 인용하여, '大虎'를 '文虎'로 썼고, 고유(高誘)는 『회남자(淮南子)·지형훈(墜形訓)』을 주석하면서 또한 '文虎'라고 썼다. 지금 이 판본에서 '大'로 썼는데, 글자의 모양이 잘못된 것이다.[『後漢書·東夷傳』注引此經大虎作文虎, 高誘注『淮南子·墜形訓』亦作文虎, 今此本作大, 字形之訛也.]"라고 했다.

7) 풍사(風邪)를 받아 생기는 병을 통틀어 이르는 말이다.

是食, 雕虎是使. 雅好禮讓, 禮委論理.]"

[그림 1-성혹인회도본(成或因繪圖本)]·[그림 2-왕불도본(汪紱圖本)]·[그림 3-『변예전
(邊裔典)』]

[그림 1] 군자국 청(淸)·사천(四川)성혹인회도본

君子國

[그림 2] 군자국 청(淸)·왕불도본

君子國

[그림 3] 군자국 청(淸)·『변예전』

古 本 山 海 經 圖 說 (下)

|권9-4| 천오(天吳)

【경문(經文)】

「해외동경(海外東經)」: 홍홍(䖶䖶)이 그 북쪽에 있는데, 각각 두 개의 머리를 가지고 있다. 일설에는 군자국(君子國)의 북쪽에 있다고도 한다. 조양곡(朝陽谷)의 신을 천호(天昊)라고 하는데, 그가 바로 수백(水伯)이다. 홍홍 북쪽의 두 강 사이에 있다. 그 생김새는, 여덟 개의 머리에 사람의 얼굴을 하고 있고, 여덟 개의 발과 여덟 개의 꼬리를 가지고 있으며, 등은 청황색이다.

[䖶[8]䖶在其北, 各有兩首. 一曰在君子國北. 朝陽之谷, 神曰天昊, 是爲水伯. 在䖶䖶北兩水間. 其爲獸也, 八首人面, 八足八尾, 背靑黃[9].]

【해설(解說)】

천오(天昊)는 수신(水神)으로, 조양(朝陽)의 골짜기에서 사는데, 쌍두홍(雙頭虹)의 북쪽 두 강 사이에 있다. 천오는 사람의 얼굴을 한 호랑이로, 여덟 개의 머리에 사람의 얼굴을 하고 있으며, 여덟 개의 발과 여덟 개의 꼬리(어떤 것은 꼬리가 열 개라고 되어 있음)가 있고, 털의 색깔은 푸른색 속에 누런색이 섞여 있다. 천오는 또한 「대황동경(大荒東經)」에도 보이는데, "하주(夏州)라는 나라가 있고, 개여(蓋餘)라는 나라가 있다. 그곳에 어떤 신인(神人)이 있는데, 여덟 개의 머리에 사람의 얼굴을 하고 있고, 호랑이의 몸에 열 개의 꼬리가 달려 있으며, 이름은 천오라 한다.[有夏州之國. 有蓋餘之國. 有神人, 八首人面, 虎身十尾, 名曰天吳.]"라고 했다. 호문환도설(胡文煥圖說)에서는, "조양의 골짜기에 어떤 신이 있는데, 천오라 부르며, 그가 바로 수백(水伯)이다. 호랑이의 몸에 사람의 얼굴을 하고 있으며, 여덟 개의 머리·여덟 개의 발·여덟 개의 꼬리가 있으며, 청황색

---

8) '䖶'은 '虹'의 다른 글자이다.

9) 경문의 "背靑黃"은 원래 "皆靑黃"으로 되어 있는데, 이에 대해 원가(袁珂)는 주석하기를, "「대황동경(大荒東經)」에서는, '어떤 신인(神人)은 여덟 개의 머리에 사람의 얼굴을 하고 있으며, 호랑이의 몸에 꼬리가 열 개이다.'라고 했다. '皆靑黃[모두 청황색이다.]'은 하작교본(何焯校本)·황비열주숙도교본(黃丕烈周叔弢校本)에서 모두 '背靑黃[등은 청황색이다.]'이라 했다. '背靑黃'이라고 쓰는 것이 옳다.[大荒東經云, '有神人八首人面, 虎身十尾.' '皆靑黃', 何焯校本·黃丕烈周叔弢校本竝作'背靑黃', 文選謝靈運遊赤石進帆海注引此經亦作'背靑黃'. 作'背靑黃'是也.]"라고 했다. 이 책의 저자는 '背靑黃'이라 쓰고는, "원래 '皆'라고 되어 있는데, 원가·하작 등 여러 사람의 교정을 따라 '背'로 고쳤다."라고 했다. 이 번역서에서는 이를 따라 해석했다.

이다.[朝陽谷有神, 日天吳, 是爲水伯. 虎身人面, 八首·八足·八尾, 靑黃色.]"라고 했다. 산동(山東)의 무씨사(武氏祠)에 있는 화상석(畫像石)에는 사람의 얼굴에 머리가 여덟 개이고, 호랑이의 몸을 가진 신이 있는데, 이것이 수신인 천오인 것 같다[그림 1].

　　곽박(郭璞)의 『산해경도찬(山海經圖讚)』: "위풍당당하게 주시하고 있는 수백은, 골짜기의 신이라고 부른다네. 여덟 개의 머리에 열 개의 꼬리를 가졌고, 사람의 얼굴에 호랑이의 몸을 하고 있다네. 용이 두 하천에 의지해 웅거하고 있으니, 그 위엄 떨치지 않음이 없네.[耽耽水伯, 號曰谷神. 八頭十尾, 人面虎身. 龍據兩川, 威無不震.]"

　　[그림 2-장응호회도본(蔣應鎬繪圖本)]·[그림 3-호문환도본(胡文煥圖本)]·[그림 4-오임신근문당도본(吳任臣近文堂圖本)]·[그림 5-성혹인회도본(成或因繪圖本)]·[그림 6-왕불도본(汪紱圖本)]

[그림 1] 사람의 얼굴에 여덟 개의 머리와 호랑이의 몸을 한 신.
산동(山東)의 무씨사(武氏祠)에 있는 한(漢)나라 화상석(畫像石).

[그림 2] 천오 명(明)·장응호회도본

[그림 3] 천오 명(明)·호문환도본

古本 山海經 圖說 (下)

[그림 4] 천오 청(淸)·오임신근문당도본

[그림 5] 천오 청(淸)·사천(四川)성혹인회도본

[그림 6] 천오 청(淸)·왕불도본

994

|권9-5| 흑치국(黑齒國)

【경문(經文)】

「해외동경(海外東經)」: 흑치국(黑齒國)이 그 북쪽에 있는데, 그곳 사람들은 까만 이[齒]를 가졌고, 쌀을 먹고 뱀을 잡아먹으며, 한 마리의 적사(赤蛇)와 한 마리의 청사(靑蛇)가 그 옆에 있다. 일설에는 수해(豎亥)의 북쪽에 있으며, 사람들이 검은 머리[首]를 가지고 있고, 쌀을 먹으며 뱀을 부리는데, 그 중 한 마리는 붉은 뱀이라고 한다. 그 아래에 탕곡(湯谷)이 있다.

[黑齒國在其北, 爲人黑齒[10], 食稻啖蛇, 一赤一靑[11], 在其旁. 一曰, 在豎亥北, 爲人黑首, 食稻使蛇, 其一蛇赤. 下有湯谷.]

【해설(解說)】

흑치국(黑齒國)은 『회남자(淮南子)』에 기록되어 있는 해외 36국 중 하나로, 그 백성들을 흑치민(黑齒民)이라고 한다. 고유(高誘)는 주석하기를, 그곳 사람들은 까만 이[齒]를 가지고 있으며, 쌀을 먹고 뱀을 잡아먹는데, 탕곡(湯谷)의 위에 있다고 했다. 흑치민은 제준(帝俊)의 후예인데, 「대황동경(大荒東經)」에 따르면, "흑치국이라는 곳이 있다. 제준이 흑치(黑齒)를 낳았는데, 성(姓)이 강(姜)씨이고, 기장을 먹으며, 네 마리의 새를 부린다.[有黑齒之國. 帝俊生黑齒, 姜姓, 黍食, 使四鳥.]"라고 했다. 『동이전(東夷傳)』에는, 왜국(倭國)의 동쪽 40여 리 되는 곳에 나국(裸國)이 있고, 그 나국의 동남쪽에 흑치국이 있는데, 배를 타고 1년을 가야 도착할 수 있다고 기록되어 있다. 흑치국은 열 개의 태양이 살고 있다는 탕곡 부근에 있는데, 그곳 사람들은 이를 물들이는 것을 좋아하여, 입 안의 이가 온통 검은색이다. 그들은 쌀과 기장을 먹으며, 뱀을 반찬으로 곁들여 먹는다. 적사(赤蛇)와 청사(靑蛇)는 그들의 동반자이다. 『경화연(鏡花緣)』에는 흑치국의 두 여학생에 관한 고사가 기재되어 있는데, 매우 흥미롭다.

곽박(郭璞)의 『산해경도찬(山海經圖讚)』: "탕곡이라는 산에는, 흑치라고 부르는 나

---

10) 학의행(郝懿行)은 주석하기를, "'黑' 뒤에 '齒'자가 빠졌다.[黑下當脫齒字.]"라고 했고, 원가(袁珂)는 "『태평어람(太平御覽)』 권933에서 이 경문을 인용하여, '黑'자 다음에 역시 '齒'자가 있는데, '齒'자가 있는 것이 맞다.[『御覽』九三三引此經黑下亦有齒字, 有齒字是也.]"라고 했다. 이 책에서는 이를 따라 해석했다. 저자주 : 원래는 '齒'자가 없으나, 원가가 학의행을 따라 바로잡아 고쳤다.

11) 곽박은 주석하기를, "一作'一靑蛇'[어떤 책에는 '一靑蛇(한 마리의 청사)'로 되어 있다.]"라고 했다.

라가 있다네.[湯谷之山, 國號黑齒.]"

[그림−왕불도본(汪紱圖本)]

[그림] 흑치국 청(淸)·왕불도본

|권9-6| 우사첩(雨師妾)

【경문(經文)】

「해외동경(海外東經)」: 우사첩(雨師妾)이 그 북쪽에 있는데, 그곳 사람들은 까맣고, 양손에는 각각 뱀 한 마리씩을 쥐고 있으며, 왼쪽 귀에는 청사(靑蛇)를, 오른쪽 귀에는 적사(赤蛇)를 걸고 있다. 일설에는 열 개의 태양이 있는 곳의 북쪽에 있는데, 그곳 사람들은 검은 몸에 사람의 얼굴을 하고 있으며, 각각 거북 한 마리씩을 쥐고 있다고 한다.

[雨師妾在其北, 其爲人黑, 兩手各操一蛇, 左耳有靑蛇, 右耳有赤蛇. 一曰在十日北, 爲人黑身人面, 各操一龜.]

【해설(解說)】

역대 주석가들의 우사첩(雨師妾)에 대한 견해는 두 가지가 있어 왔다.

첫 번째 견해는, 우사첩은 한 나라의 이름[학의행(郝懿行)의 주석을 보라]이거나, 어떤 부족의 이름[원가(袁珂)의 주석을 보라]이라고 보는 것이다. 그 나라 사람들은 온 몸이 검은색이며, 양손에 각각 뱀을 한 마리씩 들고 있고, 왼쪽 귀에는 청사(靑蛇)를 걸고 있으며, 오른쪽 귀에는 적사(赤蛇)를 걸고 있어, 뱀과 공생하는 부족이다. 또한 그곳 사람들은 사람의 얼굴을 하고 있고, 몸은 온통 검은색이며, 양손에는 각각 거북을 한 마리씩 쥐고 있다.

다른 견해는, 우사첩은 우사(雨師)의 첩(妾)이라고 보는 것이다. 『초씨역림(焦氏易林)』에서는 "우사가 장가를 들어 처를 얻었다.[雨師娶婦.]"라고 했다. 곽박(郭璞)은 이 경문에 주석할 때 오직 우사에 대해서만 주(注)를 달면서, 우사는 바로 비를 뿌리는 신(神)인 병예(屛翳)라고 했다. 또 곽박은 찬어(讚語)에서 우사첩을 우사의 첩이라고 했다. 호문환(胡文煥)은 『산해경도(山海經圖)』의 그림 설명에서 이르기를, "병예는 해동(海東)의 북쪽에 사는데, 그 짐승은 양손에 각각 뱀을 한 마리씩 쥐고 있으며, 왼쪽 귀에는 청사를 꿰고 있고, 오른쪽 귀에는 적사를 꿰고 있다. 검은 얼굴에 검은 몸을 지녔으며, 당시 사람들은 그를 우사라고 불렀다.[屛翳在海東之北, 其獸兩手各拏一蛇, 左耳貫靑蛇, 右耳貫赤蛇, 黑面黑身, 時人謂之雨師.]"라고 했다. 호문환은 이 신을 우사인 병예라고 여겼는데, 그의 검은 얼굴과 검은 몸 때문에 그 이름을 '흑인(黑人)'이라고 했다. 『금충전(禽蟲

典)·이수부(異獸部)』에서는 『삼재도회(三才圖會)』[명대(明代)에 왕기(王圻)와 그의 아들 왕사의(王思義)가 편집했음]의 병예 그림을 채택하고 있는데, 그 그림은 오임신(吳任臣) 등의 도본(圖本)들에 나오는 우사첩 그림과 같다. 이로부터 오임신 등이 『삼재도회』의 우사 병예 그림을 우사첩의 그림으로 채택했음을 알 수 있다. 『삼재도회』에서는 우사 병예를 이수부(異獸部)에 배치해 두었는데, 이로부터 옛날 신의 면모는 사람이기도 하고 짐승이기도 했으며, 어느 때는 수컷이고 어느 때는 암컷이어서, 그때마다 달랐다는 것을 알 수 있다.

곽박의 『산해경도찬(山海經圖讚)』: "우사의 첩은, 뱀을 귀에 걸고 있다네.[雨師之妾, 以蛇挂耳.]"

[그림 1-호문환도본(胡文煥圖本), 흑인(黑人)이라 함]·[그림 2-오임신근문당도본(吳任臣近文堂圖本)]·[그림 3-왕불도본(汪紱圖本)]·[그림 4-『금충전(禽蟲典)』]

[그림 1] 우사첩(흑인) 명(明)·호문환도본

[그림 2] 우사첩 청(淸)·오임신근문당도본

雨師妾

[그림 3] 우사첩 청(淸)·왕불도본

屛翳圖

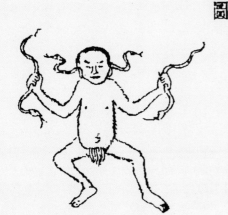

[그림 4] 병예(屛翳) 청(淸)·『금충전』

|권9-7| 현고국(玄股國)

【경문(經文)】

「해외동경(海外東經)」: 현고국(玄股國)이 그 북쪽에 있는데, 그곳 사람들은 넓적다리가 검고, 물고기로 옷을 만들어 입으며, 갈매기를 잡아먹는다. 두 마리의 새를 옆에 두고 부린다. 일설에는 우사첩(雨師妾)의 북쪽에 있다고 한다.

[玄股之國在其北, 其爲人股黑[12], 衣魚[13]食䴔. 使兩鳥夾之. 一曰在雨師妾北.]

【해설(解說)】

현고(玄股)는 또 원고(元股)라고도 하는데, 현고국(玄股國)은 물속에 있는 나라로, 『회남자(淮南子)』에 기록되어 있는 해외 36국 중 하나이며, 그 백성들을 현고민(玄股民)이라 한다. 곽박(郭璞)은 주석하기를, 넓적다리 아래가 온통 검기 때문에 현고라 한다고 했다. 양신(楊愼)은 말하기를, 구(䴔)는 곧 갈매기[鷗]이며, 물고기로 옷을 만들어 입고 갈매기를 먹으니, 아마도 물속에 있는 나라일 것이라고 했다. 「대황동경(大荒東經)」에도 현고국이 나오는데, "초요산(招搖山)이라는 곳이 있는데, 융수(融水)가 시작되어 나온다. 그곳에 있는 나라는 현고라고 하는데, 기장을 먹고, 네 마리의 새를 부린다.[有招搖山, 融水出焉. 有國曰玄股, 黍食, 使四鳥.]"라고 했다. 그 나라 사람들은 허리 아래로 허벅다리가 온통 다 검은색이다. 그들은 물가에 살며, 물고기 가죽으로 옷을 만들어 입고, 기장과 같은 곡식을 먹으며, 또 갈매기를 잡아먹는다. 새는 그들의 동반자이자 머슴이다.

곽박의 『산해경도찬(山海經圖讚)』: "현고 사람들은 갈매기를 잡아먹고 살며, 노민(勞民)들은 검은 발을 가졌다네.[玄股食鷗, 勞民黑趾.]"

[그림 1-왕불도본(汪紱圖本), 원고국(元股國)이라 함]·[그림 2-『변예전(邊裔典)』, 원고

---

12) 원가(袁珂)는 주석에서, "『고유(高誘)는 회남자(淮南子)·지형편(墜形篇)』을 주석하면서, '현고민은 그 넓적다리가 검고, 두 마리의 새를 옆에 두고 있다. 『산해경』에 보인다.'라고 했다. 이에 따르면 경문의 '使兩鳥夾之'에서 '使'자는 연자(衍字 : 불필요게 잘못 넣은 글자-역자)이고, '其爲人' 뒤에는 '股黑'이라는 두 글자가 빠졌다.[高誘注淮南子墜形篇云 : '玄股民, 其股黑. 兩鳥夾之. 見山海經.' 據此, 經文則'使兩鳥夾之'之'使'字衍, '其爲人'下脫'股黑'二字.]"라고 했다.

저자주 : 원래는 '股黑'이라는 말이 없는데, 원가가 고유의 『회남자·지형훈』에 대한 주석에 근거하여 인용하여 보충했다.

13) 곽박은 주석에서, "물고기의 가죽으로 옷을 만들어 입는 것이다.[以魚皮爲衣也.]"라고 했다.

국이라 함]

元股國

[그림 1] 원고국 청(淸)·왕불도본

元股國

[그림 2] 원고국 청(淸)·『변예전』

| 권9-8 | 모민국(毛民國)

【경문(經文)】

「해외동경(海外東經)」: 모민국(毛民國)이 그 북쪽에 있는데, 그곳 사람들은 몸에 털이 나 있다. 일설에는 현고(玄股)의 북쪽에 있다고 한다.

[毛民之國在其北, 爲人身生毛. 一曰在玄股北.]

【해설(解說)】

「대황북경(大荒北經)」에도 모민국(毛民國)이 있다. "모민국이라는 나라가 있는데, 성이 의(依)씨이고, 기장을 먹으며, 네 마리의 새를 부린다. 우(禹)가 균국(均國)을 낳았고, 균국은 역채(役采)를 낳았으며, 역채는 수협(修鞈)을 낳았는데, 수협은 작인(綽人)을 죽였다. 천제(天帝)는 이에 화가 나, 그 나라를 물에 잠기게 했는데, 바로 이들이 모민(毛民)이다.[有毛民之國, 依姓, 食黍, 使四鳥. 禹生均國, 均國生役采, 役采生修鞈, 修鞈殺綽人. 帝念之, 潛爲之國, 是此毛民.]"라고 했다. 모민국은 『회남자(淮南子)』에 기록되어 있는 해외 36국 중 하나로, 그 백성들을 모민이라 한다. 전설에 따르면, 모민은 큰 바다의 섬에 사는데, 그곳은 임해군(臨海郡)에서 남동쪽으로 2천 리 떨어져 있으며, 그곳 사람들은 몸집이 왜소하고, 옷을 입지 않으며, 얼굴과 몸에 모두 화살처럼 길고 단단한 털이 나 있고, 산의 동굴 속에 산다고 한다. 『태평어람(太平御覽)』 권373은 『임해이물지(臨海異物志)』에 모인주(毛人洲)라는 섬이 있다는 기록을 인용했고, 또 권790은 『토물지(土物志)』에서 모인들이 사는 섬이 있다는 기록을 인용하고 있다.

곽박(郭璞)의 『산해경도찬(山海經圖讚)』: "새장은 바닷새를 슬프게 하고, 서시(西施)는 큰 사슴을 놀라게 했다네.[14] 어떤 사람들은 동굴에서 벌거벗고 사는 것을 귀히 여기고, 어떤 사람들은 치마와 옷을 입는 것을 중히 여기느니. 무릇 물아(物我)는 서로 상대적인 것이니, 누가 옳고 그른지 알겠는가.[牢悲海鳥, 西子駭麋. 或貴穴倮, 或尊裳('常'으

---

14) 서시(西施)는 중국 춘추 시대 월(越)나라의 미녀이다. 『장자(莊子)·제물론(齊物論)』에는, "모장과 서희는 사람들이 아름답다고 여기는 미인들이지만, 물고기는 그들을 보면 물속으로 깊이 숨고, 새들은 보면 높이 날아오르고, 고라니와 사슴은 보면 도망쳐버린다. 이 넷 중에 누가 세상의 진정한 아름다움을 안다 할 것인가?[毛嬙西施, 人之所美也, 魚見之深入, 鳥見之高飛, 麋鹿見之決驟. 四者孰知天下之正色哉?]"라는 구절이 나온다. 이는 사물의 가치는 상대적인 것이라고 보는 장자의 사상을 피력한 것이다. 여기 도찬의 대의(大義)와 상통한다.

로 된 것도 있음)衣. 物我相傾, 孰了是非.]"

[그림 1-장응호회도본(蔣應鎬繪圖本), 「대황북경(大荒北經)」도(圖)]·[그림 2-오임신근
문당도본(吳任臣近文堂圖本)]·[그림 3-성혹인회도본(成或因繪圖本)]·[그림 4-왕불도본
(汪紱圖本)]·[그림 5-상해금장도본(上海錦章圖本)]·[그림 6-『변예전(邊裔典)』]

[그림 1] 모민국 명(明)·장응호회도본 「대황북경」도

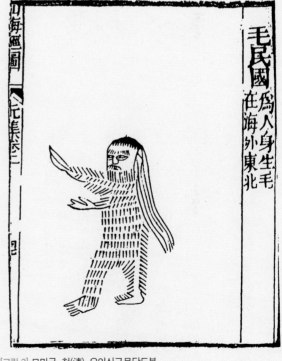

[그림 2] 모민국 청(淸)·오임신근문당도본

毛民國

[그림 4] 모민국 청(淸)·왕불도본

[그림 3] 모민국 청(淸)·사천(四川)성혹인회도본

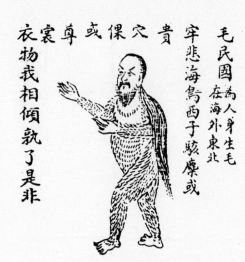

毛民國為人身生毛
在海外東北
貴悲海鳥西子駿麋或
穴或裸尊衣裳
我相傾執了是非

[그림 5] 모민국 상해금장도본

[그림 6] 모민국 청(淸)·『변예전』

|권9-9| 노민국(勞民國)

【경문(經文)】

「해외동경(海外東經)」: 노민국(勞民國)이 그 북쪽에 있는데, 그곳 사람들은 모두 까맣다. 혹은 교민(教民)이라고도 한다. 일설에는 모민(毛民)의 북쪽에 있으며, 그곳 사람들은 얼굴·눈·손·발이 온통 까맣다고도 한다.

[勞民國在其北, 其爲人黑. 或曰教民. 一曰在毛民北, 爲人面目手足盡黑.]

【해설(解說)】

노민국(勞民國)은 『회남자(淮南子)』에 기록되어 있는 해외 36국 중 하나로, 그 백성들은 노민(勞民)이라 한다. 곽박(郭璞)은 주석하기를, 노민은 과일과 풀의 열매를 먹으며, 대가리가 두 개인 새 한 마리를 데리고 있다고 했다. 학의행(郝懿行)은 주석하기를, "지금 물고기 가죽을 입는 도이(島夷)[15]의 북동쪽에 노국이 있으니, 아마도 이곳이 아닌가 하는데, 그곳 사람들과 물고기 가죽을 입는 오랑캐들은 얼굴과 손발이 모두 검은색이다.[今魚皮島夷之東北有勞國, 疑卽此, 其人與魚皮夷面目手足皆黑色也.]"라고 했다. 노민국의 특징으로, 첫째는 그곳 사람들의 손발이 모두 까맣고, 둘째는 과일과 풀의 열매를 먹으며, 셋째는 그들 옆에는 항상 새 한두 마리가 따라다닌다는 것이다. 지금 보이는 장응호회도본(蔣應鎬繪圖本)의 노민은, 손에 과일을 들고 있지만, 손발은 모두 검지 않다. 그리고 옆에 한 마리의 새가 있지만, 대가리는 두 개가 아니어서, 노민국의 그림인지 아닌지 좀 더 조사 연구가 필요하다.

곽박의 『산해경도찬(山海經圖讚)』: "현고 사람들은 갈매기를 잡아먹고, 노민들은 검은 발을 가졌다네.[玄股食鷗, 勞民黑趾.]"

[그림 1-장응호회도본]·[그림 2-『변예전(邊裔典)』]

---

15) 도이(島夷)는 본래 섬에 사는 소수민족이라는 뜻이다. 시기별로 그 의미가 달랐다. 민족명·연해 거주민·섬나라[島國] 및 해외의 침입자 등으로 구별된다. 한국에서는 고대에 제주를 도이라고 불렀는데, 이것은 섬나라라는 의미이다.

[그림 1] 노민국 명(明)·장응호회도본

[그림 2] 노민국 청(淸)·『변예전』

| 권9-10 | 구망(句芒)

【경문(經文)】

「해외동경(海外東經)」: 동방(東方)의 구망(句芒)은, 새의 몸에 사람의 얼굴을 하고 있으며, 두 마리의 용을 타고 다닌다.

[東方句芒, 鳥身人面, 乘兩龍.]

【해설(解說)】

구망(句芒)은 옛날 신화에 나오는 목신(木神)·봄[春]의 신·수목(樹木)의 신이며, 또한 생명의 신이다. 구망신의 이름은 중(重)으로, 서방(西方)의 천제(天帝)인 소호(少昊)의 아들인데, 훗날에는 반대로 동방의 천제인 복희(伏羲)의 보좌(輔佐)가 되었다. 『회남자(淮南子)·천문편(天文篇)』에서는, "동방은 나무인데, 그 천제는 태호(太皞)이고, 그를 보좌하는 구망은 규(規 : 동그라미를 그리는 그림쇠-역자)를 들고 봄을 다스린다.[東方木也, 其帝太皞, 其佐句芒, 執規而治春.]"라고 했다. 구망은 봄에 만물을 생장하게 하는 신이어서, 이름을 구망이라 했는데, 이는 사물이 처음 태어날 때에는 모두 갈고리처럼 굽어 있고, 모가 나 있기 때문이다. 곽박(郭璞)은 주석하기를, "목신이며, 네모난 얼굴에 하얀 옷을 입고 있다.[木神也, 方面素服.]"라고 했다. 구망의 모습은 매우 특이하여, 사람의 머리에 새의 몸을 하고 있고, 네모난 얼굴에 하얀 옷을 입고 있으며, 규를 들고서 봄을 다스린다. 장사(長沙)의 자탄고(子彈庫)에서 출토된 전국(戰國) 시기의 초(楚)나라 백서(帛書)인 십이월신도(十二月神圖)에는, 봄을 관장하는 신(神)인 구망의 형상이 있다 [그림 1].

곽박의 『산해경도찬(山海經圖讚)』: "사람의 얼굴을 한 신이 있는데, 새의 몸에 하얀 옷을 입고 있다네. 천제(天帝)의 명을 받들어, 진목공(秦穆公)의 목숨 늘려주었다네.[16] 하늘은 사사로움이 없으니,[17] 선을 행하면 복이 있으리라.[有神人面, 身鳥素服. 衛帝之命,

---

16) 훌륭한 정치를 행했던 진목공(秦穆公)의 꿈에 구망이 나타나, 수명을 19년 늘려주면서 더욱 많은 치적을 이룰 것을 당부하고는 사라졌다고 한다.

17) '無親'은 친소(親疎)가 없는 것, 즉 친하고 친하지 않음을 가리지 않는 것이다. 궁극적으로는 사사로운 마음이 없음을 뜻한다. 『서경(書經)·주서(周書)·채중지명(蔡仲之命)』에는, "하늘은 사사로움이 없으니, 오직 덕이 있는 사람만을 돕는다.[皇天無親, 惟德是輔.]"라고 했다. 또 노자의 『도덕경(道德經)』 제79장에는, "천도는 사사로움이 없으니, 항상 선한 사람 편에 선다.[天道無親, 常與善人.]"라는 말이 있다.

錫齡秦穆, 皇天無親, 行善有福.]"

구망의 그림에는 두 가지 형태가 있다.

첫째, 사람의 얼굴에, 네모난 얼굴과 새의 발톱을 하고서, 용을 타는 것으로, [그림 2-장응호회도본(蔣應鎬繪圖本)]·[그림 3-성혹인회도본(成或因繪圖本)]과 같은 것들이다.

둘째, 사람의 얼굴에 새의 몸과 새의 발톱을 가졌고, 두 개의 날개가 달려 있으며, 용을 부리는 것으로, [그림 4-왕불도본(汪紱圖本), 동방구망(東方句芒)이라 함]과 같은 것이다.

[그림 1] 봄을 관장하는 신인 구망. 초나라 백서인 십이월신도

[그림 2] 구망 명(明)·장응호회도본

[그림 3] 구망 청(淸)·사천(四川)성혹인회도본

東方句芒

[그림 4] 구망(동방구망) 청(淸)·왕불도본

第十卷

海内南經

제10권 해내남경

|권10-1| 효양국(梟陽國)

【경문(經文)】

「해내남경(海內南經)」: 효양국(梟陽國)이 북구(北朐)의 서쪽에 있는데, 그곳 사람들은 사람의 얼굴에 긴 입술을 가졌고, 검은 몸에 털이 나 있으며, 발꿈치가 거꾸로 나 있다. 사람을 보면 곧 웃으며, 왼손에는 대롱을 들고 있다.

[梟陽國在北朐之西, 其爲人[1], 人面長脣, 黑身有毛, 反踵, 見人則笑[2], 左手操管.]

【해설(解說)】

효양(梟陽)은 규양(嗥陽)·효양(梟羊)이라고도 하며, 민간에서는 산대인(山大人)이라고 부른다. 효양은 산훈(山㺊)·산소(山獋)·산도(山都)·산정(山精)·비비(狒狒)와 같은 종류로, 사람을 잡아먹는 무서운 짐승이다. 효양의 생김새는 사람과 비슷한데, 사람의 얼굴과 이마를 가릴 정도로 긴 입술을 가지고 있으며, 입도 크고, 온몸이 검은 털로 덮여 있다. 또 발바닥이 거꾸로 나 있으며, 머리를 풀어헤친 채 대롱을 쥐고 있다. 이런 괴수들은 본성이 사람을 무서워하지 않고, 오히려 사람을 사로잡는 것을 좋아한다. 전설에 따르면 그것은 사람을 잡은 다음에, 큰 입을 쫙 벌리고는 긴 입술에 둘둘 말아서 이마 위에 덮고서, 껄껄대며 크게 웃으며, 맘껏 웃고 난 다음에야 비로소 잡아먹는다고 한다. 사람에게도 그것에 대처하는 방법이 있다. 즉 대나무 통과 뚜껑을 손에 들고서, 그것이 사람을 잡기를 기다리고 있다가, 입을 벌리고 크게 웃을 때, 사람이 양손을 쭉 뻗어서 칼로 그 괴물의 입술을 이마 위에서 뚫어버리면, 이 커다란 짐승이 곧 고분고분 잡히고 만다. 『이물지(異物志)』에서는 효양이 사로잡히는 상황을 매우 생동감 있게 기록하고 있다. 즉 효양은 사람을 잘 잡아먹고, 입이 매우 크다. 그것은 처음에 사람을 잡으면 기뻐서 웃다가, 곧 입술에 둘둘 말아 올려 자신의 이마를 덮었다가, 시간이 지난 다음에 먹는다. 잡힌 사람이 어깨 위에 대롱으로 끼워져 있기 때문에, 효양이 사람을 잡을 때를 기다렸다가, 사람이 곧 팔짱을 끼고 대롱 속에서 빠져나와, 그것의 입술

---

1) 학의행(郝懿行)은 주석하기를, "『이아(爾雅)·석수(釋獸)』의 비비(狒狒)에 대한 곽박의 주석에서는 이 경문을 인용하여, '其狀如人[그 형상이 사람과 같다]'으로 썼다.[郭注『爾雅』狒狒引此經作'其狀如人']"라고 했다.

2) 저자주 : 원래의 경문은 "見人笑亦笑.[사람을 보면 웃고 또 웃는다.]"로 되어 있는데, 원가(袁珂)가 학의행을 따라 바로잡아 고쳤다.

을 이마 위에서 뚫어야 그것을 사로잡을 수 있다고 했다.

전해지기로는, 효양은 불이 탈 때 나는 탁탁 터지는 소리를 무서워한다고 한다. 그래서 민간에서는 산소(山獡)와 악귀를 막기 위해 폭죽을 터트리는 풍속이 있다. 『형초세시기(荊楚歲時記)』에 따르면, "정월 초하루에 닭이 울면 일어나, 제일 먼저 뜰 앞에서 폭죽을 터트려서, 산소와 악귀를 막는다.[正月一日, 鷄鳴而起, 先於庭前爆竹, 以辟山獡惡鬼.]"라고 한다. 효양국(梟陽國)에 사는 사람들을 또한 공거인(贛巨人)이라고도 한다. 「해내경(海內經)」에서는, "남방(南方)에는 공거인이 있는데, 사람의 얼굴에 긴 입술을 하고 있으며, 검은 몸에 털이 나 있고, 발뒤꿈치가 거꾸로 되어 있으며, 사람을 보면 바로 웃는다. 이때 입술이 자신의 눈을 가리기 때문에, 도망칠 수 있다.[南方有贛巨人, 人面長脣, 黑身有毛, 反踵, 見人則笑, 脣蔽其目, 因可逃也.]"라고 했다. 호문환(胡文煥)은 『산해경도(山海經圖)』에서 "그것의 형상은 사람 같다[其狀如人]"라는 설에 근거하여, 그것의 이름을 '여인(如人)'이라고 했다. 즉 "동양국(東陽國)에는 우우(寓寓)가 있는데, 『이아(爾雅)』에서는, 불불(佛佛)처럼 생겼고, 사람과 비슷하지만 검은 몸에 머리를 풀어헤치고 다니며, 사람을 보면 곧 웃고, 웃을 때는 입술이 자신의 눈을 가린다고 했다. 곽박(郭璞)은 말하기를, 불불은 괴수로, 머리를 풀어헤친 채 대나무를 쥐고 있으며, 사람을 잡으면 곧 웃는다. 이때 입술이 그것의 눈을 가리고, 결국은 큰 소리로 울부짖으니, 오히려 자신 때문에 죽게 된다고 했다.[東陽國, 有寓寓, 『爾雅』作佛佛狀, 似人黑身披髮, 見人則笑, 笑則脣掩其目. 郭璞云, 佛佛, 怪獸, 披髮操竹, 獲人則笑, 脣蔽其目, 終乃號咷, 反爲我戮.]" 『변예전(邊裔典)』에 있는 효양국의 그림은 두 가지 형태가 있다. 첫째, 짐승의 대가리에 사람의 몸과 새의 발이 달려 있으며, 몸이 까맣고, 오른손으로 뱀을 입에 넣어 그것을 먹는 것이다. 둘째, 사람의 얼굴에 사람의 몸을 하고 있고, 검은 얼굴과 검은 몸을 하고 있으며, 발뒤꿈치가 반대로 향해 있고, 큰 입으로 웃는 모습을 하고 있어, 여러 판본과는 다른 풍격을 보여주는 것이다.

곽박의 『산해경도찬(山海經圖讚)』: "비비(寓寓)는 괴수(怪獸)로, 머리를 풀어헤친 채 대나무를 쥐고 있다네. 사람을 잡으면 곧 웃는데, 이때 입술이 그 눈을 가린다네. 마침내는 또한 큰 소리로 울부짖으니, 오히려 자신 때문에 죽게 된다네.[寓寓('髴髴'로 된 것도 있음)怪獸, 被('披'로 된 것도 있음)髮操竹. 獲人則笑, 脣蔽('蓋'로 된 것도 있음)其目. 終亦號咷, 反爲我戮.]"

[그림 1-장응호회도본(蔣應鎬繪圖本)]·[그림 2-호문환도본(胡文煥圖本), 여인(如人)이

라고 함]·[그림 3-일본도본(日本圖本), 비비(狒狒)라 함]·[그림 4-오임신근문당도본(吳任臣近文堂圖本)]·[그림 5-성혹인회도본(成或因繪圖本)]·[그림 6-왕불도본(汪紱圖本)]·[그림 7-『변예전(邊裔典)』]

[그림 1] 효양국 명(明)·장응호회도본

[그림 4] 효양국 청(淸)·오임신근문당도본

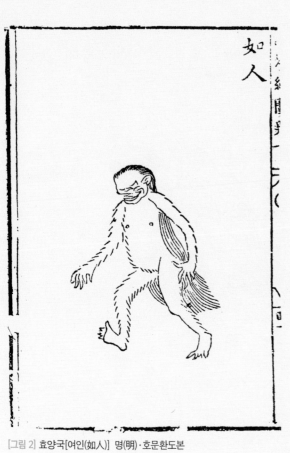

[그림 2] 효양국[여인(如人)] 명(明)·호문환도본

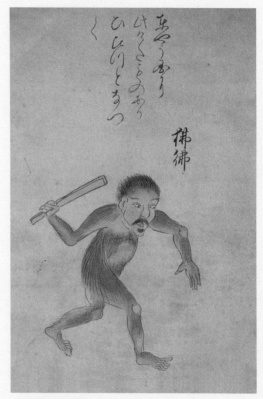

[그림 3] 비비 일본도본

[그림 5] 효양국 청(淸)·사천(四川)성혹인회도본

[그림 6] 효양국 청(淸)·왕불도본

[그림 7] 효양국 청(淸)·『번예전』

|권10-2| 알유(窫窳)

【경문(經文)】

「해내남경(海內南經)」: 알유(窫窳)는 약수(弱水) 가운데에 살며, 성성(狌狌)의 서쪽에 있는데, 그 생김새가 용의 대가리와 비슷하며, 사람을 잡아먹는다.
[窫窳龍首³⁾, 居弱水中, 在狌狌知人名⁴⁾之西, 其狀如龍首⁵⁾, 食人.]

【해설(解說)】

알유(窫窳 : '亞愈'로 발음)는 원래 사람의 얼굴에 뱀의 몸을 하고 있던 옛날의 천신(天神)이었는데[「해내서경(海內西經)」을 보라], 이부신(貳負神)에게 죽임을 당한 후 사람의 얼굴에 소의 몸을 하고 말의 발을 가진 괴물로 변해버렸다[「북산경(北山經)」을 보라]. 또 다른 전설에 따르면, 알유는 결코 큰 잘못이 없었기 때문에, 죽임을 당한 후, 천제(天帝)가 개명(開明) 동쪽의 여러 무당들에게 불사약을 써서 그를 살려내도록 명했는데, 되살아난 알유는 용의 대가리를 가진 모습으로 나타나서, 사람을 잡아먹고 살게 되었다고 한다[이 「해내남경(海內南經)」을 보라]. 곽박(郭璞)이 『산해경도찬(山海經圖讚)』에서 기록하고 있는 것이 바로 이 전설이다.

곽박의 『산해경도찬』 : "알유는 죄도 없이, 이부(貳負)한테 죽임을 당했다네. 천제가 여러 무당들한테 명하여, 불사약을 쓰면서 곁에서 지키게 했다네. 마침내 깊은 못에 빠져, 용대가리를 한 괴물로 변해버렸다네.[窫窳無罪, 見害貳負. 帝命群巫, 操藥夾守. 遂淪弱淵, 變爲龍首.]"

[그림 1-장응호회도본(蔣應鎬繪圖本)]·[그림 2-성혹인회도본(成或因繪圖本)]

---

3) 원가(袁珂)의 주석에는, "이 '龍首'라는 두 글자는 뒤에 있는 '龍首'라는 두 글자가 건너뛰어 추가된 것 같다.[此龍首二字疑涉下龍首二字而衍.]라고 했다. 역자는 이에 따라 해석에서 빼버렸다.

4) 원래의 경문에는 "在狌狌知人名之西"로 되어 있는데, 이 책에서는 "在狌狌之西"라고 했다. 이 경문에 대해 왕염손(王念孫)은, "'知人名'이라는 세 글자는 연문(衍文)인 것 같다.[知人名三字疑衍.]"라고 했다. 역자도 이에 따라 번역했다.

5) 학의행(郝懿行)은 '其狀如'의 뒤에 '貙'자가 빠졌다고 보았고, 원가도 역시 '其狀如'의 뒤에 '貙'자가 있어야 한다고 했다. '추(貙)'는 맹수의 일종으로 호랑이와 비슷하게 생겼다고 한다. 『사기(史記)·오제본기(五帝本紀)』의 "헌원씨(軒轅氏)는 곰[熊]·큰 곰[羆]·비휴(貔貅 : 표범의 일종-역자)·추호(貙虎 : 호랑이-역자)를 가르쳐, 염제(炎帝)와 판천(阪泉)의 들판에서 싸웠다.[軒轅氏敎熊·羆·貔貅·貙虎 以與炎帝戰於阪泉之野.]"라는 기록 등과 같이 고서(古書)들에서는 전쟁과 관련하여 등장한다.

[그림 1] 알유 명(明)·장응호회도본

[그림 2] 알유 청(淸)·사천(四川)성혹인회도본

|권10-3| 저인국(氐人國)

【경문(經文)】

「해내남경(海內南經)」 : 저인국(氐人國)이 건목(建木)의 서쪽에 있는데, 그곳 사람들은 사람의 얼굴에 물고기의 몸을 하고 있으며, 발이 없다.

[氐人國在建木西, 其爲人, 人面而魚身, 無足.]

【해설(解說)】

저인국(氐人國)은 즉 호인국(互人國)으로, 그곳 사람들은 사람의 얼굴에 물고기의 몸을 하고 있다. 「대황서경(大荒西經)」에 따르면, "호인국이 있는데, 염제(炎帝)의 자손들 가운데 이름이 영괄(靈恝)이라는 자가 있었으니, 영괄은 호인(互人)을 낳았으며, 호인은 하늘을 오르내릴 수 있다.[有互人之國, 炎帝之孫, 名曰靈恝, 靈恝生互人, 是能上下於天.]"라고 했다. 저인(氐人)은 염제의 후예로, 사람의 얼굴에 물고기의 몸을 가졌는데, 가슴 위쪽은 사람이고, 그 아래쪽은 물고기이며, 다리가 없지만, 매우 신통하여 하늘을 오르내릴 수 있어, 하늘과 땅 사이를 통한다. 저인은 인어(人魚)류에 속하여, 그와 관련된 신화나 고사들이 적지 않다. 『죽서기년(竹書紀年)』의 기록에 따르면, 우(禹)임금이 황하를 둘러보다가, 하얀 얼굴에 물고기의 몸을 하고 있는 키가 큰 사람을 만났는데, 그 키가 큰 사람은 우임금에게 자신이 황하의 정령이라고 했다 한다. 이로부터 옛날 사람들의 눈에는 저인이 또한 황하의 신(神)으로 여겨졌다는 것을 알 수 있다.

곽박(郭璞)의 『산해경도찬(山海經圖讚)』 : "염제의 후예가, 실로 저인을 낳았다네. 죽으면 바로 다시 소생하며, 그 몸은 비늘로 되어 있다네. 남쪽으로 흘러가는 구름에 의탁해, 천진(天津)을 이리저리 노닌다네.[炎帝之苗, 實生氐人. 死則復蘇, 厥身爲鱗. 雲南是托, 浮游天津.]" 찬문(讚文) 가운데 "죽으면 바로 다시 소생한다[死則復蘇]"라는 말은, 기록에 보이지 않는다.

[그림 1-장응호회도본(蔣應鎬繪圖本)]·[그림 2-오임신근문당도본(吳任臣近文堂圖本)]·[그림 3-성혹인회도본(成或因繪圖本)]·[그림 4-왕불도본(汪紱圖本)]·[그림 5-『변예전(邊裔典)』]

[그림 1] 저인국 명(明)·장응호회도본

[그림 2] 저인국 청(淸)·오임신근문당도본

[그림 5] 저인국 청(淸)·『변예전』

[그림 3] 저인국 청(淸)·사천(四川)성흑인회도본

氐人

[그림 4] 저인 청(淸)·왕불도본

|권10-4| 파사(巴蛇)

【경문(經文)】

「해내남경(海內南經)」 : 파사(巴蛇)는 코끼리를 잡아먹는데, 3년이 지나야 그 뼈를 뱉으며, 군자가 그것을 먹으면 가슴앓이와 배앓이를 하지 않는다. 그것은 여러 가지 색깔이 섞여 있어 아름다운 무늬를 이룬 뱀이다. 일설에는 흑사(黑蛇)인데 푸른색 대가리를 가졌으며, 서우(犀牛)의 서쪽에 있다고도 한다.

[巴蛇食象, 三歲而出其骨, 君子服之, 無心腹之疾. 其爲蛇靑黃赤黑[6]. 一曰黑蛇靑首, 在犀牛西.]

【해설(解說)】

파사(巴蛇)는 또 식상사(食象蛇)·영사(靈蛇)·수사(修蛇)라고도 한다. 파사는 남방(南方)의 비단구렁이[蚺蛇]나 이무기[蟒蛇] 중에서 큰 것을 말한다. 온몸이 화려한 색깔의 아름다운 무늬로 이루어져 있으며, 어떤 것은 검푸른 빛이 나는 것도 있다. 파사는 영남(嶺南) 지역에 주로 사는데, 큰 것은 길이가 10여 장(丈)으로, 큰 사슴 종류를 잡아먹으며, 뼈와 뿔도 족족 삭혀버린다. 『본초강목(本草綱目)』에서는 말하기를, 비단구렁이는 대가리를 치켜들지 않는 것을 진짜로 치기 때문에, 사람들이 남쪽의 뱀을 매두사(埋頭蛇)[7]라고 한다. 호문환도설(胡文煥圖說)에서 이르기를, "남해(南海)의 바깥에는 파사라는 뱀이 있는데, 몸의 길이가 백 심(尋)이나 되며, 그 색은 청(靑)·황(黃)·적(赤)·흑(黑)색이다. 코끼리를 잡아먹으며, 3년이 되어야 그 뼈를 배출하는데, 지금 남방의 비단구렁이도 사슴을 통째로 삼킨다. 잡아먹은 짐승의 고기가 흐물흐물해지면 곧 스스로 나무에 배를 칭칭 감아, 잡아먹은 짐승의 뼈가 모두 비늘 사이의 틈을 뚫고 빠져나오게 하는데, 역시 이런 종류이다.[南海外有巴蛇, 身長百尋, 其色靑黃赤黑, 食象, 三歲而出其骨, 今南方蚺蛇亦吞鹿也. 肉爛則自絞於樹腹中, 骨皆穿鱗甲間出, 亦此之類也.]"라고 했다.

「해내경(海內經)」의 주권국(朱卷國)에는 "푸른 대가리를 하고, 코끼리를 잡아먹는[靑首, 食象]" 검은 뱀이 있으며, 「북산경(北山經)」의 대함산(大咸山)에는 "그 털은 마치 돼지

---

6) 원가(袁珂)는, "그 무늬가 여러 가지 색깔이 섞여 있어 아름다운 것을 말한다.[言其文采斑爛也.]"라고 주석했다.

7) 고개를 땅에 붙이고 세우지 않는 뱀을 가리킨다.

털 같고, 그 소리는 딱따기를 치는 것 같은[其毛如彄毫, 其音如鼓柝]" 긴 뱀이 있고, 「북차삼경(北次三經)」에는 순우무봉산(錞于毋逢山)에 "붉은 대가리에 흰 몸을 가졌고, 그것이 내는 소리는 소와 비슷하며, 그것이 나타나면 곧 그 고을에 큰 가뭄이 드는[赤首白身, 其音如牛, 見則其邑大旱]" 큰 뱀이 있는데, 모두 파사 종류에 속한다.

파사와 관련된 전설들은 매우 많은데, 가장 유명한 것은 "파사가 코끼리를 잡아먹었다[巴蛇食象]"는 것과 "후예(后羿)가 수사(修蛇)를 동정(洞庭)에서 잘라버린[羿斷修蛇於洞庭]' 고사(故事)이다. 파사가 코끼리를 삼킨다는 이야기는 매우 오래된 것으로, 글자 그대로 코끼리는 대단히 큰 동물인데, 그런 코끼리를 삼킬 수 있는 뱀이라면 대체 얼마나 크다는 말인가? 그래서 굴원(屈原)은 『초사(楚辭)·천문(天問)』에서 이렇게 말했다. "어떤 뱀은 코끼리를 통째로 삼킨다는데, 그 크기가 어느 정도란 말인가?[一蛇吞象, 厥大何如?]" 왕일(王逸)은 이 경서(經書)를 인용하여 "영사는 코끼리를 삼킨다.[靈蛇吞象]"라고 주석했다. 소운종(蕭運從)의 「천문도(天問圖)」에는 파사의 그림이 있다[그림 1].

곽박(郭璞)의 『산해경도찬(山海經圖讚)』: "코끼리도 참으로 거대한 짐승이거늘, 그것을 집어삼키는 뱀이 있다네. 그 뼈를 몸 밖으로 내보내는 데 3년이 걸린다 하네. 그 크기가 어느 정도인지, 굴원이 의아해했다네.[象實巨獸, 有蛇吞之. 越出其骨, 三年爲期. 厥大如何('何如'로 된 것도 있음), 屈生是疑.]"

[그림 1-코끼리를 삼키는 파사. 소운종의 『이소도(離騷圖)·천문(天問)』]·[그림 2-장응호회도본(蔣應鎬繪圖本)]·[그림 3-호문환도본(胡文煥圖本)]·[그림 4-왕불도본(汪紱圖本)]·[그림 5-『금충전(禽蟲典)』]

[그림 4] 파사 청(淸)·왕불도본

[그림 1] 코끼리를 삼키는 파사. 청(淸)·소운종 『이소도·천문』

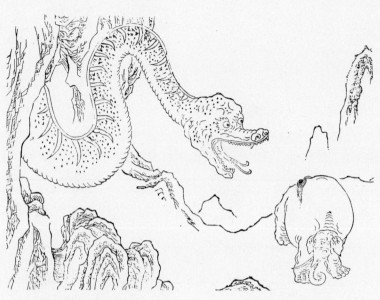

[그림 2] 파사 명(明)·장응호회도본

[그림 3] 파사 명(明)·호문환도본

[그림 5] 파사 청(淸)·『금충전』

| 권10-5 | 모마(旄馬)

【경문(經文)】

「해내남경(海內南經)」: 모마(旄馬)는 그 생김새가 말과 비슷하며, 네 마디(관절-역자)에 털이 있다. 파사(巴蛇)의 서북쪽, 고산(高山)의 남쪽에 있다.

[旄馬, 其狀如馬, 四節有毛. 在巴蛇西北, 高山南.]

【해설(解說)】

모마(旄馬)는 모마(髦馬)로, 말처럼 생겼으며, 네 마디에 털이 있다. 『목천자전(穆天子傳)』[8]에서 말한 호마(豪馬)가 바로 모마(旄馬)인데, 모마(髦馬)라고도 부른다. 호문환도설(胡文煥圖說)에서는, "남해(南海)의 바깥에 모마가 있는데, 말처럼 생겼고, 발에는 네 개의 마디가 있으며, 털이 늘어져 있으니, 바로 『목천자전』에서 말하는 호마(豪馬)이다. 파사의 서북쪽, 고산의 남쪽에 있다.[南海外有旄馬, 狀如馬, 而足有四節, 垂毛, 卽『穆天子傳』所謂豪馬也. 在巴蛇西北, 高山之南.]"라고 했다.

[그림 1-호문환도본(胡文煥圖本)]·[그림 2-오임신강희도본(吳任臣康熙圖本)]·[그림 3-왕불도본(汪紱圖本)]

旄
馬

[그림 1] 모마 명(明)·호문환도본

---

8) 주(周)나라 목왕(穆王)의 사적(事迹)을 기록한 것으로, 허구적인 성격을 지닌 전기(傳記) 작품이다. 작자는 알려져 있지 않으며, 『주왕전(周王傳)』·『주왕유행기(周王遊行記)』라고도 한다.

旄馬狀如馬而足行四
節鬐毛出南海外

[그림 2] 모마 청(淸)·오임신강희도본

旄馬

[그림 3] 모마 청(淸)·왕불도본

第十一卷

海内西經

제11권 해내서경

|권11-1| 이부신위(貳負臣危)

【경문(經文)】

「해내서경(海內西經)」: 이부(貳負)의 신하를 위(危)라고 하는데, 위와 이부가 알유(窫窳)를 죽였다. 천제(天帝)가 이에 그들을 소속산(疏屬山)에 묶어놓았는데, 오른발에는 족쇄를 채우고, 양손은 뒤로 묶어, 산 위의 나무에 묶어놓았다. 개제(開題)의 서북쪽에 있다.

[貳負之臣曰危, 危與貳負殺窫窳. 帝乃梏之疏屬之山, 桎其右足, 反縛兩手[1], 繫之山上木. 在開題西北.]

【해설(解說)】

위(危)는 이부신(貳負神)의 신하로, 위에 관한 고사를 말하려면, 우선 이부신에 대해서 말해야 한다. 이부신은 사람의 얼굴에 뱀의 몸을 하고 있는 천신(天神)으로[「해내북경(海內北經)」을 보라], 그의 신하가 위다. 어느 날 위와 이부신은 사람의 얼굴에 뱀의 몸을 하고 있는 다른 천신인 알유(窫窳)를 죽였는데, 황제(黃帝)는 그 일을 알고 난 다음, 바로 사람을 시켜 위를 소속산(疏屬山) 위에 묶어 두게 명하여, 그의 오른쪽 다리에는 족쇄를 채우고, 양손은 뒤로 묶어, 산꼭대기의 큰 나무 밑에 붙들어 맸다.

전설에 따르면, 몇 천 년 뒤인 한(漢)나라 선제(宣帝) 때, 어떤 사람이 석실(石室) 속에서 손을 뒤로 하여 거꾸로 형구가 채워져 있는 사람을 발견했는데, 전해지기로는 이 사람이 바로 그때 황제에게 손을 뒤로 하여 묶인 이부의 신하 위라고 한다. 거기에는 또한 한 토막의 흥미진진한 고사가 있다. 곽박(郭璞)은 이 경문의 주석에서 다음과 같이 말했다. "한나라 때 선제가 사람을 시켜서 상군(上郡)[2]에서 땅을 뚫다가 반석(盤石: 너럭바위-역자)을 발견했는데, 석실에서 사람 하나가 나왔다. 맨발에 머리를 풀어헤치고 있었으며, 뒤로 묶인 채, 한 쪽 발에는 족쇄를 차고 있었는데, [거기에 있던 사람들 중

---

1) 원가(袁珂)는 주석하기를, "……'與髮'이라는 두 글자는 연문(衍文)이다.[……'與髮'二字實衍.]"라고 했다. 이 책에서는 이에 따라 번역했다.
　저자주 : 원래는 '兩手' 밑에 '與髮'이라는 두 글자가 있었는데, 원가가 유수(劉秀)의 「상산해경표(上山海經表)」에서 인용하면서 빼버렸다.
2) 상군(上郡)은 전국 시기 위(魏)나라 문후(文侯) 때 처음 설치되었는데, 진(秦)나라 혜왕(惠王) 10년(기원전 328년)에 위나라가 상군 12현을 진나라에게 헌상하여, 진나라 초기의 36군 중 하나가 되었다. 지금의 섬서(陝西) 지역에 해당한다.

에는 그가 누구인지 아는 사람이 없어, 장안(長安)으로 실어 보내자, 선제가–저자] 여러 신하들에게 물었지만, 아무도 알지 못했다. 유자정[劉子政 : 유향(劉向)]이 이(『산해경』–역자)에 근거하여 대답하니, 선제가 크게 놀랐다.[漢宣帝使人(鑿)上郡發盤(‘磐’으로 된 것도 있음)石, 石室中得一人, 跣踝被髮, 反縛, 械一足, 以問群臣, 莫能知. 劉子政按此言對之, 宣帝大驚, 於是時人爭學『山海經』矣.]" 이로부터 석실에 있던 사람이 이부의 신하 위라는 것을 알 수 있는데, 곽박이 『산해경도찬(山海經圖讚)』에서 말한, "한나라 때 반석을 깨뜨렸더니, 그 속에 바로 위가 있었다네.[漢擊磐石, 其中則危]"라는 것도 그것을 증명해줄 수 있다.

한나라 때 유수[劉秀 : 유흠(劉歆)]의 「상산해경표(上山海經表)」에서 일찍이 이미 이 신화에 대해 이야기하고 있지만, 그가 석실 안에 묶여 있던 사람이 이부라고 말한 것은 경문의 기록과는 다르다. 그리고 당(唐)나라 때 이용(李冗)이 쓴 『독이지(獨異志)』의 기록에 따르면, 한나라 선제 때, 어떤 사람이 소속산에 있던 커다란 돌 뚜껑 밑에서 사람 두 명을 얻었는데, 모두 족쇄와 수갑이 채워져 있어, 그들을 장안으로 가져가자, 곧 돌로 변해버렸다고 한다. 여기에서 당나라 때에 이르러서는, 석실 속에 뒤로 묶여 있던 사람이 이미 두 사람으로 바뀌었다는 것을 알 수 있으니, 신화가 전해지는 과정에서 바뀐다는 것은 정말이지 곳곳에서 볼 수 있다.

원래의 경문에는 "두 손과 머리가 뒤로 묶여 있다[反縛兩手與髮]"라고 되어 있어, 지금 보이는 몇 가지 책들의 화공들은 모두 이 구절에 근거하여 그림을 그렸으니, 오임신(吳任臣) 등 몇몇 도본들에서는 신의 이름을 해석한 곳 위에도 분명하게 이 구절을 적어놓았다.

곽박의 『산해경도찬』: "한나라 때 반석을 깨트렸더니, 그 안에 바로 위가 있었다네. 유향은 그가 누구인지 알았지만, 여러 신하들은 알지 못했다네. 온갖 사물을 두루 실었다고 할 만하니, 『산해경』은 이에 진귀하구나.[漢擊磐石, 其中則危. 劉生是識, 群臣莫知. 可謂博物, 山海乃奇.]"

[그림 1–장응호회도본(蔣應鎬繪圖本)] · [그림 2–『신이전(神異典)』] · [그림 3–성혹인회도본(成或因繪圖本)] · [그림 4–학의행도본(郝懿行圖本)] · [그림 5–왕불도본(汪紱圖本)]

[그림 1] 위(危) 명(明)·장응호회도본

[그림 2] 위신(危神) 청(淸)·『신이전』

[그림 3] 위 청(淸)·사천(四川)성혹인회도본

貳負之臣反縛兩手足髮桎於
漢繫磐石
其中則危
割主是誅
貳臣莫知
可謂博物
山海乃奇

[그림 4] 이부지신(貳負之臣) 청(淸)·학의행도본

貳負臣危

[그림 5] 이부신위(貳負臣危) 청(淸)·왕불도본

| 권11-2 | 개명수(開明獸)

【경문(經文)】

「해내서경(海內西經)」: 해내(海內)의 곤륜허(昆侖虛)가 서북쪽에 있는데, 황제(黃帝)의 하계(下界) 도읍지이다. 곤륜허는 사방이 8백 리(里)에, 높이는 만 길[仞]이나 된다. 그 위에는 목화(木禾)[3]가 있는데, 길이가 5심(尋)이고, 둘레는 다섯 아름이다. 앞쪽에 아홉 개의 우물이 있는데, 옥으로 난간을 만들었다. 앞에 아홉 개의 문이 있는데, 문에는 개명수(開明獸)가 있어 이를 지키며, 온갖 신(神)들이 머무르는 곳이다. 여덟 모퉁이의 바위와 적수(赤水)의 경계에 있는데, 재주가 예(羿)와 같지 않으면 이 산등성이의 바위에 올라갈 수 없다. ……곤륜산(昆侖山)의 남쪽에 있는 연못은 깊이가 3백 길이다. 개명수는 몸집의 크기가 호랑이와 비슷하고, 대가리가 아홉 개인데, 모두 사람의 얼굴을 하고 있으며, 동쪽을 향해 곤륜산 위에 서 있다.

[海內昆侖之虛, 在西北, 帝之下都. 昆侖之虛, 方八百里, 高萬仞. 上有木禾, 長五尋, 大五圍. 面[4]有九井, 以玉爲檻. 面有九門, 門有開明獸守之, 百神之所在. 在八隅之巖, 赤水之際, 非仁羿[5]莫能上岡之巖. ……昆侖南淵深三百仞. 開明獸身大類虎而九首, 皆人面, 東向立昆侖上.]

【해설(解說)】

개명수(開明獸)는 신화에서 제도(帝都 : 황제가 있는 도읍−역자)의 개명문(開明門)을 지키는 천수(天獸)이자, 곤륜산(昆侖山)의 산신(山神)이며, 또한 황제(黃帝)가 있는 제도의 수호자이다. 개명수는 사람과 호랑이의 모습이 한 몸에 갖추어져 있는 신수(神獸)로, 생김새는 호랑이와 비슷하지만, 사람의 머리가 아홉 개 달려 있고, 밤낮으로 곤륜산 산등성이 위에서 지키고 있다. 『산해경』에 기록된 곤륜산의 산신은 셋인데, 이 셋은

---

3) 곽박(郭璞)은 주석하기를, "목화(木禾)는 곡류(穀類)이며, 흑수(黑水) 가에서 나며, 먹을 수 있다.[木禾, 穀類也, 生黑水之阿, 可食.]"라고 했다.

4) 경문의 '面'자에 대해, 원가(袁珂)는 주석에서, 『초학기(初學記)』 권7에서 이 경문을 인용하면서 '上'으로 썼다.[『初學記』卷七引此經作上.]"라고 했다.

5) 곽박은 주석하기를, "예(羿)처럼 어질고 재주 있는 사람이 아니면 이 산등성이의 깎아지른 듯이 높고 험한 바위를 올라갈 수 없다는 것을 말한다. ……어떤 것에는 '羿'가 '聖'이라고 된 것도 있다.[言非仁人及有才藝如羿者不能得登此山之岡嶺巉巖巖也.…… 羿一或作聖.]"라고 했다. 원가는 "'仁羿'는 즉 '夷羿'이다. '仁'은 곧 '夷'의 가차자이다.[仁羿, 卽夷羿, '仁'卽'夷'之借字.]"라고 했다.

사실 하나의 신이다. 개명수는 곧 「서차삼경(西次三經)」에 나오는 신(神)인 육오(陸吾)이며, 또한 곧 「대황서경(大荒西經)」에 나오는, 사람의 얼굴에 호랑이의 몸을 하고 있는 신이다. 위에서 말한 이 세 신들의 형상은 모두 사람과 호랑이의 모습을 한 몸에 가지고 있는 신수로, 비록 머리가 아홉 개(개명수)이거나 꼬리가 아홉 개(육오)라는 차이가 있지만, 이는 바로 신화나 전설이 전해지는 과정에서 변이된 것을 반영하고 있는 것이다. 세 신들의 신직(神職)은 모두 곤륜산을 지키는 것이며, 또한 곤륜산의 산신이다. 한대(漢代)의 화상석(畵像石)에는 사람의 얼굴에 대가리가 아홉 개인 짐승의 문양 장식이 적지 않게 있다[그림 1].

신화에서 호랑이의 모습을 한 신수는 적지 않은데, 『병아(駢雅)』에서 말하기를, 호랑이 중에서 얼굴이 크고 꼬리가 긴 것을 유이(酉耳)라 하고[『주서(周書)·왕회(王會)』], 꼬리가 길고 다섯 가지 색이 있는 것을 추오(騶吾)라 하며[「해내북경(海內北經)」], 아홉 개의 머리에 사람의 얼굴을 하고 있는 것을 개명(開明)이라 한다고 했다.

곽박은 다음과 같은 「명(銘)」을 지었다. "개명은 짐승으로, 하늘의 정기를 부여받았도다. 눈을 부릅뜨고 곤륜산을 주시하니, 그 위세가 온갖 정령들을 떨게 하는구나.[開明爲(왕불본에는 '天'자로 되어 있음)獸, 稟資乾精. 瞪視昆侖, 威振('震'으로 된 것도 있음)百靈.]" 『산해경도찬(山海經圖讚)』에서는 이렇게 읊었다. "개명은 하늘의 짐승[天獸]으로, 금(金)의 정기를 부여받았도다. 호랑이의 몸에 사람의 얼굴을 하고 있어, 빼어난 모습 드러내는구나. 눈을 부릅뜨고 곤륜산을 주시하고 있으니, 그 위세가 온갖 정령들을 떨게 한다네.[開明天獸, 稟玆金[6]精. 虎身人面, 表此桀形. 瞪視昆山, 威懾百靈.]"

[그림 1-사람의 얼굴에 아홉 개의 대가리가 달린 짐승. ① 산동(山東) 제녕현(濟寧縣) 성남장(城南張)에 있는 한대의 화상석, ② 산동 가상현(嘉祥縣) 화림(花林)에 있는 한대의 화상석]·[그림 2-장응호회도본(蔣應鎬繪圖本)]·[그림 3-성혹인회도본(成或因繪圖本)]·[그림 4-왕불도본(汪紱圖本)]·[그림 5-『금충전(禽蟲典)』]

6) 저자주 : 『백자전서(百子全書)』본에는 '金'자 대신 '食'자로 되어 있다.

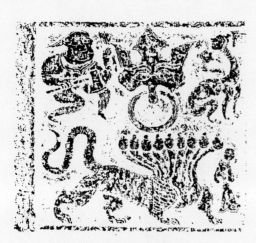

[그림 1] 사람의 얼굴에 아홉 개의 대가리가 달린 짐승.
① 산동 제녕현 성남장에 있는 한대의 화상석.

② 산동 가상현 화림에 있는 한대의 화상석.

[그림 2] 개명수 명(明)·장응호회도본

[그림 3] 개명수 청(淸)·사천(四川)성혹인회도본

[그림 4] 개명수 청(淸)·왕불도본

[그림 5] 개명수 청(淸)·『금충전』

|권11-3| 봉황(鳳皇)

【경문(經文)】

「해내서경(海內西經)」: 개명(開明)의 북쪽에……. 봉황(鳳皇)과 난새(鸞鳥)가 있는데, 모두 머리에 방패를 이고 있다.

[開明北有視肉·珠樹·文玉樹·玗琪樹·不死樹. 鳳皇·鸞鳥, 皆戴蔽.]

【해설(解說)】

봉황(鳳皇)은 상서로운 새로, 이미 「남차삼경(南次三經)」의 단혈산(丹穴山)에서 보았다. 개명(開明) 북쪽의 봉황과 난새[鸞]는 머리에 발(蔽)을 이고 있다. 발(蔽 : '伐'로 발음)은 '盾[방패]'인데, 송(宋)나라 판본에서 '蔽'이라 했으며, 『집운(集韻)』에서 해석하기를, 이 글자는 간혹 '戈(창 과)'라고 쓰기도 한다고 했다. 지금 보이는 장흥호회도본(蔣應鎬繪圖本)과 성혹인회도본(成或因繪圖本)에 봉황의 그림이 보이는데, 왼쪽 발톱에 긴 창[矛?]을 쥐고 있으나, 그에 대한 해석은 분명히 하지 않았다.

[그림 1-장응호회도본(蔣應鎬繪圖本)]·[그림 2-성혹인회도본(成或因繪圖本)]

[그림 1] 봉황 명(明)·장응호회도본

[그림 2] 봉황 청(淸)·사천(四川)성혹인회도본

|권11-4| 알유(窫窳)

【경문(經文)】

「해내서경(海內西經)」: 개명(開明)의 동쪽에 무팽(巫彭)·무저(巫抵)·무양(巫陽)·무리(巫履)·무범(巫凡)·무상(巫相)이 있는데, 알유(窫窳)의 시체를 사이에 두고, 모두 불사약(不死藥)을 들고서 그를 다시 살려내려 하고 있다. 알유라는 것은, 뱀의 몸에 사람의 얼굴을 하고 있는데, 이부(貳負)의 신하에게 죽임을 당했다.

[開明東有巫彭·巫抵·巫陽·巫履·巫凡·巫相, 夾窫窳之尸, 皆操不死之藥以距之[7]. 窫窳者, 蛇身人面, 貳負臣所殺也.]

【해설(解說)】

알유(窫窳)는 원래 뱀의 몸에 사람의 얼굴을 한 천신(天神)이었는데, 천신인 이부(貳負)와 그의 신하인 위(危)에게 죽임을 당하자, 황제(黃帝)는 몹시 화가 나서 사람에게 명하여 위(일설에서는 이부와 함께)를 소속산(疏屬山)의 큰 나무 아래에 팔을 뒤로 하여 묶어 두도록 했다[「해내서경(海內西經)」을 보라]. 그런 다음에 또 다시 무팽(巫彭) 등 여러 신의(神醫)들에게 명하여, 불사약을 만들어, 죽은 알유를 다시 살려내도록 했다. 다시 살아난 알유는 소 같기도 하고, 호랑이 같기도 하며, 용의 대가리를 하고서, 사람을 잡아 먹는 괴수로 변했다[「북산경(北山經)」과 「해내남경(海內南經)」을 보라]. 여기 「해내서경」에서의 알유는 사람의 머리에 뱀의 몸을 하고 있는데, 이것이 바로 이 신의 원래 모습이다.

[그림 1-장응호회도본(蔣應鎬繪圖本)]·[그림 2-『신이전(神異典)』]·[그림 3-왕불도본(汪紱圖本)],

---

7) 경문의 "距之"에 대해, 곽박은 주석하기를, "사기(死氣)를 막아, 다시 살려내려는 것이다.[爲距卻死氣, 求更生.]"라고 했다.

[그림 1] 알유신(窫窳神) 명(明)·장응호회도본

[그림 2] 알유신 청(淸)·『신이전』

窫窳

[그림 3] 알유 청(淸)·왕불도본

|권11-5| 삼두인(三頭人)

【경문(經文)】

「해내서경(海內西經)」 : 복상수(服常樹)가 있는데, 그 위에 삼두인(三頭人)이 있어, 낭간수(琅玕樹)를 지키고 있다.

[服常樹, 其上有三頭人, 伺琅玕樹.]

【해설(解說)】

곤륜산(昆侖山)에는 기이한 낭간수(琅玕樹)가 있는데, 나무에는 진주 같이 아름다운 옥들이 달렸기 때문에, 매우 진귀했다. 이 때문에 황제(黃帝)는 특별히 이주(離朱)[8]라는 천신(天神)을 보내서 밤낮으로 그 나무를 지키도록 했다. 천신인 이주는 황제 시기에 매우 밝은 눈을 가졌던 신으로, 그 생김새가 매우 괴상하여, 세 개의 머리에 여섯 개의 눈이 달려 있었다. 이 여섯 개의 눈들이 돌아가면서 낭간수를 철통같이 지켰기 때문에, 정말이지 무엇 하나 놓치는 게 없었다. 『태평어람(太平御覽)』 권915에는 노자(老子)가 말한 고사 하나를 인용하면서 말하기를, 남방(南方)에 어떤 새가 있는데, 이름은 봉(鳳)이고, 이 새가 사는 곳에는 천 리에 걸쳐 돌무더기[積石]가 쌓여 있다. 하늘은 그를 위해 먹을 것을 나게 했는데, 그 나무의 이름은 경지(瓊枝)이고, 높이는 백 길[仞]이나 되며, 구림(璆琳)과 낭간(琅玕)[9]을 열매로 맺는다. 하늘은 또 이주를 나게 했는데, 세 개의 머리가 달려 있어서 번갈아가며 누웠다 일어났다 하면서 낭간수를 지켰다. 「해내남경(海內南經)」에도 삼수국(三首國)이 나오는데, "삼수국은 그 동쪽에 있으며, 그곳 사람들은 하나의 몸통에 머리가 세 개이다.[三首國在其東, 其爲人一身三首.]"라고 했다.

곽박(郭璞)의 『산해경도찬(山海經圖讚)』 : "복상수와 낭간수는, 곤륜산의 기이한 나무라네. 붉은 열매는 구슬이 즐비하게 달려 있는 듯하고, 푸른 잎은 푸른색 천 같다네. 머리가 셋인 자가 이 나무를 지키는데, 먼 곳을 바라보았다 가까운 곳을 살폈다 한다네.[服常琅玕, 昆山奇樹. 丹實珠離, 綠葉碧布. 三頭是伺, 遞望遞顧.]"

[그림 1-장응호회도본(蔣應鎬繪圖本)]·[그림 2-성혹인회도본(成或因繪圖本)]

---

8) 황제 시대의 전설적인 인물로, 이루(離婁)라고도 한다. 시력이 매우 뛰어나 백 보(步) 떨어진 곳에서도 가을 짐승의 가늘어진 터럭 끝처럼 아주 미세한 것도 볼 수 있을 정도였다고 한다.

9) 구림(璆琳)과 낭간(琅玕)은 모두 아름다운 옥을 가리킨다.

[그림 2] 삼두인 청(淸)·사천(四川)성혹인회도본

[그림 1] 삼두인 명(明)·장응호회도본

|권11-6| 수조(樹鳥)

【경문(經文)】

「해내서경(海內西經)」: 개명(開明)의 남쪽에는 수조(樹鳥)가 있고, 대가리가 여섯 개인 교룡·살무사·뱀·원숭이·표범……이 있다. …….

[開明南有樹鳥, 六首蛟·蝮·蛇·蜼·豹·鳥秩樹 , 於表池樹木, 誦鳥·鶽·視肉.]

【해설(解說)】

수조(樹鳥)는 개명(開明)의 남쪽에 사는 새의 한 종류이다. 학의행(郝懿行)은 『산해경』의 이 부분을 "開明南有樹, 鳥六首[10]·蛟……[개명의 남쪽에 어떤 나무('降樹'를 가리킴)가 있는데, 대가리가 여섯 개인 새·교룡……]"로 구두를 끊었고, 원가(袁珂)는 이 부분을 "開明南有樹鳥, 六首; 蛟·蝮·蛇……[개명의 남쪽에 수조가 있는데, 대가리가 여섯 개이다(위에서 말한 「대황서경」의 '촉조'를 가리킴). 교룡·살무사·뱀……]"로 구두를 끊었다.

지금 보이는 명대(明代)의 장응호회도본(蔣應鎬繪圖本) 56번째 그림에 대가리가 여섯 개인 교룡 그림이 있는데, 나무에 새 한 마리가 앉아 있고, 이 새를 임의로 수조라고 했으나, 의심의 여지가 있다. 위에서 예로 든 여러 주소가(注疏家)들과 화공(畫工)들은 경문(經文)에 대한 이해가 서로 달랐고, 심지어 구문(句文)을 끊는 것과 표점(標點)도 달랐기 때문에, 서로 다른 신화 형상이 출현하게 되었는데, 이로부터 신화가 다르게 변해가는 현상을 곳곳에서 볼 수 있음을 알 수 있다.

[그림-장응호회도본]

---

10) 저자주 : 「대황서경(大荒西經)」에 나오는 호인국의 청조(靑鳥)를 가리키는데, 청조는 몸이 노랗고, 붉은 발을 지녔으며, 대가리가 여섯 개이고, 이름은 '촉조(鸀鳥)'이다.

[그림] 수조 명(明)·장응호회도본

|권11-7| 육수교(六首蛟)

【경문(經文)】

「해내서경(海內西經)」: 개명(開明)의 남쪽에는 수조(樹鳥)·대가리가 여섯 개인 교룡
[六首蛟]······이 있다. ······.

[開明南有樹鳥·六首蛟·蝮·蛇·蜼·豹·鳥秩樹, 於表池樹木, 誦鳥·鶽·視肉.]

【해설(解說)】

육수교(六首蛟)는 뱀과 비슷하게 생겼는데, 뱀의 몸에 뱀의 꼬리를 가졌고, 네 개의
다리와 여섯 개의 대가리가 달려 있으며, 개명(開明) 남쪽 일대에 관련된 기이한 동물
이다. 이 그림은 명대(明代)의 장응호회도본(蔣應鎬繪圖本)에서 처음으로 보이는데, 거기
에 나오는 교룡(蛟龍)의 형상은 곽박(郭璞)의 주석["뱀처럼 생겼지만 다리가 네 개(似蛇而
四脚)"]에 근거하여 그린 것으로, 명대의 장응호 등과 화공들의 『산해경』에 대한 독특
한 이해를 반영하고 있어, 후대의 학의행(郝懿行)·원가(袁珂) 등 주소가들의 해석과는
완전히 다르다. 청(淸)나라 함풍(咸豊) 연간(1850~1861년-역자)에 사천(四川)의 성혹인(成
或因)이 그린 도본(圖本)은 그림을 구성한 방식과 착상으로 볼 때, 장응호가 그린 도본
을 참고한 것이 분명하지만, 조형(造型)에서는 오히려 자기만의 특징을 지니고 있다.

[그림 1-장응호회도본]·[그림 2-성혹인회도본(成或因繪圖本)]

[그림 1] 육수교 명(明)·장응호회도본

[그림 2] 육수교 청(淸)·사천(四川)성혹인회도본

第十二卷 海内北經

제12권 해내북경

|권12-1| 서왕모(西王母)

【경문(經文)】

「해내북경(海內北經)」: 해내(海內)의 서북쪽 귀퉁이의 동쪽 지역. 사무산(蛇巫山) 위에는 어떤 사람이 몽둥이를 든 채 동쪽을 향해 서 있다. 일명 구산(龜山)이라고도 한다. 서왕모(西王母)는 궤(几)에 기대어 머리꾸미개를 꽂고 있으며, 그 남쪽에는 파랑새[靑鳥] 세 마리가 있어, 서왕모를 위해 먹을 것을 구해온다. 곤륜허(昆侖虛)의 북쪽에 있다.

[海內西北陬以東者. 蛇巫之山, 上有人操杯¹⁾而東向立. 一曰龜山. 西王母梯几而戴勝杖²⁾, 其南有三靑鳥, 爲西王母取食³⁾. 在昆侖虛北.]

【해설(解說)】

서왕모(西王母)는 이미 「서차삼경(西次三經)」 옥산(玉山)에서 나왔다. 질병과 형벌을 관장하던 원시의 천신(天神)으로서, 곤륜산(昆侖山)과 사무산(蛇巫山)의 산신(山神)으로서, 서왕모는 두 가지 뚜렷한 특징을 지니고 있다. 첫째는, 그 원시의 모습은 머리꾸미개를 꽂고 있으며, 표범의 꼬리와 호랑이의 이빨을 가지고 있다는 것이고, 둘째는, 삼청조(三靑鳥)와 삼족오(三足烏)가 그를 위해 먹을 것을 제공하고 심부름을 해주며, 개명수(開明獸)가 그를 지키고 있다는 것이다. 이 「해내북경」에 기록되어 있는, 곤륜허(昆侖虛) 북쪽의 사무산에 있다는 서왕모는, 탁자에 기댄 채, 머리에는 옥으로 된 머리꾸미개를 쓰고서, 지팡이를 들고 있다. 또 오른쪽에는 삼청조가 있고, 왼쪽에는 삼족오가 사신으로서 심부름을 하고 있어, 고대 신화에서 서왕모와 관련된 원시 그림들의 전형적인 화면을 구성하고 있다.

---

1) 곽박은 주석하기를, "'杯'는 '棓(몽둥이 봉)'으로도 쓴다. 같은 글자이다.[杯或作棓, 字同.]"라고 했다. 학의행은 "杯는 즉 棓의 다른 글자이다.[杯卽棓字之異文.]"라고 했다. 원가(袁珂)는 주석하기를, "杯는 송본(宋本)·모의본(毛扆本)·장경본(藏經本)·항인본(項絪本)에서 모두 '杯'라고 썼는데, 글자가 잘못된 것이다.[杯, 宋本, 毛扆本, 藏經本, 項絪本均作杯, 字之訛也.]"라고 했다.

2) 원가(袁珂)는 주석하기를, "'杖'자가 없는 것이 맞다. 『태평어람(太平御覽)』 권710에서 이 경문을 인용했는데, 역시 '杖'자가 없다. 「서차삼경(西次三經)」과 「대황서경(大荒西經)」도 또한 모두 단지 '戴勝'이라고만 썼는데, '杖'자는 사실 연자(衍字)이다.[無杖字是也, 『御覽』卷七一〇引此經亦無杖字, 「西次三經」與「大荒西經」亦俱止作'戴勝', 杖字實衍.]"라고 했다. 이 책에서는 이에 근거하여 번역했다.

3) 저자주 : 곽박은 주석하기를, "또한 삼족오가 주로 심부름을 한다.[又有三足烏主給使.]"라고 했다.

[그림 1-장응호회도본(蔣應鎬繪圖本)]·[그림 2-성혹인회도본(成或因繪圖本)]

古本 山海經 圖說 (下)

[그림 1] 서왕모 명(明)·장응호회도본

[그림 2] 서왕모 청(淸)·사천(四川)성혹인회도본

|권12-2| 삼족오(三足烏)

【경문(經文)】

「해내북경(海內北經)」: 서왕모(西王母)는 궤(几)에 기대어 머리꾸미개를 꽂고 있으며, 그 남쪽에는 파랑새[靑鳥] 세 마리가 있어, 서왕모를 위해 먹을 것을 구해온다. 곤륜허(昆侖虛)의 북쪽에 있다.

[西王母梯几而戴勝杖, 其南有三靑鳥, 爲西王母取食. 在昆侖虛北.]

【해설(解說)】

삼족오(三足烏)는 해[日] 속에 사는 신조(神鳥)이다. 비록 이 「해내북경」에서는 보이지 않지만, 곽박(郭璞)의 주석에는 나온다.

삼족오는 두 가지 신분을 지니고 있다.

첫째, 삼족오는 서왕모의 심부름꾼이자, 먹을 것을 구해다 바치는 사자(使者)이며, 옆에서 시중을 드는 시종이다. 『사기(史記)』에 나오는 사마상여(司馬相如)의 「대인부(大人賦)」에서는, "또한 다행히 삼족오가 있어 그를 부린다.[亦幸有三足烏爲之使.]"라고 했다. 한대(漢代) 이후에 삼족오는 사람과 신 사이를 오가며 소식을 전하는 역할로 재탄생하여, 삼청조(三靑鳥)·구미호(九尾狐)와 함께 상서로운 이미지로써 서왕모 신화와 관련된 원시 그림에서 중요한 구성 부분이 되었다.

둘째, 삼족오는 양조(陽鳥)이자 태양 속에 사는 신조(神鳥)이다. 「대황동경(大荒東經)」에서는, "탕곡(湯谷)에는 부상목(扶桑木)이 있다. 하나의 해가 지면, 다른 해가 뜨는데, 모두 까마귀에게 달려 있다.[湯谷上有扶木, 一日方至, 一日方出, 皆載於烏.]"라고 했다. 여기에서 까마귀가 바로 삼족오로, 준조(踆鳥)·양조(陽鳥)라고도 부르는데[4], 이는 해 속에 사는 신조이다. 초기의 양조는 발이 두 개였는데, 동한(東漢) 때 이르러서 삼족오와 서로 합치되기 시작했다. 후예(后羿)가 열 개의 해를 활로 쏘는 신화에서, 그가 아홉 개의 해를 쏘아 맞추자, 해에 살고 있던 아홉 마리의 까마귀도 모두 죽어버렸고, 그 깃털이 다 빠졌다고 하는데[『회남자(淮南子)』를 보라], 여기에서 삼족오는 해 속에 사는 정령이었다는 것을 알 수 있다. 하남(河南) 남양(南陽) 당하(唐河)에 있는 한대(漢代) 묘 속

---

4) 이 밖에도 양오(陽烏)·금오(金烏)·삼족금오(三足金烏) 등 여러 가지로 불리는데, 태양은 양(陽)이며, '3'도 양의 수이므로 '양조'라고 부른다고도 한다.

의 화상석(畵像石)과 북경(北京) 석경산(石景山) 팔각촌(八角村)에 있는 위(魏)·진(晉) 시대 묘의 석감(石龕) 안 천장에 채색으로 그려진 삼족오 그림은[그림 1], 해에 살았다는 다리가 세 개인 신조(神鳥)가 그려진 전형적인 작품이다.

곽박의 『산해경도찬(山海經圖讚)』에서 '열 개의 태양[十日]'과 양조를 읊었다. "열 개의 태양이 함께 뜨니, 풀과 나무가 모두 시들고 말라버렸다네. 후예가 이에 활을 쏘고는, 고개 들어 떨어지는 양오를 바라보았네. 가히 감응하여, 천인(天人)이 부명(符命)[5]을 드러내 보인 것이라 하네.[十日幷出, 草木焦枯. 羿乃控弦, 仰落陽烏, 可謂洞感, 天人懸符.]"

[그림 2-장응호회도본(蔣應鎬繪圖本)]

[그림 1] 삼족오 ① 하남 남양 당하에 있는 한대 묘 속의 화상석.

② 북경 석경산 팔각촌에 있는 위·진 시대 묘에서 출토.

[그림 2] 삼족오 명(明)·장응호회도본

5) 부명(符命)이란, 하늘이 제왕이 될 만한 사람에게 내리는 상서로운 징조로, 하늘이 부여하는 것이다.

|권12-3| 견융국(犬戎國)

【경문(經文)】

「해내북경(海内北經)」: 그 동쪽에 견봉국(犬封國)이 있다. ……견봉국은 견융국(犬戎國)이라고 하는데, (그곳 사람들은-역자) 생김새가 개와 비슷하다. 한 여자가 있는데, 단정하게 무릎을 꿇고 술과 음식을 바친다.

[其東有犬封國. 貳負之尸在大行伯東. 犬封國曰犬戎國, 狀如犬. 有一女子; 方跪進杯食[6].]

【해설(解說)】

견융국(犬戎國)은 곧 견봉국(犬封國)·구국(狗國)이다. 『회남자(淮南子)』의 기록에 따르면, 구국은 건목(建木)의 동쪽에 있다고 하며, 「이윤사방령(伊尹四方令)」의 기록에 따르면, 곤륜산(昆侖山)에서 정확히 서쪽에 있다고 한다. 전설에 따르면 이전에 반호(盤瓠)가 융왕(戎王)을 죽이자, 고신(高辛)이 미녀를 그의 아내로 삼게 했으며, 아울러 봉지(封地)로 회계(會稽)와 동해(東海) 가운데 3백 리를 주었는데, 그곳에서는 아들을 낳으면 개가 되고, 딸을 낳으면 미인이 되었으니, 그곳이 바로 구봉국(狗封國)·견봉국이며, 또한 견융국이라고도 한다. 양신(楊愼)은 『산해경보주(山海經補注)』에서, 명대(明代)에 운남성(雲南省)에 살고 있던 소수민족들에게 널리 전해지는, 여자들이 무릎을 꿇고 술과 음식을 바치는 풍속을 다음과 같이 기술하고 있다. "지금 운남은 여러 이민족이 사는 지역인데, 여자들이 대부분 아름답고, 그 풍속은 귀함과 천함을 가리지 않는다. 남자는 여러 명의 아내를 두는데, 처와 첩은 남편을 모시기를 임금 섬기듯이 하며, 서로 투기하지 않는다. 남편이 첩과 함께 잘 때면, 비록 본처라 할지라도 오히려 시중을 들었으니, 지아비를 중요시했음을 말해준다. 음식이나 갈아입을 옷을 바칠 때 반드시 무릎을 꿇었으며, 감히 고개를 들어 쳐다보지 못했다. 근자에 강몽빈(姜夢賓)이 병략(兵略) 때문에 직접 그곳에 다녀왔는데, 돌아와서 장난스럽게 사람들에게 말하기를, '중국에서는 문왕(文王)의 후비(后妃)가 투기를 하지 않았다 하여 칭송하는데, 이민족의 아

---

6) 경문의 "方跪進杯食"에 대해, 곽박은 주석하기를, "술과 음식을 주는 것이다.[與酒食也.]"라고 했다. 원가(袁珂)는 "송대(宋代) 판본에서는 '杯'를 또한 '杯'로 썼는데, '杯'로 쓰는 것이 맞다.[宋本杯亦作杯, 作杯是也.]"라고 했다.

낙네들은 집집마다 문왕의 후비였다'고 말했다. 무릎을 꿇고 술과 음식을 바친다는 것은, 아마도 그들의 풍속을 기록한 것 같다.[今雲南百夷之地, 女多美, 其俗不論貴賤. 人有數妻, 妻妾事夫如事君, 不相妬忌. 夫就妾宿, 雖妻亦反服役也, 云重夫主也. 進食更衣必跪, 不敢仰視. 近日姜夢賓爲兵備, 親至其地, 歸戲謂人曰, 中國稱文王妃后不妬, 百夷之婦, 家家文王妃后也. 跪進杯食, 蓋紀其俗.]"

견융은 황제(黃帝)의 후예이다. 『산해경』에서 견융과 관련된 기록은, 이 「해내북경」 말고도 「대황북경(大荒北經)」에도 있는데, "어떤 사람의 이름은 견융이다. 황제는 묘룡(苗龍)을 낳았고, 묘룡은 융오(融吾)를 낳았으며, 융오는 농명[弄明 : 곽박은 주석하기를, '卞'으로 된 것도 있다고 함]을 낳았고, 농명은 백견(白犬)을 낳았다. 백견은 암수가 있었는데, 이들이 바로 견융을 이루었다.[有人名曰犬戎. 黃帝生苗龍, 苗龍生融吾, 融吾生弄明, 弄明生白犬, 白犬有牝牡, 是爲犬戎.]"라고 했다. 이에 대해 곽박은 주석하기를, "황제의 황후인 변명이 백견 두 마리를 낳았는데, 저절로 서로 암수가 되어, 마침내 이 나라를 이루었으니, 구국이라 한다.[黃帝之后卞明生白犬二頭, 自相牝牡, 遂爲此國, 言狗國也.]"라고 했다. 「대황북경」에서는 또 "견융국이 있다. 그곳에 어떤 신(神 : '人'으로 된 것도 있음)이 있는데, 사람의 얼굴에 짐승의 몸을 하고 있으며, 이름은 견융이라 한다.[有犬戎國. 有神, 人面獸身, 名曰犬戎.]"라고 했다. 여기에서 말하는 사람의 얼굴에 짐승의 몸을 가진 견융은 아마도 반호의 원형일 것이다. 진(晉)나라 때 간보(干寶)의 『수신기(搜神記)』와 『후한서(後漢書)·남만전(南蠻傳)』 등에 있는, 반호와 관련된 기록과 견융 신화들은 서로 관계가 있다.

[그림 1-장응호회도본(蔣應鎬繪圖本)]·[그림 2-성혹인회도본(成或因繪圖本)]·[그림 3-왕불도본(汪紱圖本)]·[그림 4-『변예전(邊裔典)』]

[그림 1] 견융국 명(明)·장응호회도본

[그림 2] 견융국 청(淸)·사천(四川)성혹인회도본

[그림 3] 견융국 청(淸)·왕불도본

[그림 4] 구국(狗國) 청(淸)·『변예전』

|권12-4| 길량(吉量)

【경문(經文)】

「해내북경(海內北經)」: 견융국(犬戎國)에는 ……무늬가 있는 말이 있는데, 흰 몸에 붉은 갈기를 가졌으며, 눈은 마치 황금 같고, 이름은 길량(吉良)이라 하며, 이것을 타면 천 살까지 장수한다.

[犬封國曰犬戎國, 狀如犬. 有一女子; 方跪進杯食. 有文馬, 縞身朱鬣, 目若黃金, 名曰吉量, 乘之壽千歲.]

【해설(解說)】

신마(神馬)인 길량(吉量)은 또한 길량·길황(吉黃)·길황(吉皇)·계사지승(鷄斯之乘)이라고도 불리며, 상서롭고 진귀한 짐승이다. 길량은 말 중에서도 영민하고 매우 위엄이 있으며, 순백색의 몸에, 목에는 붉은 갈기가 나 있어서, 마치 닭의 꼬리 깃털이 아래로 늘어져 있는 것 같다. 그리고 두 눈에서 금색 빛줄기를 내뿜기 때문에 계사지승이라는 아름다운 호칭을 갖고 있다. 일설에 따르면 주(周)나라 문왕(文王) 때, 일찍이 견융(犬戎)이 이 말을 바쳤는데, 길량마(吉良馬)를 탄 사람은 장수할 수 있다는 말이 있었다고 한다. 역사서의 기록에 따르면, 은(殷)나라의 주왕(紂王)이 문왕을 유리(羑里)[7]에 억류하자, 강태공(姜太公)과 산의생(散宜生)이 천금을 가지고 길량을 구한 다음 이를 주왕에게 바쳐, 문왕을 옥에서 풀려나게 했다고 한다.

곽박(郭璞)의 『산해경도찬(山海經圖讚)』: "금빛 눈에 붉은 갈기가 있으며, 용처럼 내달리다 박(駁)처럼 멈춰서네. 박자를 맞추어 굳세게 내달리니, 먼지조차 일지 않는다네. 이를 일러 길황(吉黃)이라 하니, 유리(牖里)의 성인을 풀려나게 했다네.[金精朱鬣, 龍行駁跱. 拾節鴻鶩, 塵不及起. 是謂吉黃, 釋聖牖里.]"

[그림 1-장응호회도본(蔣應鎬繪圖本)]·[그림 2-성혹인회도본(成或因繪圖本)]

---

7) 유리(羑里)는 옛 지명으로, 유리(牖里)라고도 쓴다. 유리성은 은나라 때 주왕(紂王)이 문왕(文王)을 7년 동안 가두어놓았던 곳이다. 지금의 하남성(河南省) 안양시(安陽市) 탕음현(湯陰縣)에서 북쪽으로 4.5킬로미터 떨어진 곳에 유리성의 유적이 남았다. 유수(羑水)가 성의 동북쪽을 거쳐 흐른다.

[그림 1] 길량 명(明)·장응호회도본

[그림 2] 길량 청(清)·사천(四川)성혹인회도본

|권12-5| 귀국(鬼國)

【경문(經文)】

「해내북경(海內北經)」 : 귀국(鬼國)이 이부시(貳負尸)의 북쪽에 있는데, 사람의 얼굴을 하고 있지만 눈이 하나이다. …….

[鬼國在貳負之尸北, 爲物人面而一目. 一曰貳負神在其東, 爲物人面蛇身.]

【해설(解說)】

귀국(鬼國)은 즉 일목국(一目國)으로, 사람의 얼굴을 하고 있고, 하나뿐인 눈이 얼굴의 한가운데에 나 있다. 『산해경』에 나오는 일목인(一目人)은 세 가지가 있는데, 귀국 이외에, 「해외북경(海外北經)」에도 일목국이 있으며, 「대황북경(大荒北經)」에도 위(威)씨 성을 가진 소호(少昊)의 아들이 있다.

지금 보이는 세 폭의 귀국도(鬼國圖)에는, 하나의 눈이 모두 가로로 나 있다. 그 형태는 두 가지인데, 첫째는 사람의 모습을 하고 있는 것으로, [그림 1-장응호회도본(蔣應鎬繪圖本)]·[그림 2-성혹인회도본(成或因繪圖本)]과 같은 것들이고, 둘째는 사람의 얼굴을 한 뱀으로, [그림 3-『변예전(邊裔典)』]과 같은 것이다.

[그림 1] 귀국 명(明)·장응호회도본

古 本 山 海 經 圖 說 (下)

[그림 2] 귀국 청(淸)·사천(四川)성혹인회도본

[그림 3] 귀국 청(淸)·『변예전』

|권12-6| 이부신(貳負神)

【경문(經文)】

「해내북경(海內北經)」: 귀국(鬼國)이 이부시[貳負尸 : 이부(貳負)의 시체-역자]의 북쪽에 있는데, ……일설에는 이부신貳負神)이 그 동쪽에 있으며, 사람의 얼굴에 뱀의 몸을 하고 있다고도 한다.

[鬼國在貳負之尸北, 爲物人面而一目. 一曰貳負神在其東, 爲物人面蛇身.]

【해설(解說)】

　이부(貳負)는 사람의 얼굴에 뱀의 몸을 가진 천신(天神)으로, 전설에 따르면 그는 일찍이 위(危)라고 불리는 그의 신하와 함께, 사람의 얼굴에 뱀의 몸을 한 다른 천신인 알유(窫窳)를 죽였으므로, 황제(黃帝)에게 소속산(疏屬山) 아래에(일설에는 위 혼자만 묶였다고 함) 팔을 뒤로 하여 묶이게 되었다. 이부신(貳負神)의 고사는 이 책 「해내서경(海內西經)」의 '이부신위(貳負神危)' 부분을 보라. 이 「해내북경」에 있는, 사람의 얼굴에 뱀의 몸을 가진 신(神)이 이부신의 원래 그림이다.

　[그림 1-장응호회도본(蔣應鎬繪圖本)]·[그림 2-『신이전(神異傳)』]·[그림 3-성혹인회도본(成或因繪圖本)]

[그림 1] 이부신 명(明)·장응호회도본

[그림 2] 이부신 청(淸)·『신이전』

[그림 3] 이부신 청(淸)·사천(四川)성혹인회도본

|권12-7| 도견(蛪犬)

【경문(經文)】

「해내북경(海內北經)」: 도견(蛪犬)은 개처럼 생겼고, 푸른색이며, 사람을 머리부터 먹기 시작한다.

[蛪犬如犬, 靑色[8], 食人從首始.]

【해설(解說)】

도견[蛪('陶'로 발음)犬은 사람을 잡아먹는 무서운 짐승이자, 재앙을 일으키는 짐승이다. 생김새는 개와 비슷한데, 푸른색[靑色 : 경문에는 원래 '色'자가 없는데, 원가(袁珂)가 학의행(郝懿行)을 따라 교정하여 추가했음]이며, 도견은 사람을 머리부터 먹기 시작한다고 전해진다. 『설문해자(說文解字)』에서는, 도견은 북방(北方)의 식인수(食人獸)라고 했다.

곽박(郭璞)의 『산해경도찬(山海經圖讚)』: "귀신(鬼神)인 도견은 주로 재앙을 일으킨다네.[鬼神蛪犬, 主爲妖災.]"

[그림 1–장응호회도본(蔣應鎬繪圖本)]·[그림 2–성혹인회도본(成或因繪圖本)]

[그림 1] 도견 명(明)·장응호회도본

---

8) 원래의 경문은 "蛪犬如犬, 靑"인데, 이 책에서는 '靑'자 뒤에 '色'자를 덧붙였다. 이는 왕염손(王念孫)의 주석에, "『태평어람(太平御覽)·수부(獸部) 16』(권904)에서 '如犬而靑'이라 했고, 『예문유취(藝文類聚)·수부(獸部) 4』(권94)에서는 '如犬靑色'이라 했다.[『御覽·獸部十六』(卷九○四)作如犬而靑, 『類聚·獸部四』(卷九十四)作如犬靑色.]"라고 한 것에 근거하여 보충한 것으로 보인다.

[그림 2] 도견 청(清)·사천(四川)성혹인회도본

| 권12-8 | 궁기(窮奇)

【경문(經文)】

「해내북경(海內北經)」 : 궁기(窮奇)는 생김새가 호랑이와 비슷하고, 날개가 있으며, 사람을 잡아먹을 때 머리부터 먹기 시작하는데, 잡아먹히는 사람은 머리를 풀어헤 치고 있으며, 도견(蜪犬)의 북쪽에 있다. 일설에는 다리부터 먹는다고도 한다.

[窮奇狀如虎, 有翼, 食人從首始, 所食被髮, 在蜪犬北. 一曰從足.]

【해설(解說)】

궁기(窮奇)는 사람을 잡아먹는 무서운 짐승이다. 그의 형상에 대해서는 갖가지 다른 주장들이 있다. 일설에는 그것이 소처럼 생겼다고 하며, 일설에는 호랑이처럼 생겼는 데 날개가 있다고도 하고, 또한 개의 대가리에 사람의 몸을 하고 있다[「서차사경(西次四 經)」을 보라]고도 한다. 이 「해내북경」에서의 궁기는 날개가 있는 호랑이의 모습을 하고 있다.

궁기는 사흉(四凶 : 네 가지 흉악한 괴물―역자) 중 하나이다. 『태평광기(太平廣記)』에는 이렇게 기록되어 있다. "북방(北方)에 사는 어떤 짐승은, 호랑이처럼 생겼지만 날개가 있으며, 이름은 궁기인데, 바로 이것이다. 그리고 궁기·혼돈(渾敦)·도올(檮杌)·도철(饕 餮)을 사흉이라 하는데, 이 뜻을 취했다.[北方有獸, 如虎有翼, 名窮奇, 卽此. 又窮奇·渾敦· 檮杌·饕餮, 是爲四凶, 取此義也.]" 고대의 대나(大儺)[9] 의식에서 궁기는 열두 가지 신수 (神獸) 중 하나로, 근등(根騰)과 함께 "고충(蠱蟲)을 먹는다[食蠱]". 민간 신앙에서, 날개 가 달린 호랑이인 궁기는 항상 사악한 기운을 몰아내고 역병을 쫓아내는 역할을 맡는 다[그림 1]. 원래 궁기는 사람을 잡아먹는 본성을 지녔는데, 이 「해내북경」에서는 궁기 가 사람을 잡아먹을 때 머리부터 먹기 시작한다고도 하고, 다리부터 먹기 시작한다고 도 했는데, 이를 통해 경문이 그림을 설명한 말이며, 다른 그림이 있기에 다른 설이 생 기게 되었다는 것을 알 수 있다. 이로부터 미루어볼 때, 옛날의 그림에는 한 가지 신에 대해 두 가지 그림이 있었거나, 혹은 한 가지 신에 대해 여러 가지 그림이 있었을 것으

---

9) 진(秦)·한(漢) 시대에, 사냥을 나가기 하루 전날, 민간에서는 북을 치며 역귀(疫鬼)를 쫓았는데, 이를 '축 제(逐除)'라고 했다. 궁궐 안에서는, 곧 어린아이 백여 명을 모아 초라니로 삼고, 중황문(中黃門 : 환관의 관직명)을 방상씨(方相氏)와 열두 가지 짐승들로 분장시켜, 요란하고 과장된 위풍과 기세로 이들을 몰아 내는데, 이를 '대나'라고 하며, 또한 '축역'이라고도 한다.

로 추측된다. 이미 살펴본 궁기 그림들을 보면, 모두 궁기가 사람을 잡아먹는 장면은 보이지 않는다. 재미있는 점은, 『신이경(神異經)』에 기록하기를 궁기가 사람을 잡아먹을 때는 골라서 잡아먹는데, 오로지 충성스럽고 믿음직스러우면서도 정직한 사람만 잡아먹으며, 사악하고 반역을 도모하는 나쁜 자들에게는 오히려 짐승을 잡아다 그들의 비위를 맞추었다고 하니, 궁기의 이런 꼬락서니는 인간 소인배(小人輩)의 앞잡이들과 다를 바 없다는 것이다.

궁기의 그림에는 두 가지 형태가 있다.

첫째, 날개가 있는 짐승으로, 호랑이처럼 생기지 않은 것인데, [그림 2-장응호회도본(蔣應鎬繪圖本)]과 같은 것이다.

둘째, 사람의 얼굴을 한 호랑이(?)로, 날개가 없는 것인데, [그림 3-성혹인회도본(成或因繪圖本)]과 같은 것이다.

[그림 1-날개가 있는 호랑이인 궁기. 하남(河南) 남양(南陽)의 한대(漢代) 화상석(畫像石)]·[그림 2-장응호회도본(蔣應鎬繪圖本)]·[그림 3-성혹인회도본(成或因繪圖本)]

[그림 1] 날개가 있는 호랑이인 궁기. 하남 남양에 있는 한나라 화상석.

[그림 2] 궁기 명(明)·장응호회도본

[그림 3] 궁기 청(淸)·사천(四川)성혹인회도본

| 권12-9 | 대봉(大蠭 : 大蜂)

【경문(經文)】

「해내북경(海內北經)」 : 대봉(大蠭)은 그 생김새가 벌과 비슷하다. …….

[大蠭其狀如螽10). 朱蛾其狀如蛾.]

【해설(解說)】

대봉(大蠭)은 큰 벌이다. 『초사(楚辭)·초혼(招魂)』에서는, "검은 벌[蠭]은 마치 호리병[壺] 같다.[玄蠭('蜂'으로 된 것도 있음)若壺.]"라고 했다. 왕일(王逸)은 주석하기를, "호리병은 박을 말린 것이다. 넓은 들판에서 날아다니는 봉의 배가 호리병만하고, 독이 있어 사람을 죽일 수 있다고 한다.[壺, 乾瓠也. 言曠野之中, 有飛蠭腹大如壺, 有蠚毒, 能殺人也.]"라고 했다.

곽박(郭璞)의 『산해경도찬(山海經圖讚)』 : "대봉(大蜂)과 주아(朱蛾)는 여러 제왕들의 누대에 그려져 있다네.[大蜂朱蛾, 群帝之臺.]"

[그림-장응호회도본(蔣應鎬繪圖本)]

[그림] 대봉 명(明)·장응호회도본

---

10) 학의행(郝懿行)은 주석하기를, "아마도 '螽'자는 '蜂'자를 잘못 쓴 것인 듯하다. 뒤 구절의 단어와 서로 의미를 비교해보면 알 수 있다. 고자(古字)에서 '蜂'은 '蠭'으로 썼는데, '螽'자와 생김새가 비슷하기 때문에 잘못 쓴 것이다.[疑螽卽爲蜂字之訛, 與下句詞義相比. 古文蜂作蠭, 與螽字形近, 故訛耳.]"라고 했다. 원가의 주석에서도, "왕염손도 '螽'을 '蠭'으로 썼다.[王念孫亦螽作蠭.]"라고 했다. 이 책에서는 '螽'으로 썼으나, 여러 주석들에 근거해서 '蠭(蜂)'으로 번역했다.

| 권12-10 | 탑비(闒非)

【경문(經文)】

「해내북경(海內北經)」: 탑비(闒非)는 사람의 얼굴에 짐승의 몸을 하고 있으며, 푸른색이다.

[闒非, 人面而獸身, 青色.]

【해설(解說)】

탑비(闒非)는 사람의 얼굴을 한 짐승으로, 온 몸이 푸른색이다.

곽박(郭璞)의 『산해경도찬(山海經圖讚)』: "사람의 얼굴에 짐승의 몸을 가졌는데, 이것을 탑비라고 한다네.[人面獸身, 是謂闒非.]"

[그림 1-장응호회도본(蔣應鎬繪圖本)]·[그림 2-성혹인회도본(成或因繪圖本)]

[그림 1] 탑비 명(明)·장응호회도본

[그림 2] 탑비 청(淸)·사천(四川)성혹인회도본

【경문(經文)】

「해내북경(海內北經)」: 거비시(據比尸)는 그 모습이, 목이 뒤로 꺾인 채 머리를 풀어헤치고 있고, 한 손이 없다.

[據比之尸, 其爲人折頸被髮, 無一手.]

【해설(解說)】

거비(據比)는 즉 제비(諸比)·연비(掾比)[둘 다 하나의 성모(聲母 : 중국어의 자음―역자)가 바뀐 것임]이다. 거비는 천신(天神)으로, 죽임을 당한 후, 그의 영혼이 죽지 않고서 거비의 시체[아래에서는 줄여서 거비시(據比尸)라 함―역자]가 되었다. 거비시는 그 모습이 매우 괴상한데, 목덜미는 잘려져 있으며, 머리카락을 풀어헤친 채 목은 꺾여 있고, 머리가 뒤쪽으로 젖혀져 있으며, 팔도 하나가 없다. 원가(袁珂)는, "『회남자(淮南子)·지형훈(墜形訓)』에서는, '제비(諸比)는 차가운 바람이 부는 곳에 산다.'라고 했다. 고유(高誘)가 이에 대해 주석하기를, '제비는 천신이다.'라고 했다. 이는 아마도 거비나 연비를 가리키는 것 같다.[『淮南子·墜形訓』云, '諸比, 凉風之所生也.' 高誘注, '諸比, 天神也.' 疑卽據比·掾比.]"라고 했다. 명(明)나라 초기에 편찬된 『영락대전(永樂大典)』 권910에 수록되어 있는 거비시['거북시(據北尸)'라고 했음]의 그림은, 현재 보이는 가장 이른 시기의 두 폭의 산해경도(山海經圖) 작품들 중 하나[다른 한 폭은 「해외동경(海外東經)」에 있는 사비시(奢比尸) 그림임]로, 이 그림의 아래에 있는 해석문에는, "해내(海內) 곤륜허(昆侖虛)의 북쪽에는 거비시가 있는데, 그 사람은 목이 꺾여 있고, 머리를 풀어헤쳤으며, 손이 하나이다.[海內昆侖虛北的據北(比)之尸, 其人折頸披髮一手.]"라고 되어 있다.

곽박(郭璞)의 『산해경도찬(山海經圖讚)』: "머리를 풀어헤치고 목이 뒤로 꺾여 있으니, 거비의 시체로다.[披髮折頸, 據比之尸.]"

[그림 1―『영락대전(永樂大典)』]·[그림 2―장응호회도본(蔣應鎬繪圖本)]·[그림 3―성혹인회도본(成或因繪圖本)]

據北之尸
山海經

海内崑崙虛北有
據北之尸其人折
頸被髮亡一手

[그림 1] 거북시[據北之尸].
명나라 초기의 『영락대전』 권910.

[그림 2] 거비시 명(明)·장응호회도본

[그림 3] 거비시 청(淸)·사천(四川)성혹인회도본

|권12-12| 환구(環狗)

【경문(經文)】

「해내북경(海內北經)」: 환구(環狗)는 그 생김새가 짐승의 대가리에 사람의 몸을 하고 있다. 일설에는 고슴도치 모습인데 개와 비슷하며, 누런색이라고 한다.

[環狗, 其爲人獸首人身. 一曰蝟狀如狗, 黃色.]

【해설(解說)】

환구(環狗)는 구두인(狗頭人 : 개의 대가리를 한 사람–역자)으로, 그 형체는 개의 대가리에 사람의 몸을 하고 있다. 형상으로 미루어 볼 때, 환구는 견융(犬戎)·구봉(狗封)과 같이 개를 믿던 종족들에 속했을 것이다.

[그림 1–장응호회도본(蔣應鎬繪圖本)]·[그림 2–성혹인회도본(成或因繪圖本)]·[그림 3–왕불도본(汪紱圖本)]

[그림 2] 환구 청(淸)·사천(四川)성혹인회도본

[그림 1] 환구 명(明)·장응호회도본

環狗

[그림 3] 환구 청(清)·왕불도본

|권12-13| 미(袜)

【경문(經文)】

「해내북경(海內北經)」: 미(袜)는 사람의 몸에 검은 대가리와 세로로 길쭉한 눈을 가지고 있다.

[袜, 其爲物, 人身黑首從目.]

【해설(解說)】

미(袜)는 곧 귀매(鬼魅)·정괴(精怪)[11]이다. 모습이 매우 무섭게 생겼고, 사람의 몸에 검은 얼굴을 가졌으며, 눈썹과 눈이 세로로 길쭉한 것이 이 요괴의 가장 눈에 띄는 특징이다. 미는 산과 연못에 사는 악귀(惡鬼)로, 『후한서(後漢書)·예의지(禮儀志)』에서는 대나(大儺: 이 책 〈권12-8〉 참조-역자)를 행할 때, 웅백(雄伯)이 전문적으로 도깨비[魅]를 잡아먹었다고 했다. '종목(從目)'이란 곧 종목(縱目)·직목(直目)이다.[12] 종목(縱目)은 민족문화사와 문화학(文化學)에서 일종의 상징적인 부호이다. 이른바 미에는 아마도 고대 종목족(縱目族) 무리의 배경이 있을 것이다.

곽박(郭璞)의 『산해경도찬(山海經圖讚)』: "융(戎)은 그 뿔이 세 개이고, 미는 그 눈썹이 세로로 길쭉하다네.[戎三其角, 袜豎其眉.]"

[그림 1-장응호회도본(蔣應鎬繪圖本)]·[그림 2-성혹인회도본(成或因繪圖本)]·[그림 3-왕불도본(汪紱圖本)]

[그림 3] 미 청(淸)·왕불도본

---

11) 귀매는 도깨비나 두억시니 같은 것을 말하고, 정괴는 어떤 자연물이 오랜 기간이 지나거나 수련을 거쳐 모습이 변한 요괴를 말한다.
12) 종목(縱目)·직목(直目)은 눈이 세로로 길쭉한 것을 말한다.

[그림 1] 미 명(明)·장응호회도본

[그림 2] 미 청(淸)·사천(四川)성혹인회도본

| 권12-14 | 융(戎)

【경문(經文)】

「해내북경(海內北經)」 : 융(戎)은, 그 모습이, 사람의 머리에 세 개의 뿔이 나 있다.
[戎, 其爲人, 人首三角.]

【해설(解說)】

융(戎)은 고대의 한 종족으로, 후대에 이르러서는 고대 소수민족을 일반적으로 일컫는 명칭이 되었는데, 서부 지역에 거주하고 있던 소수민족들을 서융(西戎)이라고 했다. 『산해경』에서 말하기를, 융의 특징은 머리에 세 개의 뿔이 나 있다고 했다. 민족학적인 측면에서 보면, 무사(巫師)의 머리(혹은 모자) 위에 동물의 뿔로 장식하는 것은, 상당히 보편적인 풍습 중 하나였는데, 특별히 세 개의 뿔을 가졌다고 하여 그 숫자를 강조한 것은, 그 속에 분명히 원시 신앙적인 의미를 내포하고 있을 것이다. 융인(戎人)이 "사람의 머리에 세 개의 뿔을 가졌다.[人首三角.]"라고 한 것은, 아마도 그러한 풍습의 시초일 것이다.

곽박(郭璞)의 『산해경도찬(山海經圖讚)』 : "융은 그 뿔이 세 개이고, 미(袜)는 그 눈썹이 세로로 길쭉하다네.[戎三其角, 袜豎其眉.]"

[그림 1-장응호회도본(蔣應鎬繪圖本)]·[그림 2-성혹인회도본(成或因繪圖本)]·[그림 3-왕불도본(汪紱圖本)]

[그림 2] 융 청(淸)·사천(四川)성혹인회도본

[그림 1] 융 명(明)·장응호회도본

[그림 3] 융 청(淸)·왕불도본

|권12-15| 추오(騶吾)

【경문(經文)】

「해내북경(海內北經)」: 임씨국(林氏國)에 진귀한 짐승이 있는데, 크기는 호랑이만 하고, 다섯 가지 색을 모두 갖추었으며, 꼬리가 몸보다 더 길다. 이름은 추오(騶吾) 라 하는데, 그것을 타면 하루에 천 리를 갈 수 있다.

[林氏國有珍獸, 大若虎, 五采畢具, 尾長於身, 名曰騶吾, 乘之日行千里.]

【해설(解說)】

추오(騶吾)는 추우(騶虞)로, 호랑이의 모습을 한 신수(神獸)이자 상서로운 짐승이다. 추오는 성수(聖獸)이자 인덕(仁德)이 있고 충의(忠義)로운 짐승으로 받들어졌다. 전설에 따르면, 임씨국(林氏國)에 사는 진기한 짐승인 추오는, 크기가 호랑이만하고, 다섯 가지 색채를 모두 갖추었으며, 꼬리가 몸보다 길고, 하루에 천 리를 갈 수 있다고 한다. 또한 추우는 바로 백호인데, 검은 무늬가 있으며, 꼬리가 몸통보다 길고, 살아 있는 것을 먹지 않으며, 살아 있는 풀도 밟지 않고, 제명에 죽은 것의 고기만을 먹으며, 군왕이 덕이 있으면 나타난다고 했다[『모시전(毛詩傳)』과 『비아(埤雅)』를 보라]. 장사(長沙)의 자탄고(子彈庫)에서 출토된 초(楚)나라 백서(帛書)인 십이월신도(十二月神圖)에 추오 그림이 있다[그림 1]. 호문환(胡文煥)은 『산해경도(山海經圖)』에서 다음과 같이 적고 있다. "임씨국은 바다 밖에 있다. 그곳에 어진 짐승이 사는데, 호랑이처럼 다섯 가지 색을 갖추었고, 꼬리가 몸보다 길며, 살아 있는 것은 잡아먹지 않고, 이름은 추우라 한다. 그것을 타면 하루에 천 리를 갈 수 있다. 『육도(六韜)』에서 이르기를, 주왕(紂王)이 문왕(文王)을 감금하자, 그의 신하인 굉요(閎夭)가 이 짐승을 구해서 헌상하니, 주왕이 크게 기뻐하며 문왕을 풀어주었다고 한다.[林氏國在海外. 有仁獸, 如虎五采, 尾長于身, 不食生物, 名曰騶虞. 乘之, 日行千里. 『六韜』云, 紂囚文王, 其臣閎夭求得此獸獻之, 紂大悅, 乃釋文王.]"

옛날부터 추우는 인의(仁義)의 상징이었는데, 그것이 겉으로는 용맹하면서도 위엄이 있고 안으로는 품격을 지녔다고 하여, 역대 학자와 문인들의 칭송을 받았다. 예를 들면 한(漢)나라 때 사마상여(司馬相如)는 「봉선송(封禪頌)」에서 이렇게 읊었다. "알록달록한 짐승이, 우리 임금의 동산을 즐기는구나. 하얀 바탕에 검은 무늬가 있으니, 그 모습이 가히 아름답구나![般般之獸, 樂我君囿. 白質黑章, 其儀可嘉.]" 또 후한(後漢)의 채옹(蔡

邕)이 지은 「오령송(五靈頌)」, 오(吳)나라의 설종(薛綜)이 지은 「추우송(騶虞頌)」, 명대(明代)의 호엄(胡儼)이 지은 「추우부(騶虞賦)」 등등의 작품들이 있다. 가장 주목할 만한 것은 당대(唐代)의 백거이(白居易)가 지은 「추우화찬(騶虞畵讚)」인데, 그 서문(序文)에는 이렇게 적고 있다. "추우는 어질고 상서로운 짐승이다. 그것이 감응하는 것과 먹는 것, 형상과 성질에 이르기까지, 그 사실들을 모두 문손씨(文孫氏)가 「서응도(瑞應圖)」에 담았다. 원화(元和) 9년(814년-역자) 여름에, 추우 그림을 나에게 준 자가 있었는데, 그것의 겉으로는 용맹하면서도 위엄이 있고, 안으로는 어질면서도 믿음직스러움을 좋아하게 되었다. 또한 세상 그 어디에서도 볼 수 없는 것에 감탄하여, 붓을 들어 그것을 기리노라.[騶虞, 仁瑞之獸也. 其所感所食, 曁形狀質, 文孫氏「瑞應圖」具載其事. 元和九年夏, 有以騶虞圖贈予者, 予愛其外猛而威, 內仁而信, 又嗟其曠代不覲, 引筆贊之.]"

곽박(郭璞)의 『산해경도찬(山海經圖讚)』: "오색 찬란한 괴이한 짐승, 꼬리가 몸의 세 배나 되네. 굳건한 다리로 천 리를 달리니, 빠르기가 마치 신과 같구나. 이를 일러 추우라 하니, 『시경(詩經)』에서도 그의 어짊을 읊었다네.[13][怪獸五彩, 尾參于身. 矯足千里, 儵忽若神. 是謂騶虞, 詩嘆其仁.]"

경문에서 추오를 일러 "크기가 호랑이만하다[大若虎]"라고 하여, 단지 그 크기가 호랑이만하다고만 했을 뿐, 생김새에 대해서는 자세히 언급하지 않았는데, 이런 부정확함으로 인해 산해경도(山海經圖)들에 그려진 추오의 모습은, 말처럼 생긴 것과 호랑이처럼 생긴 것의 두 가지 형태가 있다.

첫째, 말처럼 생긴 것은, [그림 2-장응호회도본(蔣應鎬繪圖本)]·[그림 3-성혹인회도본(成或因繪圖本), 몸은 말처럼 생겼고, 대가리는 돼지처럼 생겼음]과 같은 것들이다.

둘째, 호랑이처럼 생긴 것은, [그림 4-호문환도본(胡文煥圖本)]·[그림 5-일본도본(日本圖本)]·[그림 6-오임신근문당도본(吳任臣近文堂圖本)]·[그림 7-왕불도본(汪紱圖本)]·[그림 8-『금충전(禽蟲典)』]과 같은 것들이다.

---

13) 『시경(詩經)·소남(召南)』에, 아래와 같은 「추우(騶虞)」라는 시가 있다. "彼茁者葭, 壹發五豝, 于嗟乎騶虞. 彼茁者蓬, 壹發五豵, 于嗟乎騶虞.[저 무성한 갈대밭에서, 화살 한 발에 암돼지가 다섯 마리라니, 아 추우로세. 저 무성한 쑥대밭에서 화살 한 발에 돼지가 다섯 마리라니, 아 추우로다.]"

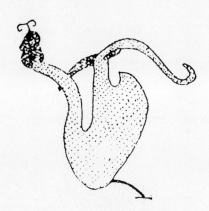

[그림 1] 추오 초나라 백서(帛書)인 십이월신도

[그림 2] 추오 명(明)·장응호회도본

[그림 3] 추오 청(淸)·사천(四川)성혹인회도본

騶
虞

[그림 4] 추오(추우) 명(明)·호문환도본

[그림 5] 추우 일본도본

[그림 6] 추우 청(淸)·오임신근문당도본

[그림 7] 추오 청(淸)·왕불도본

[그림 8] 추우 청(淸)·『금충전』

|권12-16| 빙이[冰夷 : 하백(河伯)]

【경문(經文)】

「해내북경(海內北經)」: 종극연(從極淵)은 깊이가 3백 길[仞]인데, 빙이(冰夷)가 항상 그 연못에 살고 있다. 빙이는 사람의 얼굴을 하고 있으며, 두 마리의 용을 타고 다닌다. 일명 충극연(忠極淵)이라고도 한다.

[從極之淵深三百仞, 維冰夷恒都焉. 冰夷人面, 乘兩龍. 一曰忠極之淵.]

【해설(解說)】

　　수신(水神)인 빙이(冰夷)는 풍이(馮夷)·무이(無夷)라고도 불리는데, 바로 하백(河伯)이다. 전설에서 하백 풍이는 화음(華陰) 동향(潼鄕) 사람으로, 일찍이 팔석(八石)이라 불리는 약을 먹고 신선이 되어 수신이 되었다고 한다[『장자(莊子)·대종사(大宗師)』를 보라]. 곽박(郭璞)이 『산해경도찬(山海經圖讚)』에서 말하고 있는 것이 바로 이 고사(故事)이다.

　　하백의 모습에 대해서는 여러 가지 설이 있는데, 하나는 "사람의 얼굴에 두 마리의 용을 타고 다닌다[人面, 乘兩龍]"[「해내북경(海內北經)」을 보라]는 설이고, 다른 하나는 "하백은 사람의 얼굴에 두 마리의 용을 타고 다닌다. 그리고 또 사람의 얼굴을 하고 물고기의 몸을 가졌다고 한다[河伯人面, 乘兩龍. 又曰人面魚身]"[『유양잡조(酉陽雜俎)·낙고기(諾皋記) 上』을 보라]는 설, 그리고 "하얀 얼굴에, 긴 인어의 몸을 가졌다[白面長人魚身]"[『시자집본(尸子輯本)』 권하(卷下)]는 설이며, 마지막으로는 "사람의 얼굴에 뱀의 몸을 가졌다[人面蛇身]"[『역대신선통감(歷代神仙通鑑)』을 보라]는 설이다. 이로부터, 황하(黃河) 수신의 원래의 형태는 물고기나 뱀 종류였다는 것을 알 수 있다. 하백과 관련된 고사는 매우 많은데, 가장 유명한 것은 하백이 신부를 맞이하는 이야기와 후예(后羿)[14]가 하백의 아내인 낙빈(雒嬪)을 활로 쏜 전설이지만, 둘 다 『산해경』에는 보이지 않는다.

　　곽박의 『산해경도찬』: "화음의 정기를 내려 받고, 팔석(八石)을 먹었다 하네. 용을 타기도 하고 물속에 숨기도 하며, 해약과 왕래한다네. 이는 실로 수신(水神)으로, 하백이라고 부른다네.[稟華之精, 食惟八石[15]. 乘龍隱淪, 往來海若[16]. 是實('謂'로 된 것도 있음)水

---

14) 활을 귀신처럼 잘 쏘았다는 전설상의 인물로, 동이족 내 한 부족의 수령이었다고 한다.
15) 저자주: 『백자전서(百子全書)』에는, 석팔(石八)을 연단하여 먹었다고 한다.
16) 해약(海若)은 장자(莊子)가 말한 동해의 해신이다. 또한 약수(若水)의 이름이기도 하다.

仙, 號曰河伯.]"

[그림 1-장응호회도본(蔣應鎬繪圖本)]·[그림 2-『신이전(神異典)』]

[그림 1] 빙이 명(明)·장응호회도본

西濱阿水之神部彙考二
山海經
水夷神圖

[그림 2] 빙이신(冰夷神) 청(淸)·『신이전』

열고야산(列姑射山)

【경문(經文)】

「해내북경(海內北經)」: 열고야(列姑射)[17]는 바다의 섬 안에 있다. 고야국(姑射國)[18] 이 바다 가운데에 있는데, 열고야에 속하며, 서남쪽은 산으로 둘러져 있다.

[列姑射在海河州中. 射姑國在海中, 屬列姑射, 西南, 山環之.]

【해설(解說)】

열고야(列姑射)는 곧 막고야(藐姑射)로, 바다에 있는 신산(神山)이며, 그 서남쪽은 여러 산들이 둘러싸고 있으니, 바로 신화에 나오는 선경(仙境)이다. 「동차이경(東次二經)」에는, 고야산(姑射山)·북고야산(北姑射山)·남고야산(南姑射山)을 합쳐 열고야산이라 한다고 기록되어 있다. 『열자(列子)·황제(黃帝)』와 『장자(莊子)·소요유(逍遙遊)』에서 이 신산의 경치를 다음과 같이 기술하고 있다. 즉 열고야는 바다의 섬 속에 있으며, 산 위에는 신인(神人)이 사는데, 피부가 마치 눈이나 얼음처럼 하얗고, 처녀처럼 부드럽고 연약하며, 바람을 들이쉬고 이슬을 마시며, 오곡을 먹지 않는다. 두려워하거나 성내지 않으며, 베풀거나 은혜를 입지도 않고, 물자를 자급자족한다. 음양은 항상 조화롭고, 해와 달은 항상 밝으며, 사계절이 항상 변함이 없다. 비바람은 항상 고르고, 양육하는 것은 늘 때에 맞으며, 매년 농사는 풍년이다. 구름을 타고, 비룡(飛龍)을 부리며, 사해의 바깥을 노닌다. 그 신령스러움이 응결되어, 사물로 하여금 상처가 나거나 병들지 않게 하고, 해마다 곡식들이 잘 익는다고 했다. 정말이지 한 폭의 유토피아적인 그림이 아니던 가!

곽박(郭璞)의 『산해경도찬(山海經圖讚)』: "고야의 산에는, 실로 신들이 살고 있다네.[姑射之山, 實栖神人.]"

[그림-장응호회도본(蔣應鎬繪圖本)]

---

17) 곽박은 주석하기를, "산의 이름이다. 이 산에는 신인(神人)이 있다. 섬이 바다의 한가운데에 있으며, 황하(黃河)가 지나가는 곳이다.[山名也. 山有神人. 河州在海中, 河水所經者.]"라고 했다.

18) 원래의 경문에는 '야고국(射姑國)'이라고 되어 있는데, 이 책에서는 '고야국(姑射國)'이라고 했다. 원가(袁珂)는 주석에서, "송나라본[宋本]·장경본(藏經本)·오관초본(吳寬抄本)·오임신본(吳任臣本)·필원교본(畢沅校本)에는 모두 '고야국'이라 했으며, '고야국'이라고 하는 것이 맞다.[宋本·藏經本·吳寬抄本·吳任臣本·畢沅校本竝作'姑射國', 作'射姑國'是也.]"라고 했다.

[그림] 열고야산 명(明)·장응호회도본

|권12-18| 대해(大蟹)

【경문(經文)】

「해내북경(海內北經)」 : 고야국(姑射國)이 바다 가운데에 있는데, 열고야(列姑射)에 속하며, 서남쪽은 산으로 둘러져 있다. 대해(大蟹 : 큰 게-역자)가 바다 속에 산다.

[射姑國在海中, 屬列姑射, 西南, 山環之. 大蟹在海中.]

【해설(解說)】

신화에 나오는 대해(大蟹)는 크기가 천 리(里)나 되는 게(곽박의 주석)인데, "바닷물의 남쪽에는, 게 한 마리가 수레를 가득 채울 만큼 크다[海水之陽, 一蟹盈車]"라고도 한다.

곽박(郭璞)의 『산해경도찬(山海經圖讚)』 : "고야의 산에는, 실로 신들이 살고 있다네. 큰 게는 그 크기가 천 리나 되고, 또한 능어(陵魚)도 있다네. 넓기도 하구나 드넓은 바다여, 괴이한 것들과 진귀한 것들을 다 품고 있구나.[姑射之山, 實栖神人. 大蟹千里, 亦有 陵鱗. 曠哉溟海, 含怪('性'이라고 된 것도 있음)藏珍.]"

[그림 1-장응호회도본(蔣應鎬繪圖本)]·[그림 2-왕불도본(汪紱圖本)]

[그림 1] 대해 명(明)·장응호회도본

[그림 2] 대해 청(淸)·왕불도본

|권12-19| 능어(陵魚)

【경문(經文)】

「해내북경(海內北經)」: 고야국(姑射國)이 바다 가운데에 있는데, 열고야(列姑射)에 속하며, ……. 능어(陵魚)는 사람의 얼굴에 손과 발을 가졌고, 물고기의 몸을 하고 있으며, 바다 안에 산다.

[射姑國在海中, 屬列姑射, 西南, 山環之. 大蟹在海中. 陵魚人面, 手足, 魚身, 在海中.]

【해설(解說)】

능어(陵魚) 즉 능어(鯪魚)는 인어류(人魚類)에 속한다. 능어는 사람의 얼굴에 사람의 손과 사람의 발이 있고, 물고기의 몸을 가졌다. 열고야산(列姑射山) 일대의 바다 속에서 산다. 전해지기로는 능어가 나타나면 곧 바람과 파도가 갑자기 일어난다고 한다. 굴원(屈原)은 「천문(天問)」에서, 능어(鯪魚)는 어디에 있느냐고 물었다. 유종원(柳宗元)은 또한 「천대(天對)」에서, 능어(鯪魚)는 사람의 얼굴을 하고 있고, 열고야(列姑射)를 두루 오간다고 했다. 등원석(鄧元錫)은 『물성지(物性志)』에 기록하기를, 열고야산과 가까운 곳에 능어(鯪魚)가 있는데, 사람의 얼굴에 사람의 손과 물고기의 몸을 하고 있으며, 그것이 보이면 곧 바람과 파도가 인다고 했다.

곽박(郭璞)의 『산해경도찬(山海經圖讚)』: "고야의 산에는, 실로 신들이 살고 있다네. 큰 게는 그 크기가 천 리나 되고, 또한 능어(陵魚)도 있다네. 넓기도 하구나 드넓은 바다여, 괴이한 것들과 진귀한 것들을 다 품고 있구나.[姑射之山, 實栖神人. 大蟹千里, 亦有陵鱗. 曠哉溟海, 含怪('性'이라고 된 것도 있음)藏珍.]"

[그림 1-장응호회도본(蔣應鎬繪圖本)]·[그림 2-오임신강희도본(吳任臣康熙圖本)]·[그림 3-왕불도본(汪紱圖本)]·[그림 4-『금충전(禽蟲典)』]

[그림 1] 능어 명(明)·장응호회도본

陵魚人面手足魚身在海中

陵魚

[그림 2] 능어 청(淸)·오임신강희도본   [그림 3] 능어 청(淸)·왕불도본

[그림 4] 능어 청(淸)·『금충전』

|권12-20| 봉래산(蓬萊山)

【경문(經文)】

「해내북경(海內北經)」: 봉래산(蓬萊山)이 바다 가운데에 있다.

[蓬萊山在海中.]

【해설(解說)】

봉래산(蓬萊山)은 바다 가운데에 있는 신산(神山)으로, 구름 속에 있는, 신선들이 사는 곳[仙境]이다. 전하는 바에 따르면, 봉래산은 발해(渤海)에 있으며, 그것을 멀리서 바라보면 구름처럼 생겼고, 위에는 신선들이 사는 궁실(宮室)이 있는데, 모두 금과 옥으로 만들어졌으며, 새와 짐승들은 모두 하얗다고 한다. 또 발해에는 봉래산·방장산(方丈山)·영주산(瀛州山) 등 세 개의 신산들이 있는데, 이 산들은 많은 신선들과 불사약(不死藥)이 있는 곳이라고 한다. 『열자(列子)·탕문편(湯問篇)』에는 다섯 개의 신산들에 관한 전설이 있는데, 이 산들은 모두 옛날 사람들이 가고 싶어 하던 곳들이다.

곽박(郭璞)의 『산해경도찬(山海經圖讚)』: "봉래산은 옥과 벽이 숲을 이루고 있노라. 금으로 된 누대와 구름처럼 높은 건물에, 희기도 하구나 짐승들은. 참으로 신령스러운 곳이니, 군주도 마음에 들어 했으리.[蓬萊之山, 玉碧構林. 金臺雲館, 皓哉獸禽. 實維靈府, 王('玉'으로 된 것도 있음)主甘心.]"

[그림-장응호회도본(蔣應鎬繪圖本)]

[그림] 봉래산 명(明)·장응호회도본

第十三卷

海内東經

제13권 해내동경

第十三卷 海内東經

|권13-1| 뇌신(雷神)

【경문(經文)】

「해내동경(海內東經)」：뇌택(雷澤)에 뇌신(雷神)이 있는데, 용의 몸에 사람의 머리를 하고 있으며, 그것이 배를 두드리면 곧 우레가 친다. 오(吳) 지역의 서쪽에 있다.
[雷澤中有雷神, 龍身而人頭, 鼓其腹則雷[1)]. 在吳西.]

【해설(解說)】

뇌신(雷神)은 곧 뇌수(雷獸)·뇌공(雷公)으로, 오래된 자연신이며, 그것의 원래 모습은 사람의 머리에 용의 몸을 하고 있으며, 그것이 배를 두드리면 곧 천둥소리가 우르릉 쾅쾅하고 울린다. 『사기(史記)·오제본기(五帝本紀)』의 정의(正義)에서는 이 경문을 인용하면서 말하기를, "뇌택(雷澤)에는 뇌신이 사는데, 용의 대가리에 사람의 얼굴을 하고 있으며, 그것이 배를 두드리면 곧 천둥이 운다.[雷澤有雷神, 龍首人頰, 鼓其腹則雷.]"라고 했다. 『회남자(淮南子)·지형훈(墜形訓)』에서는, "뇌택에는 신이 있는데, 용의 몸에 사람의 머리를 하고 있으며, 그것이 배를 두드리면 빛이 난다.[雷澤有神, 龍身人頭, 鼓其腹而熙.]"라고 했다. 「대황동경(大荒東經)」 동해(東海)의 유파산(流波山)에 사는 기수(夔獸)도 또한 이름이 뇌수인데, 소처럼 생겼지만 발이 하나이고, 물을 드나들 때는 비바람이 친다. 그 빛은 해나 달처럼 밝고, 그것이 내는 소리는 천둥처럼 크다. 황제(黃帝)가 그것을 얻고 나서, 그것의 가죽으로 북을 만들었으며, 뇌수의 뼈로 북채를 만들었는데, 그 북소리를 5백 리 밖에서도 들을 수 있었다. 곽박(郭璞)은 주석에서 말하기를, 뇌수는 곧 뇌신이며, 사람의 얼굴에 용의 몸을 가졌고, 자신의 배를 북처럼 두드린다고 했다. 여기에서, 가장 오래된 뇌신의 형태는 짐승의 형상이거나 사람과 짐승이 합쳐진 형상이었으며, 천둥과 번개는 반드시 비바람을 수반하고, 용이 비바람을 주관하기 때문에, 뇌신은 사람의 얼굴에 용의 몸을 가졌고, 그것이 배를 두드리면 천둥소리가 크게 났다

---

1) 원래의 경문에는 "鼓其腹"이라고만 되어 있다. 원가(袁珂)의 주석에, "『사기·오제본기』에서 이 경문을 인용하며 '雷澤有雷神, 龍首人頰, 鼓其腹則雷.[뇌택에 뇌신이 있는데, 용의 대가리에 사람의 얼굴을 하고 있으며, 그 배를 두드리면 곧 우레가 친다.]'라고 했다.[史記五帝本紀正義引此經云: '雷澤有雷神, 龍首人頰, 鼓其腹則雷.']"라고 되어 있다.
　저자주 : '則雷'라는 말은 원래 없는데, 원가가 『사기(史記)·오제본기(五帝本紀)』의 정의(正義)를 인용하여 보충했다.

는 것을 알 수 있다. 또한 우르릉 쾅쾅하는 천둥소리는 사람들에게 북을 치는 것을 연상시키므로, 오직 뇌수의 뼈를 가지고 기수(夔獸)의 가죽으로 만든 북을 쳐야만 비로소 귀를 울리는 큰 천둥소리가 난다는 것을 알 수 있다. 유파산 위에 산다는, 소처럼 생겼고, 물에 드나들 때는 반드시 비바람을 수반하며, 그것이 내는 소리는 마치 천둥소리 같고, 그 가죽으로는 북을 만들 수 있다는 그 기수도, 또한 뇌신의 화신(化神)이다.

뇌공이라는 이름은 한(漢)나라 이전에도 이미 기록에서 보인다. 『초사(楚辭)·원유(遠遊)』에서는, "왼쪽에서는 우사(雨師)가 길을 가며 시중들게 하고, 오른쪽에서는 뇌공이 호위하게 하노라.[左雨師使徑侍兮, 右雷公以爲衛.]"라고 했다. 동한(東漢)의 왕충(王充)은 『논형(論衡)·뇌허(雷虛)』에서 이렇게 말했다. "그림을 그리는 교묘한 솜씨로, 천둥의 형상을 그리나니, 줄줄이 북을 매달아 놓은 형상이다. 또 한 명의 사람을 그렸으니, 마치 역사(力士)의 용모이며, 그를 뇌공이라 하는데, 왼손에는 줄줄이 매단 북을 들고서, 오른손으로는 북채를 두드리는 것이 마치 북을 치는 모습이다. 그것이 의미하는 것은, 천둥소리가 우르릉 쾅쾅하고 울리는 것을, 줄줄이 매달린 북을 연달아 두드리는 의미로 여겼다는 것이다.[圖畵之工, 圖雷之狀, 累累如連鼓之狀. 又圖一人, 若力士之容, 謂之雷公, 使之左手引連鼓, 右手推椎, 若擊之狀. 其意以爲雷聲隆隆者, 連鼓相扣擊之意也.]" 여기에서 알 수 있는 것은, 한나라 때 뇌신의 모습이, 이미 뇌거(雷車)를 몰고, 연달아 있는 북을 치며, 북채를 두드리는 역사(力士)의 형상으로 발전했다는 것이다. 한나라 이후에는, 뇌신의 형상이 다시 원숭이 모습·돼지 모습·닭 모습·새 모습으로 변화를 거쳤다.

우리가 지금 막 본 산해경도(山海經圖)들 가운데 뇌신도(雷神圖)는, 모두 뇌신의 오래된 형태, 즉 사람의 얼굴에 용의 몸을 한 것들이다. 흥미로운 것은 모든 뇌신들이 새의 부리를 가지고 있다는 점이다. 기록에 따르면, 새 모습의 뇌신(새의 부리·날개·발톱을 포괄함)이 나타나게 된 것은 불교와 관련이 있으며, 당(唐)·송(宋) 시대보다 이르지 않다는 것이다. 명(明)·청(淸) 시대에 『산해경』을 그린 화공들은 후대의 새 모습의 뇌신의 한 가지 특징(새의 부리)을 여러 가지 오래된 뇌신의 몸에 추가했는데, 이는 어떤 측면에서는 새 모습을 한 뇌신의 관념이 명·청 시기에 이미 유행하고 있었다는 것을 말해주는 것이다.

곽박의 『산해경도찬(山海經圖讚)』 : "뇌택의 신은 배를 두드리며 한가롭게 노닌다네.[雷澤之神, 鼓腹優遊.]"

[그림 1-장응호회도본(蔣應鎬繪圖本)]·[그림 2-오임신근문당도본(吳任臣近文堂圖

[그림 1] 뇌신 명(明) · 장응호회도본

第十三卷 海内東經

雷神龍身人頭而鼓
其腹在呉西

[그림 2] 뇌신 청(淸) · 오임신근문당도본

[그림 3] 뇌신 청(淸)··사천(四川)성흑인회도본

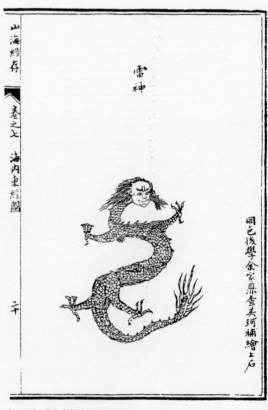

[그림 4] 뇌신 청(淸)·왕불도본

|권13-2| 사사(四蛇)

【경문(經文)】

「해내동경(海內東經)」 : 한수(漢水)가 부어산(鮒魚山)에서 시작되며, 천제인 전욱(顓頊)은 그 남쪽에 묻고, 아홉 명의 비빈(妃嬪)들은 그 북쪽에 묻었는데, 네 마리의 뱀[四蛇]들이 그곳을 지킨다.

[漢水出鮒魚之山, 帝顓頊葬於陽, 九嬪葬於陰, 四蛇衛之.]

【해설(解說)】

사사(四蛇)는 네 마리의 신령한 뱀들을 가리키는데, 천제(天帝) 전욱(顓頊)의 묘소가 있는 부어산(鮒魚山)의 수호자이다. 부어산은 곧 부우산(附禺山 : 「대황북경」)·무우산(務隅山 : 「해외북경」)으로, 지금의 요녕(遼寧) 서북쪽에 있는 의무여산[醫巫閭山 : 『이아(爾雅)·석지(釋地)』]이다. 전욱은 북방의 천제이자, 유도(幽都)의 군주였으며, 흑제(黑帝)라고도 부른다. 「해외서경(海外西經)」에도 사사가 나오는데, "헌원(軒轅)의 무덤은 헌원국(軒轅國)의 북쪽에 있다. 그 무덤의 사방은 네 마리 뱀들이 서로 둘러싸고 있다.[軒轅之丘, 在軒轅國北. 其丘方, 四蛇相繞.]"라고 기록되어 있다. 네 마리의 뱀은 여러 신들과 신산(神山)의 수호자이다. 전욱의 묘소와 헌원의 무덤을 지키는 수호자가 모두 네 마리의 뱀이다.

[그림 1-장응호회도본(蔣應鎬繪圖本)]·[그림 2-성혹인회도본(成或因繪圖本)]

[그림 1] 사사 명(明)·장응호회도본

[그림 2] 사사 청(淸)·사천(四川)성혹인회도본

第十四卷 大荒東經

제14권 대황동경

古本　山海經　圖說（下）

|권14-1| 소인국(小人國)

【경문(經文)】

「대황동경(大荒東經)」: 동해(東海)의 바깥에 있는, 대황(大荒)의 가운데에, ……소인국(小人國)이 있는데, 이름은 정인(靖人)이라 한다.

[東海之外, 大荒之中, 有山名曰大言, 日月所出. 有波谷山者, 有大人之國. 有大人之市, 名曰大人之堂. 有一大人踆其上, 張其兩耳. 有小人國, 名靖人.]

【해설(解說)】

대인국(大人國) 사람들은 키가 몇 장(丈)씩이나 되지만, 소인국(小人國) 사람들은 겨우 9치[寸]이며, 이름은 정인(靖人), 즉 정인(竫人)·쟁인(諍人)이다. 『설문해자(說文解字)』에서는 해석하기를, '靖'은 자잘한 모양이며, 따라서 소인을 정인이라 부른다고 했다. 『회남자(淮南子)』에서는 '정인(竫人)'이라고 했으며, 『열자(列子)』에서는 쟁인(諍人)이라고 했다. 『열자·탕문편(湯問篇)』에서는, 동북쪽 끝에는 쟁인이라는 사람들이 사는데, 키가 9치이라고 했다. 『산해경』에 기록되어 있는 이런 소인들은 모두 네 종류로, 이 「대황동경」에 나오는 정인 외에, 「해외남경(海外南經)」에 주요국(周僥國)이 있고, 「대황남경(大荒南經)」에 초요국(焦僥國)이 있으며, 또한 균인(菌人)이라고 불리는 소인이 있는데, 모두 난쟁이류에 속한다.

곽박(郭璞)의 『산해경도찬(山海經圖讚)』: "초요(焦僥) 사람들은 지극히 작거늘, 정인(靖人)은 더욱 작다네. 사지(四肢)를 다 갖추고 있지만, 가까이 가야만 겨우 알아볼 수 있다네. 대인국 사람들과 장비국 사람들은, 그들보다 모두 건장하다네.[焦僥極幺, 靖人又小. 四體取具('足'으로 된 것도 있음), 眉目[1]才了. 大人長臂, 與之共狡[2].]"

[그림 1-장응호회도본(蔣應鎬繪圖本)]·[그림 2-오임신근문당도본(吳任臣近文堂圖本)]·[그림 3-성혹인회도본(成或因繪圖本)]·[그림 4-왕불도본(汪紱圖本)]·[그림 5-『변예전(邊裔典)』]·[그림 6-상해금장도본(上海錦章圖本)]

---

1) '眉目'의 본래 의미는 '눈썹과 눈' 혹은 '얼굴 모습'을 가리키지만, 여기에서는 비유적으로 '매우 가까움'·'근접'의 의미로 쓰였다.

2) '狡'는 여기에서 '힘이 세다'·'강건하다'는 의미로 쓰였다

[그림 1] 소인국 명(明)·장응호회도본

[그림 3] 소인국 청(淸)·사천(四川)성혹인회도본

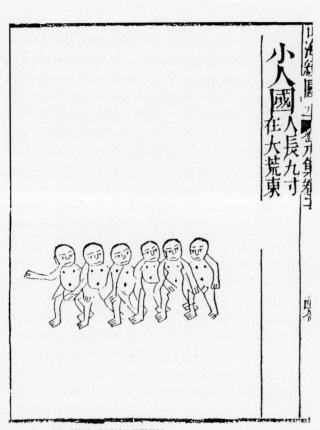

[그림 2] 소인국 청(淸)·오임신근문당도본

[그림 4] 소인국 청(淸)·왕불도본

小人國

[그림 5] 소인국 청(淸)·『변예전』

小人國人長九寸在天荒東

[그림 6] 소인국 상해금장도본

【경문(經文)】

「대황동경(大荒東經)」 : 어떤 신이 있는데, 사람의 얼굴에 짐승의 몸을 하고 있으며, 이름은 이령시(犁魗尸 : 이령의 시체-역자)라고 한다.

[有神, 人面獸身, 名曰犁魗之尸.]

【해설(解說)】

천신(天神) 이령[犁魗('靈'으로 발음)]은, 사람의 얼굴에 짐승의 몸을 하고 있는데, 죽임을 당하고 나서도 그의 영혼은 죽지 않고, 이령의 시체로 변해 계속 활동한다.

[그림 1-장응호회도본(蔣應鎬繪圖本)] · [그림 2-『신이전(神異典)』] · [그림 3-성혹인회도본(成或因繪圖本)] · [그림 4-왕불도본(汪紱圖本)]

[그림 1] 이령시 명(明) · 장응호회도본

[그림 2] 이령시 청(淸) · 『신이전』

[그림 3] 이령시 청(淸)·사천(四川)성혹인회도본

聲魂之尸

[그림 4] 이령시 청(淸)·왕불도본

【경문(經文)】

「대황동경(大荒東經)」: 대황(大荒)의 가운데에, ……어떤 신(神)이 사는데, 이름이 절단(折丹)—동방(東方)을 절(折)이라 함—이라 하고, 그쪽에서 불어오는 바람을 준(俊)—동쪽 끝에 살면서 바람을 드나들게 함—이라 한다.

[大荒之中, 有山名曰鞠陵於天·東極·離瞀, 日月所出. 有神[3], 名曰折丹—東方曰折, 來風曰俊—處東極以出入風.]

【해설(解說)】

절단(折丹)은 사방신(四方神) 중 하나로, 동방(東方)의 신이자, 또한 동방의 풍신(風神)이다. 정월(正月)에 가끔 준풍(俊風)이 부는데, 준풍은 봄에 부는 바람으로, 동방의 신인 절단은 동쪽의 끝에 살면서, 바람을 적당하게 조절할 수 있고, 준풍이 드나드는 것을 관장한다. 『산해경』에는 사방신과 사방 풍신의 이름 및 그 직책이 기록되어 있는데, 예를 들면 여기 「대황동경」에 나오는 동방의 풍신인 절단, 「대황남경(大荒南經)」에 나오는 남방(南方)의 풍신인 인인호(因因乎), 「대황서경(大荒西經)」에 나오는 서방(西方)의 풍신인 석이(石夷), 「대황동경」에 나오는 북방(北方)의 풍신인 신원(神𩴊)이다. 사방신의 존재와 유행은 사방에 대한 관념이 구체적으로 표현된 것이다.

[그림-왕불도본(汪紱圖本)]

[그림] 절단 청(淸)·왕불도본

---

3) 저자주 : '有神'이라는 두 글자는 원래 없으나, 원가(袁珂)가 학의행(郝懿行)의 주(注)에 근거하여 추가했다.

【경문(經文)】

「대황동경(大荒東經)」 : 동해(東海)의 모래섬에 신이 사는데, 사람의 얼굴에 새의 몸을 하고 있고, 두 마리의 황사(黃蛇)를 귀에 걸고 있으며, 두 마리의 황사를 밟고 있고, 이름은 우호(禺虢)라 한다. 황제(黃帝)가 우호를 낳고, 우호가 우경(禺京)을 낳았으며, 우경은 북해(北海)에 살고, 우호는 동해(東海)에 사는데, 이들은 해신(海神)이다.

[東海之渚中, 有神, 人面鳥身, 珥兩黃蛇, 踐兩黃蛇, 名曰禺虢. 黃帝生禺虢, 禺虢生禺京, 禺京處北海, 禺虢處東海, 是惟海神.]

【해설(解說)】

　　황제(黃帝)의 아들인 우호[禺虢('虢'로 발음)]는 동해(東海)의 해신(海神)으로, 북해(北海)의 해신인 우경[禺京 : 우강(禺彊)이라고도 하는데, 「해외북경(海外北經)」·「대황북경(大荒北經)」을 보라]의 아버지이다. 부자(父子)인 두 신들은 신직(神職)이 서로 같은데, 모두 해신이다. 모습도 역시 서로 같은데, 둘 다 사람의 얼굴에 새의 몸을 하고 있으며, 두 귀에는 두 마리의 뱀을 꿰어 걸고 있다.

　　지금 왕불도본(汪紱圖本)에서 보이는 우호는[그림] 사람의 얼굴에 새의 몸을 하고 있고, 새의 날개와 발을 갖고 있으며, 두 귀에는 두 마리의 뱀을 걸고 있고, 두 발도 역시 두 마리의 뱀을 밟고 있어, 그의 아들인 우경과 서로 완전히 똑같은 모습이다.

　　[그림-왕불도본]

[그림] 우호 청(淸)·왕불도본

【경문(經文)】

「대황동경(大荒東經)」 : 인민국(因民國)이 있는데, 성이 구(勾)씨이고, 기장을 먹고 산다. 왕해(王亥)라는 사람이 있는데, 두 손에는 새를 쥐고 그것의 대가리를 먹고 있다. 왕해는 유역(有易) 부족과 하백(河伯)에게 자신의 길들인 소를 맡겼다. 유역 부족이 왕해를 죽이고, 그의 길들인 소를 차지했다. [은(殷)나라가 유역을 치자-역자] 하백(河伯)이 유역을 가엾게 여겨, 유역을 몰래 도망가게 하자, 그가 짐승들이 사는 곳에 나라를 세우고, 그것들을 잡아먹었으니, 이름하여 요민(搖民)이라 한다. 순(舜)임금이 희(戲)를 낳고, 희가 요민을 낳았다.

[有因民國, 勾姓, 黍食[4]. 有人曰王亥, 兩手操鳥, 方食其頭. 王亥托於有易·河伯僕牛. 有易殺王亥, 取僕牛. 河伯念有易[5], 有易潛出, 爲國於獸, 方食之, 名曰搖民. 帝舜生戲, 戲生搖民.]

【해설(解說)】

신(神)인 왕해[王亥('該'·'眩'·'胲'로 된 것도 있음)]는 동방(東方)에 있는 은(殷) 민족의 시조이자, 유명한 목축(牧畜)의 신으로, 소를 잘 길들여 기르는 것으로 유명하다. 왕해의 형상은 "두 손에 새를 쥐고 있는 것[兩手操鳥]"인데, 복사(卜辭)[6]에서 '亥'자는 새의

---

4) 원래의 경문은 "有困民國, 勾姓而食.[곤민국(困民國)이 있는데, 성이 구(勾)씨이고 먹고 산다.]"라고 되어 있다. 원가(袁珂)는, "이 경문의 '困民'은 분명 '因民'의 오자(誤字)이다.[此經'困民'固當是'因民'之訛也.]"라고 했다. 또 "勾姓而食"에 대해 하작(何焯)은 "'而食' 뒤에 빠진 글자가 있다.['而食'下有脫文.]"라고 했고, 학의행(郝懿行)도 "'勾姓'의 뒤, '而食'의 앞에 빠진 게 있다.['勾姓'下, '而食'上當有闕脫.]"라고 했다. 원가는 "'而'자는 아마도 '黍'자가 이지러져 잘못된 것일 것이다. ⋯⋯'勾姓, 黍食'이라고 해야 곧 의미가 분명하고 완정해진다.[而字或當是黍字之缺壞. ⋯⋯'勾姓, 黍食', 則辭曉義明, 完整無缺矣.]"라고 했다. 이 책에서는 이에 따라 번역했다.
    저자주 : 원래 '인민국(因民國)'이 아니라 '곤민국(困民國)', '서식(黍食)'이 아니라 '이식(而食)'으로 되어 있었는데, 원가가 교정하여 고쳤다.
5) 원가는 주석에서, "경문의 '河念有易'에 대해 왕염손(王念孫)은 '河'자 뒤에 '伯'자를 덧붙여야 한다고 했는데, 옳다.[經文'河念有易', 王念孫於'河'下校增'伯'字, 是也.]"라고 했다. 이 책에서는 이에 따라 "河伯念有易"으로 썼다.
6) 중국 최초의 문자로, 주로 점[卜]을 치는 데 사용했기 때문에 복사(卜辭)라고 하며, 짐승의 뼈에 새겼다 하여 갑골문(甲骨文)·토지 매매 등 계약서에 사용되었다고 하여 계문(契文)·거북의 등껍질에 새겼다 하여 귀갑문자(龜甲文字)·은허 유적지에서 발견되었다 하여 은허문자(殷墟文字)라고도 부른다.

第十四卷 大荒東經

대가리에 사람의 몸을 하고 있는 것으로 표현한다. 일본인 학자 시라카와 시즈카(白川靜)는 『중국신화(中國神話)』라는 책에서, "왕해라는 이름을 보면, 복사에서 '亥'자는 바로 새 모양 아래에 놓인다. 이러한 예는 여러 갑골 조각들에서 보이는데, 그것들이 대개 그린 것이 왕해라는 신의 모습이다."라고 했다. 왕해와 새의 관계는 바로 은 민족과 새의 관계를 잘 말해주고 있다.

왕해가 소를 부린 것과 소를 잃은 일은, 왕해 관련 신화에서 가장 유명한 고사이다. 전설 중에는 다음과 같은 이야기가 있다. 어느 날 왕해는 자기가 길들여 기르던 소를 북방(北方)의 유역(有易) 부족과 하신(河神 : 강의 신-역자)인 하백(河伯)에게 맡겼다. 후에 유역의 군주인 면신(綿臣)이 왕해를 죽이고 왕해의 소를 차지해버렸다. 은나라의 군주인 상갑미(上甲微)는 하백의 세력을 빌려 유역을 토벌하여 멸망시켰으며, 면신도 죽였다. 소는 농경민족의 상징이자, 상고 시대의 제사에 반드시 필요한 희생(犧牲 : 제사에서 제물로 쓰이는 짐승-역자)인데, 왕해가 소를 종으로 부리고, 소를 잃은 일, 그리고 상갑미가 복수를 위해 유역을 멸망시킨 고사에는, 농경에 주로 종사했던 은나라 민족이 소를 방목할 땅을 얻으려고 하여 다른 민족들과의 사이에서 분쟁이 있었음을 반영하고 있다. 하백은 원래 유역과의 관계가 매우 좋았는데, 그 다음에 어쩔 수 없이 은나라를 도와 유역을 멸망시켰으나, 마음속으로는 차마 그럴 수 없어, 유역의 간신히 살아남은 사람들을 몰래 도망치도록 도와주었다. 유역의 간신히 살아남은 사람들은 나중에 새의 발이 달린 민족으로 변하여, 들판 가득 금수(禽獸)들이 사는 곳 안에 짐승을 잡아먹고 사는 국가를 세웠으며, 요민(搖民)이라 불렸다. 요민은 또 인민(因民)·영민(嬴民)이라고도 하는데, 진(秦)나라 사람들의 조상이다. 전설에서 요민은 순(舜)의 후예인데, 임금인 순은 맹희(孟戲)를 낳았고, 희(戲)는 요민을 낳았다고 한다. "맹희는 새의 몸을 가졌으며 사람의 말을 할 줄 알았고[孟戲, 鳥身人言]"[『사기(史記)·진본기(秦本紀)』를 보라], 모두 새와 사람이 합체된 후손들이다. 『변예전(邊裔典)』에 인민국도(因民國圖)가 있다[그림 1]. 『산해경』에는 왕해가 소를 종처럼 부린 일과 소를 잃은 일(이 「대황동경」을 보라)과 유역의 후예인 영민(「해내경」을 보라)의 고사가 기재되어 있으며, 「해내북경(海內北經)」에는 또한 왕해가 처참하게 살해되어, 몸이 일곱 조각으로 쪼개지는 장면을 묘사하고 있다. 『산해경』 말고도 왕해와 관견된 고사는 또한 『죽서기년(竹書紀年)』과 『초사(楚辭)·천문(天問)』에도 더욱 상세한 기록이 실려 있다.

[그림 1-『변예전(邊裔典)』]·[그림 2-장응호회도본(蔣應鎬繪圖本)]·[그림 3-왕불도본

(汪紱圖本)]

困民國

[그림 1] 인민국 청(淸) · 『변예전』

[그림 2] 왕해 명(明) · 장응호회도본

王亥

[그림 3] 왕해 청(淸) · 왕불도본

|권14-6| 오채조(五采鳥)

【경문(經文)】

「대황동경(大荒東經)」 : 대황(大荒)의 가운데에 ……다섯 가지 빛깔의 새가 있으며, 서로 마주보고 날갯짓을 하면서 춤을 추는데, 제준(帝俊)의 하계(下界)의 벗들이다. 제준의 하계의 두 제단은, 빛깔이 있는 새가 관장한다.

[大荒之中, ……有五采之鳥, 相鄉棄沙, 惟帝俊下友, 帝下兩壇, 采鳥是司.]

【해설(解說)】

오채조(五采鳥 : 다섯 가지 빛깔의 새-역자)는 봉황(鳳凰) 종류의 신조(神鳥)이자 상서로운 새로, 늘 스스로 노래하며 춤을 춘다. 「대황서경(大荒西經)」에서는, "오채조에게는 이름이 세 가지가 있는데, 황조(皇鳥)라고도 하고, 난조(鸞鳥)라고도 하며, 봉조(鳳鳥)라고도 한다.[五采鳥有三名, 一曰皇鳥, 一曰鸞鳥, 一曰鳳鳥.]"라고 했다. 제준(帝俊)은 현조(玄鳥 : 제빗과의 새-역자)의 신으로, 그 또한 항상 오채조와 벗을 삼았다. 제준은 하계(下界)에 두 제단이 있는데, 오채조가 책임을 지고 관리했다.

[그림 1-장응호회도본(蔣應鎬繪圖本)]·[그림 2-성혹인회도본(成或因繪圖本)]·[그림 3-왕불도본(汪紱圖本)]

[그림 3] 오채조 청(淸)·왕불도본

[그림 1] 오채조 명(明)·장응호회도본

[그림 2] 오채조 청(淸)·사천(四川)성혹인회도본

【경문(經文)】

「대황동경(大荒東經)」: 동북쪽 바다 밖에, ……여화월모국(女和月母國)이 있다. 그곳에 완(虤)이라는 사람이 있는데, 북방을 완이라 하고, 그쪽에서 불어오는 바람을 염(狏)이라 한다. 이 사람은 동북쪽 귀퉁이에 살면서, 해와 달을 멈추게 함으로써, 서로 간격이 없이 뜨고 지도록 하여, 그것의 길이를 관장한다.

[東北海外, 又有三靑馬·三騅·甘華. 爰有遺玉·三靑鳥·三騅·視肉·甘華·甘柤, 百穀所在. 有女和月母之國. 有人名曰虤, 北方曰虤, 來之風曰狏, 是處東北隅, 以止日月, 使無相間出沒, 司其短長.]

【해설(解說)】

완(虤 : '婉'으로 발음)은 사방신(四方神) 중 하나로, 북방(北方)의 신(神)이자 북방의 풍신(風神)이다. 곽박은 말하기를, 완은 해와 달의 출입을 살펴, 서로 뜨고 지는 간격이 잘못되지 않도록 했으며, 그것이 비추는 시간의 길이를 관장한다고 했다. 왕불(汪紱)은 말하기를, 완은 해와 달의 출입을 조절하는 일을 담당하며, 낮과 밤의 길이를 관장한다고 했다.

『산해경』에는 사방신과 사방 풍신들의 이름과 그들의 직분에 대해 기록하고 있는데, 예를 들면 「대황동경(大荒東經)」에 나오는 동방의 풍신인 절단(折丹), 「대황남경(大荒南經)」에 나오는 남방(南方)의 풍신인 인인호(因因乎), 「대황서경(大荒西經)」에 나오는 서방(西方)의 풍신인 석이(石夷), 그리고 이곳 「대황동경」에 나오는 북방의 풍신인 완이다.

[그림-왕불도본(汪紱圖本)]

虤

[그림] 완 청(淸)·왕불도본

古本 山海經 圖說 (下)

|권14-8| 응룡(應龍)

【경문(經文)】

「대황동경(大荒東經)」: 대황(大荒)의 동북쪽 귀퉁이에, 흉려토구(凶犁土丘)라는 이름의 산이 있다. 응룡(應龍)이 남쪽 끝에 사는데, 치우(蚩尤)와 과보(夸父)를 죽여, 하늘로 다시 올라가지 못했다. 때문에 하계(下界)에 자주 가뭄이 들게 되었는데[7], 가뭄이 들 때 응룡의 형상을 만들면, 곧 큰 비가 내렸다.

[大荒東北隅中, 有山名曰兇犁土丘. 應龍處南極, 殺蚩尤與夸父, 不得復上. 故下數旱, 旱而爲應龍之狀, 乃得大雨.]

【해설(解說)】

응룡(應龍)은 용(龍) 가운데 날개가 있는 것이자, 황제(黃帝)의 신룡(神龍)이며, 물을 다스리는 물의 수호자이다. 『박아(博雅)·석어(釋魚)』에서는 용의 형상의 차이에 따라 용을 식별하고 있는데, 비늘이 있는 것은 교룡(蛟龍)이라 하고, 날개가 있는 것은 응룡이라 하며, 뿔이 있는 것은 규룡(虯龍)이라 하고, 뿔이 없는 것은 이룡(螭龍)이라 한다고 했다. 용은 높이 날 수도 있고 낮게 날 수도 있으며, 몸의 크기를 작게 할 수도 있고 크게 할 수도 있으며, 모습을 숨길 수도 있고 드러낼 수도 있으며, 몸의 길이를 짧게 할 수도 있고 길게 할 수도 있다. 응룡은 또 용 가운데 가장 신기한 것이다. 『술이기(述異記)·용화(龍化)』의 기록에 따르면, 교룡[蛟]은 천 년이 지나야 용이 되며, 용은 또 5백 년이 지나야 각룡(角龍)이 되고, 각룡은 천 년이 지나야 응룡이 된다고 한다. 호문환(胡文煥)은 『산해경도(山海經圖)』에서 이르기를, "공구산(恭丘山)에는 응룡이라는 것이 있는데, 날개가 있는 용이다. 옛날에 치우(蚩尤)가 황제를 맞아 싸울 때, 황제가 응룡에게 명하여 기주(冀州)의 들판에서 공격하게 했다. 여와(女媧) 시기에는 축거(畜車)를 타고 응룡을 부렸다. 우(禹)가 치수할 때에는 응룡이 꼬리로 땅에다 그림을 그렸다고 하니, 곧 물의 수호자이다.[恭丘山有應龍者, 有翼龍也. 昔蚩尤御黃帝, 帝令應龍攻於冀之野. 女媧之時, 乘畜車服應龍. 禹治水, 有應龍以尾畫地, 卽水衛.]"라고 했다.

먼 옛날의 신화에서, 응룡은 황제의 신룡(神龍)으로서, 물을 모아 두었다가 비를 내

---

7) 곽박(郭璞)은 주석하기를, "하늘에 더 이상 비를 만들어 내려주는 자가 없었기 때문이다.[上無復作雨者故也.]"라고 했다.

리는 일을 잘했으며, 황제와 치우의 전쟁에서 그는 치우와 과보(夸父)를 죽이고, 혁혁한 전공을 세웠다. 『산해경』에는 응룡의 공로를 기록하고 있는데, 「대황북경(大荒北經)」의 기록에 따르면, "치우가 병사를 일으켜 황제를 공격하자, 황제는 이에 응룡에게 명하여 기주의 들판에서 그를 공격하도록 하니, 응룡이 물을 가두어 모았다. 치우가 풍백(風伯)과 우사(雨師)에게 청하여 큰 비바람을 몰아치게 하자, 황제가 이에 천녀(天女) 발(魃 : 가뭄의 신-역자)을 내려 보내니 비가 그쳐, 마침내 치우를 죽였으며[蚩尤作兵伐黃帝, 黃帝乃令應龍攻之冀州之野, 應龍蓄水. 蚩尤請風伯雨師, 縱大風雨. 黃帝乃下天女曰魃, 雨止, 遂殺蚩尤.]", "응룡이 치우를 죽이고 나서, 또 과보를 죽이자, 이에 남방(南方)으로 쫓겨나 그곳에 처해졌으므로, 남방에는 비가 많이 온다.[應龍已殺蚩尤, 又殺夸父, 乃去南方處之, 故南方多雨.]"라고 했다. 응룡은 이때부터 다시 하늘로 올라가지 못하고 땅에서 살게 되었다. 전설에 의하면, 그것이 이르지 못한 곳은 항상 가뭄으로 소동이 일자, 민간에서는 토룡(土龍 : 흙으로 빚은 용-역자)에게 비를 내려달라고 빌었는데, 그것이 바로 위의 경문에서 말하는 "가뭄이 들어 응룡의 모습을 만들자, 곧 큰 비가 내렸다[旱而爲應龍之狀, 乃得大雨]"라고 한 것이다. 이에 대해 곽박은, "지금의 토룡은 이것을 근본으로 한 것이다.[今之土龍本此.]"라고 했다. 『회남자(淮南子)·지형훈(墬形訓)』에는 "토룡은 비를 부른다[土龍致雨]"라는 말이 있는데, 이에 대해 고유(高誘)는 주석하기를, "탕(湯) 임금 때 가뭄이 들자, 토룡을 용과 비슷하게 만들었다. 구름은 용을 따라다니기 때문에, 비를 부른다.[湯遭旱, 作土龍以象龍. 雲從龍, 故致雨也.]"라고 했다. 이로부터, 토룡을 만들어 비를 기원하는 풍속의 유래는 이미 오래되었고, 그 안에는 응룡이 비를 내리게 한다는 신화의 근원이 있음을 알 수 있다.

응룡은 또 도랑(하천)의 신이다. 우(禹)가 홍수를 다스릴 때, 응룡도 큰 공적을 세웠다. 『초사(楚辭)·천문(天問)』에 나오는, "응룡은 어떻게 그림을 그린 것인가? 강과 바다는 어떻게 흘러간 것인가?[應龍何畫? 河海何歷?]"라는 구절에 대해, 왕일(王逸)은 주(注)에서, "아마도 우가 홍수를 다스릴 때, 신룡이 있어, 물길이 마땅히 트여야 하는 곳을 따라 꼬리로 (땅에다) 그림을 그리자, 우가 그것에 따라 치수한 것을 일컫는 듯하다.[或曰禹治洪水時, 有神龍以尾畫(地), 遵水徑所當決者, 因而治之.]"라고 했다. 『습유기(拾遺記)』에는, "황룡(黃龍)은 앞에서 꼬리를 끌고 가고, 현귀(玄龜)는 뒤에서 푸른 진흙을 등에 지고 간다.[黃龍曳尾於前, 玄龜負靑泥於後.]"라는 기록이 있다. 여기에서 꼬리를 끌고 가는 황룡이 바로 응룡이다.

곽박의 『산해경도찬(山海經圖讚)』: "응룡은 새의 날개가 있어, 황제를 도와 근심거리를 없애주었다네. 신령한 복을 사용하여 구제하고, 남쪽 끝으로 옮겨갔다네. 그 형상이 양집(兩集)에 보이니, 그 숨결이 자연스레 살아 있도다.[應龍禽翼, 助黃弭患. 用濟靈慶, 南極是遷. 象見兩集, 口氣自然.]"

[그림 1−장응호회도본(蔣應鎬繪圖本)]·[그림 2−호문환도본(胡文煥圖本)]·[그림 3−왕불도본(汪紱圖本)]·[그림 4−『신이전(神異典)』]

[그림 1] 응룡 명(明)·장응호회도본

[그림 2] 응룡 명(明)·호문환도본

[그림 3] 응룡 청(淸)·왕불도본

[그림 4] 응룡 청(淸)·『신이전』

| 권14-9 | 기(夔)

【경문(經文)】

「대황동경(大荒東經)」: 동해(東海)의 가운데에 유파산(流波山)이 있는데, 바다로 7천 리 들어가 있다. 그 위에 어떤 짐승이 사는데, 생김새가 소와 비슷하고, 푸른색 몸에 뿔이 없으며, 다리는 하나이고, 물을 드나들면 곧 반드시 비바람이 몰아친다. 그 빛은 마치 해나 달처럼 밝으며, 그 소리는 우레와 같은데, 그 이름은 기(夔)라 한다. 황제(黃帝)가 그것을 잡아서, 그 가죽으로 북을 만들고, 뇌수(雷獸)의 뼈로 북채를 만드니, 그 소리가 5백 리 밖까지 들려, 천하를 떨게 했다.

[東海中有流波山, 入海七千里. 其上有獸, 狀如牛, 蒼身而無角, 一足, 出入水則必風雨, 其光如日月, 其聲如雷, 其名曰夔. 黃帝得之, 以其皮爲鼓, 橛以雷獸之骨, 聲聞五百里, 以威天下.]

【해설(解說)】

　기(夔)는 즉 뇌수(雷獸)·뇌택(雷澤)의 신인 뇌신(雷神)이다. 기는 다리가 하나뿐인 기이한 짐승이다. 기의 생김새에 대해서는 많은 주장들이 있어 왔는데, 소처럼 생겼다는 설·용처럼 생겼다는 설·원숭이처럼 생겼다는 설 등 세 가지가 가장 널리 전해지고 있다.

　첫째, 기가 소처럼 생겼다는 설이다. 「대황동경(大荒東經)」에서는, 기가 소처럼 생겼고, 발이 하나에 뿔은 없으며, 청회색을 띠고 있고, 그것이 물을 드나들 때는 반드시 비바람이 몰아치며, 천둥이 울리는 소리를 낼 수 있고, 또한 해나 달처럼 밝은 빛을 띤다고 했다. 『사물감주(事物紺珠)』에서는, 영험한 동물인 기는 동해(東海)에서 태어났으며, 소처럼 생긴 데다 푸른 몸을 가졌고, 발이 하나에 뿔은 없으며, 드나들 때는 반드시 비바람이 몰아친다고 했다. 『장자(莊子)·추수편(秋水篇)』에서는, 제후(諸侯)가 동해에서 소처럼 생겼지만 발이 하나뿐인 기이한 짐승인 기를 얻은 고사를 황제가 재위하던 시기까지 견강부회하여 해석했으며, 아울러 이 짐승은 하나의 발로 달릴 수 있고, 물을 드나들면 곧 비바람이 치며, 눈빛은 마치 해나 달처럼 밝고, 그 소리는 천둥소리처럼 크다고 했다. 호문환(胡文煥)은 그림 설명에서, "동해에 어떤 짐승이 살고 있는데, 소처럼 생겼으며, 푸른 몸에 뿔은 없고, 발은 하나뿐이며, 드나들 때는 곧 비바람이 치고, 그 소리는 천둥소리처럼 크다. 이름은 기라 한다. 황제가 그것을 얻어, 그것의 가

죽을 벗겨 북에 씌우고, 다시 그것의 뼈를 취하여 북을 치니, 천둥 같은 소리가 나, 오백 리 밖에서도 들을 수 있었다.[東海中有獸, 狀如牛, 蒼身無角, 一足, 出入則有風雨, 其音如雷. 名曰夔. 黃帝得之, 以其皮冒鼓. 復取其骨擊之, 似雷聲, 聞五百里.]"라고 했다.

둘째, 기가 용처럼 생겼다는 설이다. 『설문해자(說文解字)』에서는, "기는 바로 신(神)인 허(魖)인데, 용처럼 생겼고, 발이 하나이다.[夔, 神魖也, 如龍, 一足.]"라고 했다. 「동경부(東京賦)」에서는, "기는 나무와 돌의 요괴로, 용처럼 생겼고, 뿔이 있으며, 비늘은 마치 해나 달처럼 빛이 나고, 그것이 나타나면 곧 그 고을에 큰 가뭄이 든다.[夔, 木石之怪, 如龍, 有角, 鱗甲光如日月, 見則其邑大旱.]"라고 했다.

셋째, 기가 원숭이처럼 생겼다는 설이다. 『국어(國語)·노어(魯語)』에서는, "기는 발이 하나이며, 월(越)나라 사람들은 그것을 산조[山繰 : 산소(山獟)라고도 함]라고도 부르는데, 사람의 얼굴에 원숭이의 몸을 하고 있으며, 말을 할 줄 안다.[夔一足, 越人謂之山繰(獟), 人面猴身能言.]"라고 했다. 원가(袁珂)는, 이런 원숭이 모습을 한 기는, 당(唐)나라 때에 이르러서야 마침내 우(禹)가 치수를 하면서 묶어놓았다는 무지기(無支祁)로 바뀌었다고 했다.

기는 신수(神獸)로, 그와 관련된 신화는, 이 「대황동경」에 기록되어 있듯이, 황제가 그것의 가죽으로 북을 만들고, 뇌수의 뼈로 북채를 만드니, 그 소리가 5백 리까지 울렸다는 것 말고도, 황제와 치우의 전쟁에서 큰 공을 세웠다는 내용도 있다. 기는 또한 요(堯)·순(舜)의 신하로, 악정(樂正)[8]이었다고 한다. 전설에 따르면, 기는 산림과 계곡에서 나는 소리를 흉내 내어 노래를 불렀다고 하는데, "석경을 치고 가볍게 두드려, 온갖 짐승들을 춤을 추게 한[擊石拊石, 百獸率舞]" 신통한 힘을 가지고 있었다고 한다[『여씨춘추(呂氏春秋)·고악(古樂)』과 『서경(書經)·순전(舜典)』을 보라]. 신화에서 발이 하나뿐인 신수(神獸) 기와, 전설에서 비범한 음악적 지식을 가지고 있으면서 공자(孔子)로 하여금 "다리가 하나뿐이로구나[有一足矣]"라고 찬탄하게 했던 악정(樂正) 기는, 그 발생 기원에서, 서로 다른 두 가지 신화와 전설의 모습이다. 하지만 그가 내는 소리를 5백 리 밖에서도 들을 수 있었다는 다리가 하나뿐인 신수(神獸) 기와, "석경을 치고 가볍게 두드려, 온갖 짐승들을 춤추게 한" 신통한 힘을 가진 악정 기 사이에는, 복잡하게 뒤얽힌 어떤 신화적 관계가 있다.

8) 악정(樂正)은 고대의 관직명으로, 상(商)·주(周) 시기부터 이미 있었다. 음악의 성률(聲律)과 궁정 예악(禮樂)을 책임지고 관장했다. 즉 전례(典禮)를 주관하던 음악대(音樂隊)의 최고 우두머리였다.

곽박(郭璞)의 『산해경도찬(山海經圖讚)』: "기의 가죽을 벗겨서 북에 씌우고, 뇌수의 뼈는 취하여 북채를 만들었네. 그 소리가 5백 리까지 울리니, 그 울림이 구주(九州)를 두려워 떨게 했도다. 뛰어난 무용(武勇)으로써 구제하니, 요(堯)임금과 염제(炎帝)가 치우(蚩尤)를 평정했다네.[剝夔皮作鼓, 雷骨作桴. 聲震五百, 響駭九州. 神武以濟, 堯炎平尤.]"

지금 보이는 『산해경』 고본의 기 그림들은 모두 소의 형상을 하고 있다.

[그림 1-장응호회도본(蔣應鎬繪圖本)]·[그림 2-호문환도본(胡文煥圖本)]·[그림 3-오임신강희도본(吳任臣康熙圖本)]·[그림 4-성혹인회도본(成或因繪圖本)]·[그림 5-왕불도본(汪紱圖本)]

[그림 1] 기 명(明)·장응호회도본

夔

[그림 2] 기 명(明)·호문환도본

[그림 3] 기 청(淸)·오임신강희도본

夔狀如牛蒼身而無角一足
出入必有風雨出流波山

古本 山海經 圖說 (下)

[그림 4] 기 청(淸)·사천(四川)성혹인회도본

[그림 5] 기 청(淸)·왕불도본

第十五卷

大荒南經

제15권 대황남경

第十五卷 大荒南經

|권15-1| 출척(跳踢)

【경문(經文)】

「대황남경(大荒南經)」: 남해(南海)의 바깥, 적수(赤水)의 서쪽, 유사(流沙)의 동쪽
에[1] 어떤 짐승이 사는데, 좌우에 대가리가 달려 있으며, 이름은 출척(跳踢)이라고
한다. ……

[南海之外, 赤水之西, 流沙之東, 有獸, 左右有首, 名曰跳踢. 有三靑獸相幷, 名曰雙
雙.]

【해설(解說)】

출척[跳('術'로 발음)踢]은 좌우에 대가리가 달린 기이한 짐승이다. 「해외서경(海外西
經)」의 무함(巫咸) 동쪽에는 앞뒤에 대가리가 두 개 달린 기이한 짐승인 병봉(幷封)이
있고, 「대황서경(大荒西經)」에는 좌우에 대가리가 달린 괴상한 짐승인 병봉(屛蓬)이 있
다. 이와 같이 대가리가 두 개 달린 괴수는 실제로 짐승의 암수가 서로 합쳐진 형상을
하고 있다.

[그림 1-장응호회도본(蔣應鎬繪圖本)]·[그림 2-오임신근문당도본(吳任臣近文堂圖
本)]·[그림 3-성혹인회도본(成或因繪圖本)]·[그림 4-왕불도본(汪紱圖本)]·[그림 5-『금충
전(禽蟲典)』]

[그림 1] 출척 명(明)·장응호회도본

---

1) 곽박은 주석하기를, "적수(赤水)는, 곤륜산(昆侖山)에서 시작되고, 유사(流沙)는 종산(鍾山)에서 나온
다.[赤水出昆侖山, 流沙出鍾山也.]"라고 했다.

跋踢獸形左右有
首出流沙河

[그림 2] 출척 청(淸)·오임신근문당도본

[그림 3] 출척 청(淸)·사천(四川)성혹인회도본

[그림 4] 출척 청(淸)·왕불도본

[그림 5] 출척 청(淸)·『금충전』

|권15-2| 쌍쌍(雙雙)

【경문(經文)】

「대황남경(大荒南經)」: 남해(南海)의 바깥, 적수(赤水)의 서쪽, 유사(流沙)의 동쪽에, ……세 마리의 푸른 짐승이 서로 붙어 있는데, 이름은 쌍쌍(雙雙)이라고 한다. [南海之外, 赤水之西, 流沙之東, 有獸, 左右有首, 名曰跳踢. 有三靑獸[2]相幷, 名曰雙雙[3].]

【해설(解說)】

쌍쌍(雙雙)은 여러 개의 몸이 한데 붙어 있는 기이한 짐승이거나 기이한 새이다. 쌍쌍은 새의 모습을 한 것과 짐승의 모습을 한 것의 두 종류가 있다.

첫째, 세 마리의 청조(靑鳥)가 합체(合體)되어 있는 것으로, 왕불도본(汪紱圖本)에서는, 쌍쌍은 세 마리의 청조(靑鳥)가 나란히 붙어 있다고 했다. 학의행(郝懿行)은 주석에서 그것을 인용하여, 쌍쌍을 새의 이름이라고 하면서, 쌍쌍이라는 새는 하나의 몸에 두 개의 대가리가 달려 있으며, 꼬리에 암수가 같이 있어 마음대로 짝짓기를 하며, 또 항상 떨어지지 않기 때문에 이렇게 비유하여 부른다고 했다. [그림 1-장응호회도본(蔣應鎬繪圖本)]·[그림 2-성혹인회도본(成或因繪圖本)]과 같은 것들이다.

둘째, 세 마리의 푸른 짐승이 합체되어 있는 것인데, [그림 3-오임신강희도본(吳任臣康熙圖本)]·[그림 4-『금충전(禽蟲典)』]·[그림 5-상해금장도본(上海錦章圖本)]과 같은 것들이다.

곽박의 『산해경도찬(山海經圖讚)』: "적수(赤水)의 동쪽에 쌍쌍이라는 짐승이 산다네. 그 몸은 비록 합쳐져 있지만, 마음은 실로 서로 다르다네. 움직일 때는 반드시 몸을 바르게 하니, 달리면 즉 발자취가 가지런하다네.[赤水之東, 獸有雙雙. 厥體雖合, 心實不同. 動必方軀, 走則齊踪.]"

---

2) 저자주 : 왕불본(汪紱本)에는 '三靑鳥'로 되어 있다.

3) 곽박(郭璞)은 "몸이 합쳐져 하나인 것을 말한다.[言體合爲一也.]"라고 주석했고, 원가(袁珂)의 주석에서는 "쌍쌍이라는 짐승(혹은 새)도 역시 병봉(幷封)과 같은 종류이다. 그러나 쌍쌍이면서 '세 마리의 푸른 짐승이 서로 붙어 있다'고 한 것은 상세히 알지 못하겠다. 「대황동경(大荒東經)」에서 말한 '삼청마(三靑馬)'·'삼청조(三靑鳥)'·'삼추(三雛)'도 역시 쌍쌍과 같은 종류인 듯하다.[雙雙之獸(或鳥), 亦幷封之類也. 然雙雙而謂'三靑獸相幷'則所未詳. 「大荒東經」所謂'三靑馬'·'三靑鳥'·'三雛', 疑亦雙雙之類也.]"라고 했다.

[그림 1] 쌍쌍 명(明)·장응호회도본

[그림 2] 쌍쌍 청(淸)·사천(四川)성혹인회도본

[그림 3] 쌍쌍 청(淸)·오임신강희도본

[그림 4] 쌍쌍 청(淸)·『금충전』

雙雙 三青獸合爲體
亦出流沙之東

[그림 5] 쌍쌍 상해금장도본

|권15-3| 현사(玄蛇)

【경문(經文)】

「대황남경(大荒南經)」: 흑수(黑水)의 남쪽에 현사(玄蛇 : 검은 뱀-역자)[4]가 있는데, 큰 사슴[塵]을 잡아먹는다. 무산(巫山)[5]이라는 곳이 있는데, 그 서쪽에 황조(黃鳥)가 있다. 천제(天帝)의 약(藥)을 보관하는 여덟 채의 집이 있다. 황조는 무산에서 이 현사를 감시한다.

[黑水之南, 有玄蛇, 食塵. 有巫山者, 西有黃鳥, 帝藥, 八齋[6]. 黃鳥於巫山, 司此玄蛇[7].]

【해설(解說)】

현사(玄蛇)는 주(塵 : 사슴 중에 큰 것)를 잡아먹을 수 있으며, 일종의 커다란 뱀이다. 현사는 또한 원사(元蛇)라고도 하며, 무산(巫山)에서 출몰하는데, 무산은 천제(天帝)가 불사선약(不死仙藥)을 보관해 두는 곳이다. 현사는 주를 잡아먹을 뿐만 아니라, 또한 선약을 몰래 훔쳐 먹기도 하기 때문에, 황조(黃鳥)가 이곳에 있으면서 이 현사를 감시하여 지킨다. 왕불(汪紱)은 주석에서 말하기를, "무산은 즉 지금의 파동(巴東) 무협(巫峽)에 있는 무산으로, 무산 이서(以西)의 파촉(巴蜀) 지역에는 약초가 많이 나기 때문에, 제약팔재(帝藥八齋)라고 한다. 주는 약초 먹는 것을 좋아하고, 원사는 주를 잡아먹을 수 있으며, 황조는 또한 이 원사를 감시한다.[巫山卽今巴東巫峽之巫山也, 巫山以西巴蜀之地多出藥草, 故言帝藥八齋, 塵好食藥草, 元蛇能食塵, 而黃鳥又主此元蛇也.]"라고 했다. 『산해경』에서 현사·주·황조는 서로를 잡아먹는 생태계의 먹이사슬을 이루어, 하나가 다른 하나를 억제한다.

곽박의 『산해경도찬(山海經圖讚)』: "적수(赤水)가 흘러드는 곳, 범천(氾天)에서 그 흐

---

4) 왕불본(汪紱本)에는 '원사(元蛇)'로 되어 있다.
5) 원가(袁珂)의 주석에, "운우산(雲雨山)과 영산(靈山)은 모두 무산(巫山)의 이명(異名)인 듯하다.[疑雲雨山與靈山均卽巫山之異名.]"라고 했다.
6) 곽박(郭璞)은 주석하기를, "천제(天帝)의 신선불사약(神仙不死藥)이 여기에 있다.[天帝神仙藥在此也.]"라고 했다.
7) 곽박은 "이것(검은 뱀-역자)을 관리하는 것을 말한다.[言主之也.]"라고 했다. 또 원가의 주석에서는, "황조가 '큰 사슴을 잡아먹는' 탐욕스러운 검은 뱀을 감시하고 살펴, 그것이 천제의 신약(神藥)을 먹는 것을 방지하는 것을 일컫는다고도 한다.[或謂黃鳥司察此'食塵'之貪婪玄蛇, 防其竊食天帝神藥也.]"라고 했다.

름이 가장 세차구나.[8] 제약팔재는 저 멀리 무산에 있다네. 뱀을 지키는 새, 사통팔달한 연못에 있노라.[赤水所注, 極乎汜天. 帝藥八齋, 越在巫山. 司蛇之鳥, 四達之淵.]"

[그림−장응호회도본(蔣應鎬繪圖本)]

[그림] 현사 명(明)·장응호회도본

---

8) 「대황남경(大荒南經)」에 이르기를, "남해에 범천산이 있는데, 적수가 여기에서 끝난다.[南海之中, 有汜天之山, 赤水窮焉.]"라고 했다. 여기에 곽박은, "이 산에서 흐름이 가장 세차다.[流極於此山也.]"라고 주석했다. 이 구절이 의미하는 것이 바로 이것이다. 「서차삼경(西次三經)」에는, "남서쪽으로 4백 리를 가면, 곤륜구가 있는데, ······여기에서 적수가 발원하여, 남동쪽으로 흘러 범천의 물로 흘러든다.[西南四百里, 曰昆侖之丘, ······赤水出焉, 而東南流注于汜天之水.]"라고 했다. 여기에 원가는 주석하기를, "「대황남경」에 이르기를, '범천산이 있으며, 적수가 여기에서 끝난다.'라고 했는데, 이 범천 또한 산 이름이다.[大荒南經云: '有汜天之山, 赤水窮焉.' 是汜天亦山名.]라고 했다.

| 권15-4 | 주(麈)

【경문(經文)】

「대황남경(大荒南經)」: 영산(榮山)이라는 곳이 있는데, 영수(榮水)가 여기에서 흘러나온다. 흑수(黑水)의 남쪽에 현사(玄蛇)가 있는데, 큰 사슴[麈]을 잡아먹는다.

[有榮山, 榮水出焉. 黑水之南, 有玄蛇, 食麈.]

【해설(解說)】

주(麈)는 몸집이 큰 사슴이다[「중차팔경(中次八經)」을 보라]. 이 「대황남경」에서 말하기를, 주는 큰 사슴으로, 약초를 잘 먹는다. 그런데 원사(元蛇)는 주를 잡아먹을 수 있으니, 그 뱀은 필경 굉장히 큰 것일 테지만, 오히려 황조(黃鳥)의 관할을 받고 있다. 이 세 짐승은 무산(巫山)을 배경으로 한 같은 먹이사슬 속에서 살아간다.

[그림 1-장응호회도본(蔣應鎬繪圖本)] · [그림 2-성혹인회도본(成或因繪圖本)]

[그림 1] 주 명(明) · 장응호회도본

1143

[그림 2] 주 청(淸)·사천(四川)성혹인회도본

| 권15-5 | 황조(黃鳥)

【경문(經文)】

「대황남경(大荒南經)」: 무산(巫山)이라는 곳이 있는데, 그 서쪽에 황조(黃鳥)가 있다. 천제(天帝)의 약을 보관하는 집이 여덟 채 있다. 황조는 무산에서 이 현사(玄蛇)를 감시한다.

[有巫山者, 西有黃鳥. 帝藥, 八齋. 黃鳥於巫山, 司此玄蛇.]

【해설(解說)】

황조(黃鳥)는 뱀을 관장하는 신조(神鳥)이다. 파촉(巴蜀)의 무산(巫山)에는 약초가 많이 나며, 천제(天帝)의 선약(仙藥)을 보관해두는 곳이다. 여기에 주(麈)라는 짐승이 사는데, 약초 먹는 것을 좋아하며, 현사(玄蛇)는 또 이 주를 잡아먹을 수 있다. 그러나 현사는 또한 그다지 고분고분하지 않기 때문에, 신조인 황조가 이곳에 있으면서 전적으로 현사를 지켜, 그것이 천제의 신약(神藥)을 훔쳐 먹는 것을 막는다. 황조는 곧 황조(皇鳥)로, 봉황(鳳凰) 종류의 신조에 속한다.

곽박(郭璞)의 『산해경도찬(山海經圖讚)』: "적수(赤水)가 흘러드는 곳, 범천(氾天)에서 그 흐름이 가장 세차구나. 제약팔재는, 저 멀리 무산에 있다네. 뱀을 지키는 새, 사통팔달한 연못에 있노라.[赤水所注, 極乎氾天. 帝藥八齋, 越在巫山. 司蛇之鳥, 四達之淵.]"

[그림-왕불도본(汪紱圖本)]

[그림] 황조 청(淸)·왕불도본

【경문(經文)】

「대황남경(大荒南經)」: 난민국(卵民國)이 있는데, 그곳 백성들은 모두 알에서 태어난다.

[有卵民之國, 其民皆生卵[9).]

【해설(解說)】

「해외남경(海外南經)」에 우민국(羽民國)이 있는데, 그 나라 백성들은 알을 낳는다. 이 우민국이 바로 난민국(卵民國)인 것 같다.

[그림―『변예전(邊裔典)』]

[그림] 난민국 청(淸)·『변예전』

---

9) 곽박은, "즉 알에서 태어나는 것이다.[卽卵生也.]"라고 했다.

| 권15-7 | 영민국(盈民國)

【경문(經文)】

「대황남경(大荒南經)」: 대황(大荒)의 가운데에, ……영민국(盈民國)이 있는데, 성이 어(於)씨이며, 기장을 먹고 산다. 또 어떤 사람은 나뭇잎을 먹는다.

[大荒之中, ……有盈民之國, 於姓, 黍食. 又有人方食木葉.]

【해설(解說)】

영민국(盈民國) 사람들은 기장을 먹고 산다. 전설에 따르면 이 나라 사람들은 어떤 나무의 잎을 먹고 사는데, 그것을 먹으면 신선이 될 수 있다고 한다. 『여씨춘추(呂氏春秋)·본미편(本味篇)』에는, 중용국(中容國)에서 적목(赤木)과 현목(玄木)의 잎이 난다고 기록되어 있다. 이에 대해 고유(高誘)는 주석하기를, 적목과 현목은 모두 그 잎을 먹을 수 있으며, 그 잎을 먹으면 신선이 될 수 있다고 했다.

[그림-왕불도본(汪紱圖本)]

[그림] 영민국 청(淸)·왕불도본

|권15-8| 부정호여(不廷胡余)

【경문(經文)】

「대황남경(大荒南經)」: 남해(南海)의 섬 안에 있는 어떤 신은, 사람의 얼굴을 하고 있고, 두 마리의 청사(靑蛇)를 귀에 건 채, 두 마리의 적사(赤蛇)를 밟고 있는데, 이름은 부정호여(不廷胡余)라고 한다.

[南海渚中, 有神, 人面, 珥兩靑蛇, 踐兩赤蛇, 曰不廷胡余.]

【해설(解說)】

부정호여(不廷胡余)는 남해(南海)의 모래섬에 사는 해신(海神)으로, 그 이름이 매우 기이한데, 어떤 학자는 고대 파인(巴人)[10]의 방언이라고 했다.[11] 그것의 생김새도 기이한데, 두 귀는 뚫어 두 마리의 청사(靑蛇)를 꿰고 있으며, 다리는 두 마리의 적사(赤蛇)를 밟고 있다.

[그림 1-장응호회도본(蔣應鎬繪圖本)]·[그림 2-『신이전(神異典)』]·[그림 3-성혹인회도본(成或因繪圖本)]·[그림 4-왕불도본(汪紱圖本)]

---

10) 파인(巴人)에 대해서는 중국 학계에 다양한 주장이 있다. 하지만 고대에는 대체로 중경(重慶)을 중심으로, 서쪽으로는 사천(四川) 동부, 동쪽으로는 호북(湖北) 서부, 북쪽으로는 섬서(陝西) 남부, 남쪽으로는 검중(黔中)과 상서(湘西) 지역을 통칭하여 파국(巴國)이라 했으며, 이곳에 살던 사람들을 파인이라 불렀다.

11) 저자주 : 여자방(呂子方), 『중국과학기술사논문집(中國科學技術史論文集)』下, 사천인민출판사(四川人民出版社), 1984년.

[그림 1] 부정호여 명(明)·장응호회도본

不廷胡
余神圖

[그림 2] 부정호여 청(淸)·『신이전』

不
徨
胡
余

[그림 3] 부정호여 청(淸)·사천(四川)성혹인회도본

[그림 4] 부정호여 청(淸)·왕불도본

| 권15-9 | 인인호(因因乎)

【경문(經文)】

「대황남경(大荒南經)」: 인인호(因因乎)라고 불리는 신이 있는데, 남방을 인호(因乎)라 하고, 그쪽에서 불어오는 바람을 호민(乎民)이라 하며, 남쪽 끝에 살면서 바람을 드나들게 한다.

[有神名曰因因乎, 南方曰因乎, 來風曰乎民[12], 處南極以出入風.]

【해설(解說)】

인인호(因因乎)는 사방(四方)의 풍신(風神)들 중 하나로, 남방(南方)의 신이자, 남방의 풍신이다. 왕불(汪紱)은 주석하기를, "이 신은 남방 사람인데, 그를 인호(因乎)라 부르고, 이풍(夷風)에서는 즉 호민(乎民)이라고 부른다. 이 신은 실제로 남쪽 끝에 살면서, 남풍(南風)의 출입을 주관한다.[言此神南方人, 謂之因乎, 在夷風則曰乎民. 此山實處南極, 以主出入南風也.]"라고 했다. 『산해경』에는 사방신(四方神)·사방(四方) 풍신(風神)의 이름 및 그 직분을 기록하고 있는데, 예를 들면 「대황동경(大荒東經)」의 동방(東方) 풍신인 절단(折丹), 이곳 「대황남경」의 남방 풍신인 인인호(因因乎), 「대황서경(大荒西經)」의 서방(西方) 풍신인 석이(石夷), 「대황북경(大荒北經)」의 북방(北方) 풍신인 완(鵷)이 있다.

곽박(郭璞)의 『산해경도찬(山海經圖讚)』: "사람들이 인호라고 부르니, 이것이 바람의 기운을 널리 퍼뜨린다네.[人號因乎, 風氣是宣.]"

[그림-왕불도본(汪紱圖本)]

---

12) 경문 "有神名曰因因乎, 南方曰因乎, 夸風曰乎民"에 대해 원가(袁珂)는, "아마도 '인호(因乎)라는 신이 있는데, 남방을 인(因)이라 하고, 그쪽에서 불어오는 바람을 민(民)이라 한다.'라고 해야 할 것 같다. 앞의 '因'자와 뒤의 두 '乎'자는 모두 연문(衍文)이며, '夸風'은 즉 '來風'을 잘못 쓴 것이다.[疑當作'有神名曰因乎, 南方曰因, 來風曰民.', 上因字與下二乎字俱衍文, '夸風'則'來風'之訛也.]"라고 했다.
저자주 : 원래 '夸'로 되어 있는데, 원가가 나머지 세 방향의 풍신(風神) 구절에 근거하여 '來'자로 고친 것이다.

因因乎

[그림] 인인호 청(淸)·왕불도본

| 권15-10 | 계리국(季釐國)

【경문(經文)】

「대황남경(大荒南經)」: 양산(襄山)이 있다. 또 중음산(重陰山)이 있다. 어떤 사람은
짐승을 잡아먹는데, 계리(季釐)라고 한다. 제준(帝俊)이 계리를 낳았기 때문에 계리
국(季釐國)이라고 한다.

[有襄山. 又有重陰之山. 有人食獸, 曰季釐. 帝俊生季釐, 故曰季釐之國.]

【해설(解說)】

계리국(季釐國)은 제준(帝俊)의 후예인데, 그 나라 사람들은 짐승을 잡아먹고 산다.

[그림-왕불도본(汪紱圖本)]

[그림] 계리국 청(淸)·왕불도본

|권15-11| 역민국(蜮民國)

【경문(經文)】

「대황남경(大荒南經)」: 역산(蜮山)이라는 곳이 있고, 그곳에 역민국(蜮民國)이 있는데, 성은 상(桑)씨이고, 기장을 먹고 살며, 물여우[蜮]를 활로 쏘아 잡아 그것을 먹는다. 어떤 사람이 활을 당겨 황사(黃蛇)를 쏘는데, 이름이 역인(蜮人)이라 한다. [有蜮山者, 有蜮民之國, 桑姓, 食黍, 射蜮是食. 有人方扚弓射黃蛇, 名曰蜮人.]

【해설(解說)】

역민국(蜮民國)은 기이한 나라로, 이 나라 사람들은 성이 상(桑)씨이고, 좁쌀을 먹고 살며, 또 '물여우[蜮]'라는 짐승을 활로 쏘아 잡아서 먹는다. 역(蜮)은 단호[短弧(狐)]·사공충(射工蟲)·수노(水弩)라고도 하는데, 이것은 강남(江南)의 계곡에 사는 독충(毒蟲)으로, 생김새가 자라와 비슷하다. 일설에는 다리가 세 개이고, 몸의 길이는 1~2치[寸] 정도이며, 입 안에 활 모양으로 생긴 것이 있어 독기를 뿜어 사람을 쏠 수 있는데, 이 독에 맞은 사람은 상처가 생기고, 심하면 죽을 수도 있다고 한다. 『시경(詩經)·소아(小雅)·하인사(何人斯)』에서는, "귀신이 되고 물여우가 되면, 남들이 볼 수 없다네.[爲鬼爲蜮, 則不可得.]"라 했고, 『초사(楚辭)·대초(大招)』에서는 또한, "혼이여 남쪽으로 가지 마라, 물여우가 그대의 몸을 해치리라![魂乎無南, 蜮傷躬只!]"라고 했다. 흔히들 귀역(鬼蜮)의 땅이라고 하거나 혹은 귀역이 재앙을 부른다고 하는데, 이를 통해 그 무서운 생김새와 사람한테 해를 가한다는 것을 짐작하여 알 수 있다. 그런데도 이 나라 사람들은 오히려 역을 활로 쏘아 잡아먹기 때문에, 역인(蜮人)이라고 부른다. 그들은 또 활을 쏘아 황사(黃蛇)를 잡으니, 이 나라 사람들 모두가 활쏘기에 능했으리라!

전적(典籍)들 중에는 역에 대한 기록이 적지 않다. 곽박은 주석하기를, "역은 단호(물여우-역자)이며, 자라와 비슷하게 생겼고, 모래를 입에 머금고 있다가 사람을 쏘는데, 그것에 맞으면 병이 나 죽는다.[蜮, 短狐也, 似鱉, 含沙射人, 中之則病死.]"라고 했다. 『설문해자(說文解字)』에서는, "역은 단호이며, 자라와 비슷하게 생겼고, 다리가 세 개인데, 독기[氣]를 쏘아 사람을 해친다.[蜮, 短狐也, 似鱉, 三足, 以氣射害人.]"라고 했다. 『박물지(博物志)·이충(異蟲)』에서는, "강남의 계곡에 수사공충(水射工蟲)이 사는데, 갑각류이며, 길이가 1~2치 정도이고, 입 안에 쇠뇌 모양으로 생긴 것이 있어, 독기를 뿜어 사람을 쏠 수 있다. 이 독에 맞은 곳에는 상처가 생기고, 치료할 수 없어 곧 사람을 죽인다.[江南山溪中, 水射工蟲, 甲類也, 長一二寸, 口中有弩形, 氣射人影, 隨所著處發瘡, 不治則殺人.]"라고 했다.

곽박(郭璞)의 『산해경도찬(山海經圖讚)』: "붕은 괴□이고, 단호는 재앙의 기운이라네. 남월(南越)에서는 이것이 진귀하니, 역인들이 이것을 귀하게 여기노라. 오직 편안하게 하는 성질 있어야, 누구나 다 그 참맛을 알 수 있도다.[蜪蜅怪□, 短狐災氣. 南越是珍, 蜮人斯貴. 惟性所安, 孰知正味.]"

역민국의 그림은 활로 쏘는 역의 생김새에 따라 두 가지 다른 형태가 있다.

첫째, 활로 쏘는 역의 모습이 짐승처럼 생긴 것으로, [그림 1-성혹인회도본(成或因繪圖本)]·[그림 2-『변예전(邊裔典)』]과 같은 것들이다.

둘째, 활로 쏘는 역의 모습이 자라처럼 생긴 것으로, [그림 3-왕불도본(汪紱圖本)]과 같은 것이다.

[그림 1] 역민국 청(淸)·사천(四川)성혹인회도본

[그림 2] 역민국 청(淸)·『변예전』

[그림 3] 역민국 청(淸)·왕불도본

| 권15-12 | 육사(育蛇)

【경문(經文)】

「대황남경(大荒南經)」: 송산(宋山)이라는 곳에, 붉은 뱀이 사는데, 이름이 육사(育蛇)이다. 산 위에서 어떤 나무가 자라는데, 이름은 풍목(楓木)[13]이라고 한다. 풍목은 치우(蚩尤)가 버린 차꼬와 수갑이 변한 것이다.

[有宋山者, 有赤蛇, 名曰育蛇. 有木生山上, 名曰楓木. 楓木, 蚩尤所棄其桎梏, 是爲楓木.]

【해설(解說)】

송산(宋山) 위에는 육사(育蛇)가 사는데, 붉은색이며, 풍수(楓樹) 위를 둘둘 말고 있다. 풍수는 풍향수(楓香樹)라고도 하는데, 옛날에 황제(黃帝)와 치우(蚩尤)가 탁록(涿鹿)의 들판에서 큰 싸움을 벌였을 때, 치우가 죽임을 당하고, 후에 어떤 사람이 그의 몸에서 차꼬와 수갑을 떼어 내어 대황(大荒)에 버렸다고 한다. 이 형틀은 버려지자마자 단풍나무 숲으로 변했고, 그 단풍나무의 선홍빛 단풍잎은 지금까지도 여전히 차꼬와 수갑 위에 얼룩져 있던 치우의 혈흔이 흐르는 듯하다. 이러한 치우의 고사는 「대황북경(大荒北經)」에 나온다.

[그림-왕불도본(汪紱圖本)]

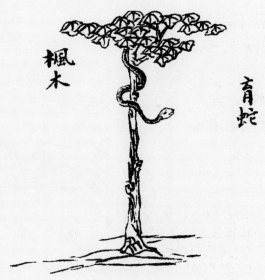

楓木　育蛇

[그림] 육사 청(淸)·왕불도본

---

13) 곽박은 주석하기를, "즉 지금의 풍향수(楓香樹 : 단풍나무-역자)이다.[卽今楓香樹.]"라고 했다.

|권15-13| 조상시[祖狀之尸]

【경문(經文)】

「대황남경(大荒南經)」: 어떤 사람은 네모난 이빨과 호랑이의 꼬리를 하고 있는데,
이름은 조상시[祖狀尸: 조상(祖狀)의 시체-역자]라고 한다.

[有人方齒虎尾, 名曰祖狀之尸.]

【해설(解說)】

조상시[祖('渣'로 발음)狀尸]는 사람과 호랑이의 모습을 한 몸에 지니고 있는 괴이한
신(神)인데, 사람의 얼굴에 사람의 몸을 하고 있고, 네모난 이빨과 호랑이의 꼬리가 달
려 있다. 조상시는 시체의 모습에 속하는데, 전해지기로는 천신(天神)이 죽임을 당한
후, 그 영혼은 죽지 않고 시체의 형태로 계속 활동하는 것이라고 한다.

[그림 1-장응호회도본(蔣應鎬繪圖本)]·[그림 2-성혹인회도본(成或因繪圖本)]·[그림
3-왕불도본(汪紱圖本)]

[그림 1] 조상시[祖狀之尸] 명(明)·장응호회도본

[그림 2] 조상시 청(淸)·사천(四川)성혹인회도본

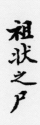

祖狀之尸

[그림 3] 조상시 청(淸)·왕불도본

【경문(經文)】

「대황남경(大荒南經)」: 소인(小人: 난쟁이-역자)이 있는데, 이름은 초요국(焦僥國)이
라 하며, 성이 기(幾)씨이고, 곡식을 먹고 산다.

[有小人, 名曰焦僥之國, 幾姓, 嘉穀是食.]

【해설(解說)】

초요국(焦僥國)은 즉 주요국(周饒國)·소인국(小人國)이다. 초요국 사람들은 성이 기
(幾)씨이고, 모두 키가 3척 정도이며(곽박 주석), 곡식을 먹고 산다. 『산해경』에 기록되
어 있는 이런 소인(小人)은 넷으로, 모두 그림이 있다. 초요국 말고도, 또한 「해외남경
(海外南經)」의 주요국, 「대황동경(大荒東經)」에 나오는 소인국의 정인(靖人), 여기 「대황
남경」의 균인(菌人)이 모두 난쟁이 종류에 속한다.

[그림-장응호회도본(蔣應鎬繪圖本)]

[그림] 초요국 명(明)·장응호회도본

1160

|권15-15| 장홍국(張弘國)

【경문(經文)】

「대황남경(大荒南經)」: 장홍(張弘)이라는 이름을 가진 사람이 있는데, 바다에서 물고기를 잡아먹는다. 바다 가운데에 장홍국(張弘國)이 있는데, 물고기를 먹고 살며, 네 마리의 새를 부린다.

[有人名曰張弘, 在海上捕魚. 海中有張弘之國, 食魚, 使四鳥[14].]

【해설(解說)】

장홍(張弘)은 즉 장굉(長肱) 또는 장비(長臂)이다. 장홍국(張弘國)은 즉 장비국(長臂國)으로, 사람들은 물고기를 잡아서 살아가며, 물고기를 먹는다. 『목천자전(穆天子傳)』에는, "천자(天子)가 이에 흑수(黑水)의 서하(西河)에서 장굉(長肱)에 봉해졌다.[天子乃封長肱於黑水之西河.]"라는 기록이 있다. 곽박은 주석하기를, "즉 장비인(長臂人)이다. 『산해경』에 나온다.[卽長臂人也, 見『山海經』.]"라고 했다. 성혹인회도본(成或因繪圖本)과 『변예전(邊裔典)』의 장홍국 사람들은 새의 부리가 있고, 날개가 달려 있으며, 손에는 물고기를 쥐고 있다.

[그림 1-장응호회도본(蔣應鎬繪圖本)]·[그림 2-『변예전(邊裔典)』]

[그림 1] 장홍국 청(淸)·사천(四川)성혹인회도본

---

14) 원가(袁珂)는 '鳥'에 대해 '鳥獸'의 총칭이라고 했다.

[그림 2] 장홍국 청(淸)·『변예전』

|권15-16| 희화욕일(羲和浴日)

【경문(經文)】

「대황남경(大荒南經)」: 동해(東海)의 바깥, 감수(甘水) 사이에 희화국(羲和國)이 있다. 어떤 여자가 사는데 이름이 희화(羲和)이며, 감연(甘淵)에서 해를 목욕시키고 있다. 희화는 제준(帝俊)의 아내로, 열 개의 해를 낳았다.

[東海之外[15], 甘水之間, 有羲和之國. 有女子名曰羲和, 方浴日[16]於甘淵. 羲和者, 帝俊之妻, 生十日.]

【해설(解說)】

희화(羲和)는 동방의 천제(天帝)인 제준(帝俊)의 아내이다. 제준은 세 명의 아내가 있는데, 첫째는 열 개의 해를 낳고, 해를 씻긴 희화이고(이 「대황남경」을 보라), 둘째는 열두 개의 달을 낳아 씻긴 상희(常羲)이며[「대황서경(大荒西經)」을 보라], 셋째는 삼신국(三身國)을 낳은 아황(娥皇)이다[「해외서경(海外西經)」을 보라].

희화는 열 개 태양의 어머니로, 열 개의 태양은 원래 동방 해외(海外)의 탕곡(湯谷)에 살았다. 탕곡은 또 양곡(暘谷)·감연(甘淵)이라고도 하며, 이곳의 바닷물은 매우 뜨거운데, 열 개의 태양이 목욕하는 곳이다. 탕곡에는 신수(神樹) 한 그루가 있는데, 부상(扶桑)이라고 부르며, 나무의 높이가 수천 장(丈)이나 되고, 이 나무는 천제의 아들인 열 개의 태양들이 거주하는 곳이다. 아홉 개의 태양은 아래쪽의 가지 위에 살고, 하나의 태양은 위쪽의 가지 위에 살며, 열 개의 형제들이 돌아가며 하늘에 출현하는데, 하나가 돌아오면 다른 하나가 당번을 맡으며, 매번 그들의 어머니인 희화가 수레를 몰아 맞이하고 보낸다. 「해외동경(海外東經)」에는 다음과 같이 기록되어 있다. "탕곡에는 부상이 있는데, 열 개의 해가 목욕하는 곳이며, 흑치국(黑齒國)의 북쪽에 있다. 물

---

15) 경문의 "東南海之外"에 대해, 원가(袁珂)는 주석하기를, "『북당서초(北堂書鈔)』 권149, 『태평어람(太平御覽)』 권3에서 이 경문을 인용했는데, 모두 '南'자가 없다. '南'자가 없는 것이 맞다.[『北堂書鈔』卷一四九·『御覽』卷三引此經竝無南字, 無南字是也.]"라고 했다.
   저자주 : 원래는 '東'자 다음에 '南'자가 있는데, 원가(袁珂)가 『태평어람』에서 인용한 것에 근거하여 뺐다.
16) 원가의 주석에는, "'日浴'은 송본(宋本)·오관초본(吳寬抄本)·모의본(毛扆本)에서 모두 '浴日'로 썼고, 여러 책들에서 인용한 데에도 또한 모두 '浴日'로 썼다. '浴日'이라고 하는 것이 맞다.[日浴, 宋本·吳寬抄本·毛扆本竝作浴日, 諸書所引亦均作浴日, 作浴日是也.]"라고 했다. 이 책에서는 '浴日'로 썼으며, 번역도 이를 따랐다.

속에 사는 큰 나무가 있는데, 아홉 개의 해는 아래쪽 가지에 살고, 하나의 해는 위쪽 가지에 산다.[湯谷上有扶桑, 十日所浴, 在黑齒國北. 居水中, 有大木, 九日居下枝, 一日居上枝.]"

「대황동경(大荒東經)」에서는 또한, "탕곡에 부목상(扶木桑)이 있는데, 하나의 해가 도착하면, 다른 하나의 해가 나간다.[湯谷上有扶木, 一日方至, 一日方出.]"라고 했다. 『초사(楚辭)·이소(離騷)』에서는, "내가 희화에게 걸음을 늦추게 하네.[吾令羲和弭節兮.]"라고 했다. 왕일(王逸)은 주석하기를, "희화가 해를 관장한다.[羲和, 日御也.]"라고 했고, 홍흥조(洪興祖)는 보주(補注)에서, "해는 여섯 마리의 용이 끄는 수레를 타고, 희화가 그것을 몬다.[日乘車駕以六龍, 羲和御之.]"라고 했다.

희화는 또 해와 달[日月]을 관장하는 신으로, 이곳 「대황남경」의 곽박 주석에 따르면, "희화는 천지가 처음 생겼을 때 해와 달을 주관했다. 그래서 요(堯)임금은 이로 인해 희화에게 관직을 내리고, 사시(四時)를 주관하게 했으며, 그 후예들이 바로 이 나라이다.[羲和蓋天地始生, 主日月者也. 故堯因此而立羲和之官, 以主四時, 其後世遂爲此國.]"라고 했다. [그림 1-『변예전(邊裔典)』, 희화국도(羲和國圖)].

곽박(郭璞)의 『산해경도찬(山海經圖讚)』: "혼돈(渾沌)[17]에서 처음 천지가 만들어지자, 희화가 해를 다스렸다네. 어둠과 밝음을 사라지게 했다 나오게 했다 하며, 그 출입을 살피는구나. 세상에서는 그 생김새를 이상히 여기나, 뛰어난 재주는 버릴 것이 없다네.[渾沌始制, 羲和御日. 消息晦明, 察其出入. 世異厥象, 不替先術.]"

[그림 2-왕불도본(汪紱圖本)].

---

17) 여기서 혼돈(渾沌, chaos)은 중국의 전설에서 반고(盤古 : 전설상의 천지를 창조했다는 신)가 천지를 개벽하기 전, 천지가 한 덩어리로 혼연일체가 되어 있던 상태를 의미한다. 또 전설에 등장하는, 머리와 이목구비가 없고 자루처럼 생긴 혼돈신을 일컫는 것이기도 한데, 『서차삼경(西次三經)』에 등장하는 제강(帝江) 신이 바로 혼돈(渾沌)이다[이 책 상권 〈권2-62〉 참조]. 『장자(莊子)·응제왕(應帝王)』편에는, 자루처럼 생긴 모습에 머리와 이목구비가 없는 중앙의 천제인 혼돈에게, 북해의 천제인 홀(忽)과 남해의 천제인 숙(熟)이 일곱 개의 구멍을 뚫어, 결국 죽게 된다는 이야기가 나온다. 즉 신화 속의 혼돈신이나 장자의 이야기에 나오는 중앙의 천제인 혼돈은 모두 천지창조 이전 우주의 혼돈 상태를 의미한다고 볼 수 있다. 중앙의 천제인 혼돈에게 일곱 개의 구멍을 뚫었다는 이야기도 또한 천지창조 및 그 과정을 담은 것으로 이해할 수 있다.

[그림 1] 희화국 청(淸)·『변예전』

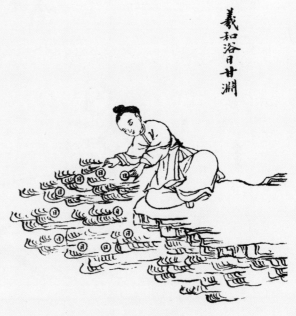

[그림 2] 희화욕일(羲和浴日) 청(淸)·왕불도본

|권15-17| 균인(菌人)

【경문(經文)】

「대황남경(大荒南經)」: 소인(小人 : 난쟁이—역자)이 있는데, 이름이 균인(菌人)이라 한다.

[有小人名曰菌人.]

【해설(解說)】

균인(菌人)은 소인(小人)의 종류에 속한다. 『산해경』에 기록되어 있는 이런 소인들은 넷이 있다. 균인 이외에도, 또한 「해외남경(海外南經)」의 주요국(周饒國)·「대황동경大(荒東經)」의 소인국(小人國)인 정인(靖人)·이곳 「대황남경」의 초요국(焦僥國)이 모두 난쟁이 가족에 속한다.

[그림—왕불도본(汪紱圖本)]

[그림] 균인 청(淸)·왕불도본

第十六卷 大荒西經

제16권 대황서경

| 권16-1 | **여와**(女媧)

【경문(經文)】

「대황서경(大荒西經)」 : 열 명의 신이 있는데, 이름은 여와(女媧)의 장(腸)이라 하고, 이것이 변하여 신이 되었다. 율광야(栗廣野)에 사는데, 길을 가로질러 차지한 채 살고 있다.

[有神十人, 名曰女媧之腸, 化爲神, 處栗廣之野, 橫道而處¹⁾.]

【해설(解說)】

여와(女媧)는 중국 신화에서 가장 오래된 시조(始祖) 모신(母神)이자 대모신(大母神)이며, 또 만물을 만든 조물주 및 문화의 영웅이다. 『설문해자(說文解字)』 제12편에서는, "여와는 고대의 신성한 여자로, 만물을 만들어내는 자이다.[女媧, 古之神聖女, 化萬物者也.]"라고 했다. 여와의 공적 중에 중요한 것은 인류를 만들었으며, 흙으로 사람을 빚어 만들고, 각종 문화 업적을 이룩한 것이다[예를 들면 무너진 하늘을 깁고(補天), 치수(治水)하고, 신매(神媒)²⁾를 두고, 생황(笙簧)을 만든 것 등]. 여와는 인류를 만들어낸 대모신이다. 「대황서경(大荒西經)」에 기록된 열 명의 신들이 있는데, 이들은 여와의 장(腸 : 일설에는 '腹'이라 함)이 변한 것이다. 곽박은 주석하기를, "여와는 고대의 신녀(神女)이자 천제(天帝)이며, 사람의 얼굴에 뱀의 몸을 하고 있고, 하루에 70번씩 변하는데, 그의 배가 이 신들로 변했다.[女媧, 古神女而帝者, 人面蛇身, 一日中七十變, 其腹化爲此神.]"라고 했다. 왕불(汪紱)은 주석하기를, "여와씨(女媧氏)가 죽었는데, 그 창자가 이들 열 명의 신으로 변하여, 이 들판에 살면서 길 가운데에서 지키고 서 있는 것을 말한다.[言女媧氏死, 而其腸化爲此十神, 處此野當道中也.]"라고 했다. 이러한 것들은 이 열 명의 신들이 여와의 시체 중의 일부(창자)가 변해 만들어진 것임을 분명하게 밝히고 있다. 『초사(楚辭)·천문(天問)』에 "여와에게는 (만물을 만들어내는-역자) 몸이 있거늘, 그녀는 누가 만들었는가?[女媧有體, 孰制匠之?]"라고 했다. 왕일(王逸)은 주석하기를, "전해지는 말로는, 여와는 사람의 얼굴에 뱀의 몸을 하고 있으며, 하루에 70번 변한다(변화하여 사람을 만

---

1) 곽박은, "길을 차단하는 것을 말한다.[言斷道也.]"라고 했다.
2) 중매의 신 혹은 혼인의 신이라는 뜻이다. 여와는 인류를 창조하고 그들을 위해 혼인 제도를 만들었다고 전해진다.

들어낸다는 의미-역자)고 하는데, 그 몸이 이와 같은 것은 누가 만들어서 도모한 것인가?[傳言女媧人頭蛇身, 一日七十化, 其體如此, 誰所制匠而圖之乎?]"라고 주석했다. 『회남자(淮南子)·설림편(說林篇)』에도 여와가 70번 변화하는 고사가 기록되어 있는데, "황제(黃帝)가 음양(陰陽)을 만들고, 상병(上駢)은 귀와 눈[耳目]을 만들고, 상림(桑林)은 팔과 손[臂手]을 만들었다. 이것이 여와가 70번 변화하여 (사람을-역자) 만들어낼 수 있었던 까닭이다.[黃帝生陰陽, 上駢生耳目, 桑林生臂手. 此女媧所以七十化也.]"라고 했다. 고유(高誘)는 주석하기를, "황제는 고대의 천신(天神)인데, 처음 사람을 만들 때 음양을 만들었다. 상병과 상림은 모두 신의 이름이다.[黃帝, 古天神也, 始造人之時, 化生陰陽. 上駢·桑林, 皆神名.]"라고 했다. 화(化)는 화생(化生)·화육(化育)의 의미임과 동시에, 또한 변화·변이의 요소를 그 속에 포함하고 있다.

곽박은 "열 명의 신[有神十人]"에 관해 다음과 같은 「도찬」을 지었다. "여와는 신령하고 달통하여, 변화무쌍하다네. 창자가 열 명의 신이 되어, 길 가운데 가로질러 살고 있다네. 그것을 찾아도 형태가 없으니, 그 누가 볼 수 있겠는가.[女媧靈洞, 變化無主. 腸爲十神, 中道橫處. 尋之靡狀, 誰者能睹.]"

여와의 그림에는 두 가지 형태가 있다.

첫째, 여와가 사람의 얼굴에 뱀의 몸을 한 원래의 도상(圖象)을 취한 것으로, [그림 1-장응호회도본(蔣應鎬繪圖本)]·[그림 2-성혹인회도본(成或因繪圖本)]·[그림 3-『신이전(神異典)』]과 같은 것들이다.

둘째, 여와의 창자가 열 명의 사람이 된 도상을 취하여, 여와가 변한 것임을 보여준다. 그 복식(服飾)을 살펴보면, 후대에 그려진 것임이 분명한데, [그림 4-왕불도본(汪紱圖本)]과 같은 것이다.

[그림 1] 여와 명(明)·장응호회도본

[그림 2] 여와 청(淸)·사천(四川)성혹인회도본

[그림 3] 여와 청(淸)·『신이전』

[그림 4] 여와의 창자가 변한 열 명. 청(淸)·왕불도본

|권16-2| 석이(石夷)

【경문(經文)】

「대황서경(大荒西經)」: 이름이 석이(石夷)라고 하는 어떤 사람이 있는데, 그쪽에서 불어오는 바람을 위(韋)라 하며, 서북쪽 귀퉁이에 살면서 해와 달의 길이를 관장한다.

[有人名曰石夷[3], 來風曰韋, 處西北隅以司日月之長短.]

【해설(解說)】

석이(石夷)는 사방신(四方神) 중 하나로, 서방(西方)의 신(神)이자, 또한 서방의 풍신(風神)이다. 석이는 서북쪽 귀퉁이에 거처하면서, 해와 달의 길이를 관장한다. 학의행(郝懿行)은 주석하기를, "서북쪽 귀퉁이는 해와 달이 이르지 못하는 곳이지만, 밝은 빛이 그림자를 남기고, 또한 구도(晷度)[4]의 길고 짧음이 있으므로, 마땅히 주관하는 사람이 있어야 한다.[西北隅爲日月所不到, 然其流光餘景, 亦有晷度短長, 故應有主司之者也.]"라고 했다. 『산해경』에는 사방신·사방 풍신의 이름 및 그들의 직분이 기록되어 있는데, 예를 들면 「대황동경(大荒東經)」에 있는 동방(東方)의 풍신인 절단(折丹), 「대황남경(大荒南經)」에 있는 남방(南方)의 풍신인 인인호(因因乎), 여기 「대황서경」에 나오는 서방(西方)의 풍신인 석이, 「대황동경(大荒東經)」에 나오는 북방(北方)의 풍신인 신원(神𩴆)이다.

[그림-왕불도본(汪紱圖本)]

[그림] 석이 청(淸)·왕불도본

---

3) 원가(袁珂)는 『산해경』에 나오는 나머지 세 방향의 신들에 대한 기술에 근거하여, 이 경문의 "有人名曰石夷"라는 구절 뒤에 "西方曰夷[서방(西方)을 이(夷)라 한다]"라는 말이 빠진 것 같다고 보았다.

4) 구도(晷度)는 일구의(日晷儀 : 해시계) 위에 투사되는 해 그림자 길이의 도수(度數 : 수치)이다. 1년 중에는 하지 때의 해 그림자가 가장 짧고, 하루 중에는 정오의 해 그림자가 가장 짧다. 옛 사람들은 해 그림자 길이의 변화에 근거하여 시서(時序 : 돌아가는 계절의 순서. 철의 바뀜)와 시간을 측정했다. 1년의 길이를 365일로 정하고, 다시 넷으로 나누었다. 또한 해 그림자 길이의 변화와 인사(人事)의 변화가 서로 상응하고, 길흉화복과 서로 관계가 있다고 여겼다.

| 권16-3 | 광조(狂鳥)

【경문(經文)】

「대황서경(大荒西經)」: 다섯 가지 색깔의 새가 있는데, 볏이 있고, 이름은 광조(狂鳥)라고 한다.

[有五采之鳥, 有冠, 名曰狂鳥.]

【해설(解說)】

광조(狂鳥)는 광몽조(狂夢鳥)·오채조[五彩之鳥]라고도 하며, 봉황의 종류에 속하는 상서로운 새다. 『이아(爾雅)·석조(釋鳥)』에는, "광몽조는 광조이며, 다섯 가지 색깔에, 볏이 있고, 『산해경』에 보인다. 그 소(疏)에 이르기를, 몽조(夢鳥)는 일명 광(狂)이라 하는데, 다섯 가지 색깔의 새이다.[狂夢鳥, 狂鳥, 五色, 有冠, 見『山海經』. 疏云, 夢鳥, 一名狂, 五彩之鳥也.]"라고 했다.

[그림 1-장응호회도본(蔣應鎬繪圖本)]·[그림 2-성혹인회도본(成或因繪圖本)]·[그림 3-왕불도본(汪紱圖本)]

[그림 1] 광조 명(明)·장응호회도본

[그림 2] 광조 청(淸)·사천(四川)성혹인회도본

狂鳥

[그림 3] 광조 청(淸)·왕불도본

|권16-4| 북적국[北狄之國]

【경문(經文)】

「대황서경(大荒西經)」: 북적국(北狄國)이 있다. 황제(黃帝)의 손자를 시균(始均)이라
하는데, 시균이 북적(北狄)을 낳았다.

[有北狄之國. 黃帝之孫曰始均, 始均生北狄.]

【해설(解說)】

북적국(北狄國)은 황제(黃帝)의 후예이다. 북적(北狄)은 적(狄) 또는 '적(翟)'이라고 쓰
기도 하며, 중국 고대의 북방 민족이다. 춘추(春秋) 시기 이전에 하서(河西)·태행산(太
行山) 일대에 살았다. 『죽서기년(竹書紀年)』에는, "(상나라) 무을(武乙) 35년에, 주(周)나
라 왕계(王季)가 서쪽의 낙귀(落鬼)·융(戎)을 정벌하고, 20명의 적왕(翟王)을 포로로 잡
았다.[(商)武乙三十五年, 周王季伐西落鬼·戎, 俘二十翟王.]"라고 기록되어 있다. 『맹자(孟子)』
에는, "(주나라) 대왕(大王)이 빈(邠) 땅에 살고 있을 때, 적인(狄人)이 침략했다.[(周)大王
居邠, 狄人侵之.]"라고 기록되어 있다. 춘추 초기에 여러 차례 진(晉)나라와 전쟁을 했고,
또 동쪽으로 전진하여 화북(華北) 지구로 진입했으며, 동
쪽으로 제(齊)·노(魯)·위(衛)와 경계를 이루었는데, 지금
의 섬서(陝西)·하북(河北)·산동(山東) 등의 산골짜기 지대
에 살았다. 유목(遊牧)을 생업으로 삼았고, 기마전에 능했
으며, 남쪽으로 형(邢)·위(衛)·온(溫)을 멸망시키고, 군대
가 제·노·송(宋) 등 여러 나라들에까지 이르렀다. 주나라
양왕(襄王) 24년(기원전 628년)에, 적인은 내란이 일어나 적
적(赤狄)·백적(白狄)·장적(長狄)·중적(衆狄) 등의 부족들
로 나뉘어, 각각 지계(支系)가 있었다. 기원전 6세기 후반
에, 대부분 연달아 진(晉)에 패했는데, 오직 백적의 선우
(鮮虞)인들만 춘추 말에 중산국(中山國)을 세웠다.

[그림-왕불도본(汪紱圖本)]

[그림] 북적 청(淸)·왕불도본

|권16-5| 태자장금(太子長琴)

【경문(經文)】

「대황서경(大荒西經)」: 망산(芒山)이 있고, 계산(桂山)이 있으며, 요산(榣山)이 있다. 그 위에 어떤 사람이 사는데, 태자장금(太子長琴)이라고 불린다. 전욱(顓頊)은 노동(老童)을 낳고, 노동은 축융(祝融)을 낳고, 축융이 태자장금을 낳았는데, 요산(榣山)에 살면서, 처음으로 음악을 만들었다.

[有芒山. 有桂山. 有榣山. 其上有人, 號曰太子長琴. 顓頊生老童, 老童生祝融, 祝融生太子長琴, 是處榣山, 始作樂風.]

【해설(解說)】

태자장금(太子長琴)은 전욱(顓頊)의 후예이자, 축융(祝融)의 아들로, 원시(原始) 음악의 창시자 중 한 명이라고 전해진다. 그의 조부(祖父)는 노동(老童)이라고 하는데, 바로 「서차삼경(西次三經)」의 귀산(騩山) 위에 사는 신인 기동(耆童)이다. 노동이 말을 하면 마치 종(鐘)이나 경쇠[磬]를 치듯이, 소리가 매우 크고 맑았다. 그의 손자 태자장금이 음악을 최초로 만들 수 있었던 것은, 조부인 노동이 음악적 감수성을 매우 풍부하게 가지고 있었던 것과 크게 관련이 있다고 한다.

곽박(郭璞)의 『산해경도찬(山海經圖讚)』: "환한 빛을 비추는 축융이 있으니, 그의 아들을 장금(長琴)이라 부른다네. 귀산에 사는데, 음악을 만들고 소리를 다스린다네.[祝融光照, 子號長琴, 騩山是處, 創樂理音.]"

[그림−왕불도본(汪紱圖本)]

太子長琴

[그림] 태자장금 청(淸)·왕불도본

|권16-6| 십무(十巫)

【경문(經文)】

「대황서경(大荒西經)」：대황(大荒) 가운데에 ……영산(靈山)이 있다. 무함(巫咸)·무즉(巫即)·무분(巫肦)·무팽(巫彭)·무고(巫姑)·무진(巫眞)·무례(巫禮)·무저(巫抵)·무사(巫謝)·무라(巫羅) 등 열 명의 무당들이 여기에서 하늘을 오르내리며, 온갖 약들이 이곳에 있다.

[大荒之中, 有山名曰豐沮玉門, 日月所入. 有靈山. 巫咸·巫即·巫肦·巫彭·巫姑·巫眞·巫禮·巫抵·巫謝·巫羅十巫, 從此升降, 百藥爰在.]

【해설(解說)】

영산(靈山)은 즉 「대황남경(大荒南經)」의 무산(巫山)이며, 또한 「해외서경(海外西經)」의 무함국(巫咸國)에 있는 등보산(登葆山)인데, 모두 신화 속의 천제(天梯 : 하늘을 오르는 사다리-역자)이며, 여러 무당들이 하늘을 오르내리는 통로이자, 또한 선약(仙藥)을 보관하는 곳으로, 무리 지은 무당들이 약초를 캐러 오르내리는 곳이다. 열 명의 무당들[十巫]은 무함(巫咸)을 우두머리로 하는 천제(天帝)의 사자(使者)들로, 인간과 신을 소통시키는 중개인이자, 또한 약초를 캐서 백성을 치료하는 무의(巫醫)이기도 하다.

곽박은 『산해경도찬』에서, "여러 무당들 여기에 모여, 영산의 약초를 캔다네.[群巫爰集, 採藥靈林.]"라고 했다. 또 곽박은 「해외서경」의 무함에 대해 다음과 같은 도찬을 지었다. "열 명의 무당들이 무리지어 사는데, 무함이 통솔한다네. 날랜 재주 가진 이를 가려내고, 기예 가진 이를 한데 모았네. 영산에서 약초를 캐며, 수시로 오르내리네.[群有十巫, 巫咸所統. 經技是搜, 術藝是綜. 採藥靈山, 隨時登降.]"

[그림-왕불도본(汪紱圖本)]

[그림] 십무 청(淸)·왕불도본

|권16-7| 명조(鳴鳥)

【경문(經文)】

「대황서경(大荒西經)」：엄주산(弇州山)이 있는데, 다섯 가지 색깔의 새가 하늘을 우러러보고 있으며, 이름은 명조(鳴鳥)라 한다. 이 새가 오면 온갖 음악과 가무가 울려 퍼지는 바람이 분다

[有弇州之山, 五采之鳥仰天, 名曰鳴鳥. 爰有百樂歌儛之風.]

【해설(解說)】

명조(鳴鳥)는 봉황의 종류에 속하며, 다섯 가지 색깔의 새이자, 상서로운 새이다. 항상 주둥이를 벌려 하늘을 향해 우는데, 이 새가 이르는 곳에는 백악가무(百樂歌舞)가 울려 퍼지고, 한 줄기 상서로운 바람이 분다. 『산해경』에 기록되어 있는 이러한 오색 빛깔의 길조(吉鳥)들은, 이 명조 말고도 또한 「해내서경(海內西經)」의 맹조(孟鳥)·「해외서경(海外西經)」의 멸몽조(滅蒙鳥)·「대황서경(大荒西經)」의 광조(狂鳥)가 있다.

곽박(郭璞)의 『산해경도찬(山海經圖讚)』："다섯 가지 색깔의 새가 있으니, 하늘을 향해 울면 바람이 분다네.[有鳥五采, 噓天凌風.]"

[그림-왕불도본(汪紱圖本)]

[그림] 명조 청(淸)·왕불도본

|권16-8| 엄자(弇玆)

【경문(經文)】

「대황서경(大荒西經)」: 서해(西海)의 섬 안에, 사람의 얼굴에 새의 몸을 한 어떤 신이 사는데, 두 마리의 청사(靑蛇)를 귀에 걸고서, 두 마리의 적사(赤蛇)를 밟고 있다. 이름은 엄자(弇玆)라고 한다.

[西海陼中, 有神人面鳥身, 珥兩靑蛇, 踐兩赤蛇, 名曰弇玆.]

【해설(解說)】

엄자[弇('淹'으로 발음)玆]는 서해(西海)의 작은 섬에 있는 해신(海神)이다. 그의 형상은 사람의 얼굴에 새의 몸을 하고 있으며, 두 귀에는 청사(靑蛇)를 꿰고 있고, 두 발에는 두 마리의 적사(赤蛇)를 휘감아 밟고 있다. 생김새는 북방의 해신인 우강[禺彊: 「해외북경(海外北經)」을 보라]·동방의 해신인 우호[禺虢: 「대황동경(大荒東經)」을 보라]와 서로 비슷하다.

곽박(郭璞)의 『산해경도찬(山海經圖讚)』: "엄자의 신령스러움이여, 사람의 얼굴에 새의 몸을 하고 있다네. 바다의 우뚝 솟은 언덕 위로 날갯짓하고, 구름 속을 날아다닌다네.[弇玆之靈, 人頰鳥躬, 鼓翅海峙, 翻飛雲中.]"

[그림 1-장응호회도본(蔣應鎬繪圖本)]·[그림 2-성혹인회도본(成或因繪圖本)]·[그림 3-왕불도본(汪紱圖本)]

[그림 2] 엄자 청(淸)·사천(四川)성혹인회도본

[그림 1] 엄자 명(明)·장응호회도본

[그림 3] 엄자 청(淸)·왕불도본

|권16-9| 허(噓)

【경문(經文)】

「대황서경(大荒西經)」: 대황(大荒)의 가운데에 일월산(日月山)이라는 산이 있는데, 하늘의 지도리이다. 오거천문(吳姖天門)은 해와 달이 지는 곳이다. 어떤 신이 있는데, 사람의 얼굴에 팔이 없고, 두 발은 거꾸로 머리 위에 붙어 있으며, 이름은 허(噓)라 한다. 전욱(顓頊)이 노동(老童)을 낳고, 노동이 중(重)과 여(黎)를 낳자, 천제(天帝)는 중에게 명하여 하늘에 바치게 하고, 여에게 명하여 땅을 누르게 했다. 여가 땅에 내려가 열(噎)을 낳자, 서쪽 끝에 머물면서 해·달·별의 운행을 관장했다. [大荒之中, 有山名曰日月山, 天樞也. 吳姖天門, 日月所入. 有神, 人面無臂, 兩足反屬於頭上[5], 名曰噓. 顓頊生老童, 老童生重及黎, 帝令重獻於天, 令黎邛下地, 下地是生噎, 處於西極, 以行日月星辰之行次.]

【해설(解說)】

허(噓)는 즉 열(噎)이며, 또한 바로 「해내경(海內經)」의 열명[噎鳴: "후토가 열명을 낳았다.(后土生噎鳴.)"]으로, 일월성신(日月星辰)의 운행 순서를 주관하는 시간의 신이다. 대황(大荒) 가운데의 일월산(日月山)은 하늘의 지도리로, 해와 달이 뜨고 지는 곳이자, 신(神)인 허(噓: 噎)가 활동하는 곳이기도 하다. 신 허(噓: 噎)는 전욱(顓頊)의 후손으로, 전욱이 중(重)과 여(黎)를 시켜 하늘과 땅의 통로를 끊어버린 후, 여가 인간 세상에 내려와 낳았다. 이 신은 생김새가 매우 괴상한데, 사람의 얼굴을 하고 있고, 팔이 없으며, 두 다리가 거꾸로 머리 위에 달려 있다.

곽박(郭璞)의 『산해경도찬(山海經圖讚)』: "다리가 머리에 달려 있고, 사람의 얼굴에 팔이 없다네. 그를 허라고 부르는데, 중과 여의 후예라네. 삼광(三光: 해·달·별―역자)의 운행을 처리하여, 기의 근원을 이어받았다네.[脚屬於頭, 人面無手. 厥號曰噓, 重黎其後. 處

---

5) 원가(袁珂)는 주석하기를, "'山'자는 분명히 '上'자의 오기(誤記)이다. 송본(宋本)·오관초본(吳寬抄本)·장경본(藏經本)에 모두 '上'으로 되어 있다. 왕염손(王念孫)·필원(畢沅)·소은다(邵恩多) 교주(校註)도 마찬가지다.[山當爲上字之訛, 宋本·吳寬抄本·藏經本作上. 王念孫·畢沅·邵恩多校同.]"라고 했다. 이 책에서는 '山'을 '上'으로 고쳤으며, 번역도 이에 따랐다.
저자주: 원래는 '山'으로 되어 있으나, 원가가 학의행본 등을 참조하여 바로잡아 고쳤다.

運三光, 以襲氣母[6].]"

　　[그림 1-장응호회도본(蔣應鎬繪圖本)]·[그림 2-『신이전(神異典)』]·[그림 3-성혹인회도
본(成或因繪圖本)]·[그림 4-왕불도본(汪紱圖本)]

[그림 1] 허 명(明)·장응호회도본

---

6) 『장자(莊子)·대종사(大宗師)』편에 나오는 구절이다.

[그림 2] 허 청(淸)·『신이전』

[그림 3] 허 청(淸)·사천(四川)성혹인회도본

[그림 4] 허열(噓噎) 청(淸)·왕불도본

| 권16-10 | 천우(天虞)

【경문(經文)】

「대황서경(大荒西經)」 : 어떤 사람은 팔이 거꾸로 달려 있는데, 이름이 천우(天虞)라고 한다.

[有人反臂, 名曰天虞.]

【해설(解說)】

천우(天虞)는 기이한 신으로, 팔이 거꾸로 뒤를 향해 나 있다. 곽박은 말하기를, 천우는 곧 시우(尸虞)라고 했다.

[그림-왕불도본(汪紱圖本)]

[그림] 천우 청(淸)·왕불도본

|권16-11| 상희욕월(常羲浴月)

【경문(經文)】

「대황서경(大荒西經)」：어떤 여자가 달을 목욕시킨다. 제준(帝俊)의 아내인 상희(常羲)는 열두 개의 달을 낳고, 여기에서 처음으로 그것들을 씻겼다.

[有女子方浴月. 帝俊妻常羲, 生月十有二, 此始浴之.]

【해설(解說)】

상희(常羲)는 상의(常儀)·상의(尙儀)라고도 하며, 제준(帝俊)의 아내이다. 제준은 세 명의 아내들이 있는데, 첫째는 해를 낳아 씻긴 희화(羲和)이고[「대황남경(大荒南經)」을 보라], 둘째는 달을 낳아 씻긴 상희이며(이곳 「대황서경」을 보라), 셋째는 삼신국(三身國)을 낳은 아황(娥皇)이다[「해외서경(海外西經)」을 보라].

[그림-왕불도본(汪紱圖本)]

[그림] 상희욕월 청(淸)·왕불도본

| 권16-12 | 오색조(五色鳥)

【경문(經文)】

「대황서경(大荒西經)」 : 현단산(玄丹山)이 있다. 그 산에 다섯 가지 색깔의 새가 있는데, 사람의 얼굴을 하고 있으며, 털이 나 있다. 여기에 청문(靑鳶)과 황오(黃鶩)라는 새가 있는데, 푸른 새[靑鳥]와 노란 새[黃鳥]이며, 그 새들이 모여들면 그 나라는 망한다.

[有玄丹之山. 有五色之鳥, 人面有髮. 爰有靑鳶黃鶩, 靑鳥·黃鳥, 其所集者其國亡.]

【해설(解說)】

현단산(玄丹山)에 사는 오색조(五色鳥)는 인면조(人面鳥)·흉조(凶鳥)·화조(禍鳥 : 화를 부르는 새-역자)이다. 이곳의 푸른 새[靑鳥]·노란 새[黃鳥]는 바로 "사람의 얼굴에 털이 나 있는[人面有髮]" 다섯 가지 색깔의 새인 청문(靑鳶)과 황오(黃鶩)이다. 또 이는 곧 「해외서경(海外西經)」의 첨조(鶬鳥)·차조(鳸鳥)로, 모두 망국의 징조이다.

오색조는 노란 새의 일종이다. 『산해경』에 기록되어 있는 노란 새는 세 종류가 있다. 첫째는 질투를 없애주는 새[북차삼경(北次三經)을 보라], 둘째는 신약(神藥)을 지키는 신조(神鳥)[대황남경(大荒南經)을 보라], 셋째는 「해외서경(海外西經)」 및 여기 「대황서경」의 첨조·차조·청문·황오인데, 이것들은 망국의 징조이다.

[그림 1-장응호회도본(蔣應鎬繪圖本)]·[그림 2-성혹인회도본(成或因繪圖本)]·[그림 3-왕불도본(汪紱圖本)]

[그림 3] 오색조 청(淸)·왕불도본

[그림 1] 오색조 명(明)·장응호회도본

[그림 2] 오색조 청(淸)·사천(四川)성혹인회도본

|권16-13| 병봉(屛蓬)

【경문(經文)】

「대황서경(大荒西經)」: 어떤 짐승은 좌우에 대가리가 달려 있는데, 이름은 병봉(屛蓬)이라고 한다.

[有獸, 左右有首, 名曰屛蓬.]

【해설(解說)】

병봉(屛蓬)은 대가리가 두 개인 기이한 짐승으로, 좌우에 각각 하나씩의 대가리가 달려 있는데, 이는 암수가 합쳐져 있다는 의미를 담고 있다. 「해외서경(海外西經)」에 나오는 병봉(并封)은, 앞뒤에 각각 대가리가 하나씩 달려 있고, 「대황남경(大荒南經)」에 나오는 출척(跳踢)은, 좌우에 각각 대가리가 하나씩 달려 있는데, 모두 암수가 서로 합쳐져 있는 모습의 짐승들이다.

[그림 1-장응호회도본(蔣應鎬繪圖本)]·[그림 2-성혹인회도본(成或因繪圖本)]·[그림 3-왕불도본(汪紱圖本)]

[그림 1] 병봉 명(明)·장응호회도본

[그림 2] 병봉 청(清)·사천(四川)성혹인회도본

屏蓬

[그림 3] 병봉 청(清)·왕불도본

|권16-14| 백조(白鳥)

【경문(經文)】

「대황서경(大荒西經)」: 무산(巫山)이라는 곳이 있다. ……백조(白鳥 : 흰 새-역자)가 있는데, 푸른 날개에 노란 꼬리와 검은 부리를 가졌다.

[有巫山者. 有壑山者. 有金門之山, 有人名曰黃姬之尸. 有比翼之鳥. 有白鳥, 靑翼, 黃尾, 玄喙.]

【해설(解說)】

백조(白鳥)는 기이한 새로, 푸른색의 두 날개, 노란색 꼬리, 검은색 부리[7)]를 가지고 있다. 곽박의 주(注)는 단지, "奇鳥[기이한 새]"라는 두 글자로만 되어 있다. 원가(袁珂)는 생각하기를, "『산해경』은 그림에 근거하여 글을 지은 책인데, 이는 바로 그림[圖像]을 해설한 글이니, '기이한 새[奇鳥]'임이 분명하다. 그러나 그림을 해설하는 자와 주석을 다는 자는 이미 이름을 지을 수 없다.[『山海經』繫據圖爲文之書, 此正解說圖象之辭, 確繫 '奇鳥'. 然說圖者及注釋者均已無能爲名矣.]"라고 했다. 이로부터 『산해경』은 그림에 근거하여 글을 쓰는 오래된 전통이 있었음을 알 수 있다. 지금 보이는 왕불도본(汪紱圖本)의 백조도(白鳥圖)에서는 기이한 모습이 보이지 않는다. 그런데도 곽박이 본 그림에서 기이한 모습을 볼 수 있었던 것은, 그가 본 것이 아마도 다른 그림이 아니었나 싶다.

[그림-왕불도본(汪紱圖本)]

[그림] 백조 청(淸)·왕불도본

---

7) 이 책에는 '붉은색 부리[紅色的嘴喙]'라고 되어 있는데, 오기(誤記)인 듯하다.

|권16-15| 천견(天犬)

【경문(經文)】

「대황서경(大荒西經)」: 무산(巫山)이라는 곳이 있다. ……붉은 개가 있는데, 이름은 천견(天犬)이라 하며, 그것이 이르는 곳에는 전쟁이 일어난다.

[有巫山者. 有壑山者. 有金門之山, 有人名曰黃姬之尸. 有比翼之鳥. 有白鳥, 靑翼, 黃尾, 玄喙. 有赤犬, 名曰天犬, 其所下者有兵.]

【해설(解說)】

천견(天犬)은 개처럼 생긴 흉수(凶獸)로, 붉은색이며, 전쟁 일어날 징조이다. 곽박(郭璞)은 주석에서, "『주서(周書)』[8]에 이르기를, '천구(天狗)가 이르는 곳은 땅이 모두 기울고, 여광(餘光 : 남아 있는 빛─역자)이 하늘에서 빛을 내며 유성(流星)을 이루었는데, 길이가 수십 장(丈)이었고, 그 빠르기는 바람 같으며, 그 소리는 우레와 같이 크고, 그 빛은 번개처럼 밝았'고 했다. 오(吳)·초(楚) 칠국이 반란을 일으켰을 때, 양(梁)나라에서 짖어댔던 것이 바로 이것이다.[『周書』云, '天狗所止地盡傾, 餘光燭天爲流星, 長數十丈, 其疾如風, 其聲如雷, 其光如電.' 吳楚七國反時吠過梁國者是也.]"라고 했다. 호문환도설(胡文煥圖說)에서는, "천문산(天門山)에 붉은 개가 있는데, 이름이 천견이라 한다. 그것이 나타나는 곳에서는 주로 전쟁이 일어나는데, 곧 천구의 성광(星光)이 흘러들어가 생겨난다. 이렇게 생겨난 빛이 하루 또는 수십 일 동안 지속되기도 한다. 그 움직임은 바람과 같고, 소리는 우레와 같으며, 빛은 (번쩍이는) 번개와 같다. 오·초 칠국이 반란을 일으켰을 때, 일찍이 양나라의 들판에서 짖어댔다.[天門山, 有赤犬, 名曰天犬. 其所現處, 主有兵, 乃天狗之星光飛流注而生. 所生之日, 或數十. 其行如風, 聲如雷, 光如(閃)電. 吳楚七國叛時, 嘗吠過梁野.]"라고 했다. 「서차삼경(西次三經)」에 나오는 천구는, 흉하고 사악한 일을 막아주고, 재해를 물리쳐주는 짐승으로, 이 천견과는 생김새와 작용이 모두 다르므로, 같은 종류의 짐승이 아니다.

곽박의 『산해경도찬(山海經圖讚)』: "으르렁대는 천견, 그 빛이 유성을 이룬다네. 이것이 지나간 고을은 망하고, 이르는 성(城)은 기운다네. 칠국(七國)이 변란을 일으켰을

---

8) 『상서(尙書)』 즉 『서경(書經)』 가운데 「태서(泰書)」부터 「진서(秦書)」까지의 32편의 일컫는다.

때, 양나라의 성에서 짖어댔다네.[闖闖天犬, 光爲飛星. 所經邑滅, 所下城傾. 七國作變, 吠過梁城.]"

[그림 1-장응호회도본(蔣應鎬繪圖本)]·[그림 2-호문환도본(胡文煥圖本)]·[그림 3-성혹인회도본(成或因繪圖本)]·[그림 4-왕불도본(汪紱圖本)]

[그림 1] 천견 명(明)·장응호회도본

天犬

[그림 2] 천견 명(明)·호문환도본

[그림 3] 천견 청(淸)·사천(四川)성혹인회도본

天犬

[그림 4] 천견 청(淸)·왕불도본

|권16-16| 인면호신신[人面虎身神 : 곤륜신(昆侖神)]

【경문(經文)】

「대황서경(大荒西經)」: 서해(西海)의 남쪽, 유사(流沙)의 가장자리, 적수(赤水)의 뒤쪽, 흑수(黑水)의 앞쪽에 큰 산이 있는데, 이름은 곤륜구(昆侖丘)라 한다. 어떤 신—사람의 얼굴에 호랑이 몸을 하고 있고, 무늬가 있는 꼬리가 있는데, 모두 흰색이다—이 여기에 산다.

[西海之南, 流沙之濱, 赤水之後, 黑水之前, 有大山, 名曰昆侖之丘. 有神—人面虎身, 文尾[9], 皆白[10]—處之.]

【해설(解說)】

곤륜구(昆侖丘) 위에 사는, 사람의 얼굴에 호랑이의 몸을 한 신[人面虎身神]은, 꼬리에 흰색 반점이 있는데, 곤륜산(昆侖山)의 산신이다. 이 신은 「서차삼경(西次三經)」의 육오(陸吾)·「해내서경(海內西經)」의 개명수(開明獸)와 동일한 신인데, 이들 세 신은 모두 사람의 얼굴에 호랑이의 몸을 하고 있고, 그 신직(神職)도 모두 똑같이 곤륜산의 산신이자, 곤륜산의 수호신이다.

[그림 1-성혹인회도본(成或因繪圖本)]·[그림 2-왕불도본(汪紱圖本)]

---

9) 원래의 경문에는 "有文有尾"로 되어 있는데, 원가(袁珂)는 주석하기를, "『태평어람』 권38에서 이 경문을 인용하여 두 '有'자가 없다. 두 개의 '有'자는 연자(衍字)인 듯하다.['太平御覽』卷三八引此經無兩有字, 兩有字疑衍.]"라고 했다. 이 책에서는 이에 따라 번역했다.
    저자주 : 원래는 "有文有尾"인데, 원가가 『태평어람』에 근거하여 바로잡은 것을 인용했다.
10) 곽박은 주석하기를, "그 꼬리에 흰색 반점이 있는 것을 말한다.[言其尾以白爲黑駁.]"라고 했다.

[그림 1] 인면호신신(人面虎身神) 청(淸)·사천(四川)성혹인회도본

[그림 2] 곤륜신(昆侖神) 청(淸)·왕불도본

|권16-17| 수마(壽麻)

【경문(經文)】

「대황서경(大荒西經)」: 수마국(壽麻國)이 있다. 남악(南嶽)[11]이 주산(州山)의 딸을 아내로 맞이했는데, 이름이 여건(女虔)이라고 한다. 여건이 계격(季格)을 낳고, 계격이 수마(壽麻)를 낳았다. 수마는 똑바로 서도 그림자가 없고, 소리쳐 불러도 울림이 없다. 이곳은 몹시 더워서 갈 수가 없다.

[有壽麻之國. 南嶽娶州山女, 名曰女虔. 女虔生季格, 季格生壽麻. 壽麻正立無景, 疾呼無響. 爰有大暑[12], 不可以往.]

【해설(解說)】

　수마(壽麻)는 수미(壽靡)라고도 쓰며, 신인(神人)·선인(仙人)과 같은 부류에 속한다. 수마는 남악(南嶽)의 후예로, 황제(黃帝) 계통의 인(人)씨에 속한다.[13] 수마는 보통사람과는 달라서 똑바로 서도 그림자가 없고, 소리쳐 불러도 울림이 없으니, 모두가 선인의 모습이다. 『회남자(淮南子)·지형훈(墜形訓)』에 이르기를, "건목(建木)은 도광(都廣)[14]에 있는데, 여러 제왕들이 오르내리는 곳으로, 낮에도 그림자가 없고, 불러도 울림이 없다.[建木在都廣, 衆帝所自上下, 日中無景, 呼而無響.]"라고 했다. 수마국(壽麻國)은 매우 덥고 물이 없어서, 사람이 갈 수 없다. 곽박(郭璞)은 주석하기를, "더워서 사람을 구워 죽인다고 한다.[言熱炙殺人也.]"라고 했다.

　곽박의 『산해경도찬(山海經圖讚)』: "수마국 사람들은, 그림자도 없고 메아리도 없다네. 본디 그러한 기를 받은 것이니, 그들에게 무상(無象)을 부여한 것이라네. 현속(玄俗)[15]이 이곳에 숨었다고 하는데, 이곳은 가기가 험난하다네.[壽靡之人, 靡景靡響. 受氣自

---

11) 원가(袁珂)는 주석에서, "그런데 이 남악(南嶽)은 사실 또한 황제(黃帝) 계통의 인물인 듯하다.[然此南嶽疑實亦當爲黃帝系人物也.]"라고 했다.

12) 곽박은 주석하기를, "사람을 태워 죽일 정도로 뜨거운 것을 말한다.[言熱炙殺人也.]"라고 했다.

13) 저자주: 오임신(吳任臣)은 주석하기를, "황제 홍(鴻)은 처음에 남악의 관리였기 때문에, 이름을 남악이라고 한 것이다.[黃帝鴻初爲南嶽之官, 故名南嶽.]"라고 했다.

14) 고대 전설 속의 나라 이름이다.

15) 중국 서한(西漢) 시대의 유명한 의사이자 약제사(藥劑師)이다. 하간[河間 : 지금의 하북(河北)에 속함] 사람이라고 한다. 『역대명의몽술(歷代名醫蒙術)』에 기록되어 있기를, 항상 파두(巴豆) 등과 같은 것을 먹고, 저자에서 약을 팔았는데, 백병(百病)을 치료할 수 있었다고 한다.

然, 稟之無象. 玄俗是微, 驗之於往.]"

[그림-왕불도본(汪紱圖本)]

[그림] 수마 청(淸)·왕불도본

|권16-18| 하경시(夏耕尸)

【경문(經文)】

「대황서경(大荒西經)」: 머리가 없는 어떤 사람이 창과 방패를 들고 서 있는데, 이름이 하경시(夏耕尸 : 하경의 시체–역자)라 한다. 옛날 성탕(成湯)이 장산(章山)에서 하(夏)나라 걸왕(桀王)을 정벌하여 그를 무찌르고, 그 앞에서 경(耕)의 머리를 베었다. 경은 일어나, 머리가 없는데도, 죄를 피해 도망쳐, 무산(巫山)에 내려왔다.
[有人無首, 操戈盾立, 名曰夏耕之尸. 故成湯伐夏桀於章山, 克之, 斬耕厥前. 耕既立, 無首, 走厥咎[16], 乃降於巫山.]

【해설(解說)】

하경(夏耕)은 하(夏)나라 최후의 군주인 걸왕(桀王)의 수하(手下)로, 장산(章山)을 지키던 일원대장(一員大將)이었다. 전설에 따르면 하나라 걸왕은 우매하고 음탕하며 난폭했는데, 탕왕(湯王)이 하나라 걸왕을 정벌할 때, 하경은 장산을 지키고 있으면서, 감히 공격하지 못하고 있다가, 탕왕에 의해 단칼에 머리가 잘렸다. 머리가 잘린 하경은 죄를 피해 도망쳐, 무산으로 달아났다. 하경은 비록 죽었지만, 그 영혼은 오히려 살아서 하경시(夏耕尸)가 되었으며, 머리가 없이도 여전히 손에 창과 방패를 쥐고 서서 직무를 다했다고 한다. 하경시가 말해주는 것은, 불사의 영혼인 시체[尸]의 고사(故事)이다.

[그림 1–장응호회도본(蔣應鎬繪圖本)]·[그림 2–성혹인회도본(成或因繪圖本)]·[그림 3–왕불도본(汪紱圖本)]

[그림 3] 하경시 청(淸)·왕불도본

16) 곽박은 주석하기를, "죄를 피해 도망친 것이다.[逃避罪也.]"라고 했다.

[그림 1] 하경시 명(明)·장응호회도본

[그림 2] 하경시 청(淸)·사천(四川)성혹인회도본

|권16-19| 삼면인(三面人)

【경문(經文)】

「대황서경(大荒西經)」: 대황(大荒) 가운데에, 대황산(大荒山)이라는 산이 있는데, 해와 달이 지는 곳이다. 얼굴이 세 개인 사람이 있는데, 전욱(顓頊)의 아들이며, 세 개의 얼굴에 팔이 하나이다. 얼굴이 세 개인 사람은 죽지 않는데, 이곳을 대황의 들[野]이라고 한다.

[大荒之中, 有山名曰大荒之山, 日月所入. 有人焉三面17), 是顓頊之子, 三面一臂, 三面之人不死, 是謂大荒之野.]

【해설(解說)】

삼면인(三面人)은 곧 세 개의 얼굴에 팔이 하나인 사람으로, 대황(大荒)의 들판에 사는 기이한 모습을 한 사람이며, 전욱(顓頊)의 아들이다. 그곳 사람들은 하나의 머리에 세 개의 얼굴을 가졌으며, 단지 오른팔만 있고(곽박은 주석에서, 왼팔이 없다고 했음), 불로장생(不老長生)할 수 있다.

곽박의 『산해경도찬(山海經圖讚)』: "모습은 몸통 하나를 타고 났는데, 기질에는 바뀐 게 있다네. 키가 큰 몸도 이로움 있지만, 얼굴이 세 개인 것만은 못하다네. 애써 고개를 틀어 흘겨보지 않고도, 한꺼번에 볼 수 있으니.[稟形一軀, 氣有存變. 長體有益, 無若三面. 不勞傾睞, 可以并見.]"

[그림 1-장응호회도본(蔣應鎬繪圖本)]·[그림 2-오임신근문당도본(吳任臣近文堂圖本)]·[그림 3-왕불도본(汪紱圖本)]·[그림 4-상해금장도본(上海錦章圖本)]

---

17) 경문의 '三面'에 대해, 곽박(郭璞)은 주석하기를, "사람 머리의 세 방면에 각각 얼굴이 있는 것을 말한다.[言人頭三邊各有面也.]"라고 했다.

三面人
人賴三邊各有面
無左臂居大荒山

[그림 1] 삼면인 명(明)·장응호회도본

[그림 2] 삼면인 청(淸)·오임신근문당도본

三面人

[그림 3] 삼면인 청(淸)·왕불도본

三面人
人頭三邊各有面
無左臂居大荒山

[그림 4] 삼면인 상해금장도본

|권16-20| 하후개(夏后開)

【경문(經文)】

「대황서경(大荒西經)」: 서남해(西南海)의 바깥, 적수(赤水)의 남쪽, 유사(流沙)의 서쪽에, 어떤 사람이 두 마리의 청사(靑蛇)를 귀에 걸고, 두 마리의 용을 타는데, 이름은 하후개(夏后開)라고 한다. 개(開)는 손님이 되어 세 차례 하늘에 올라가서 「구변(九辯)」과 「구가(九歌)」를 얻어 내려왔다. 이 천목(天穆)의 들판은 높이가 2천 길[仞]이나 되는데, 개가 여기에서 처음으로 「구소(九招)」를 노래했다.

[西南海之外, 赤水之南, 流沙之西, 有人珥兩靑蛇, 乘兩龍, 名曰夏后開. 開上三嬪¹⁸⁾ 於天, 得「九辯」與「九歌」以下. 此天穆之野, 高二千仞, 開焉得始歌「九招」.]

【해설(解說)】

하후개(夏后開)는 즉 하후계(夏后啓)로, 우(禹)의 아들 계(啓)¹⁹⁾이다. 계는 우의 아내 도산씨(塗山氏)가 변한 바위가 갈라지면서 태어났으므로, 이름을 계라고 했는데, 한(漢)나라 경제(景帝)의 이름이 계(啓)였으므로, 한나라 사람들이 피휘(避諱)했기 때문에 계(啓)를 개(開)로 고친 것이다. 왕으로서의 하후계는 이미 「해외서경(海外西經)」에서 보았다. 이 「대황서경」의 하후개는 신성(神性)을 지닌 영웅으로, 두 귀를 뚫어 두 마리의 청사(靑蛇) 꿰고 있으며, 두 마리의 용을 몰아 하늘을 오르내린다. 전설에 따르면, 그는 일찍이 세 차례 용을 몰고 하늘로 올라가 천제(天帝)가 있는 곳에 손님으로 갔다. 또 천궁(天宮)의 악장(樂章)인 「구변(九辯)」과 「구가(九歌)」를 기록하여 내려와, 천목(天穆)의 들에서 연주했는데, 그것이 바로 훗날의 「구소(九招)」와 「구대(九代)」라고 한다.

[그림 1-장응호회도본(蔣應鎬繪圖本)]·[그림 2-성혹인회도본(成或因繪圖本)]

---

18) 학의행(郝懿行)은 "'賓'자와 '嬪'자는 고자(古字)에서 통용되었다.[是賓·嬪古字通.]"라고 했다.
19) '啓'는 '열다, 열리다'라는 뜻이다.

[그림 1] 하후개 명(明)·장응호회도본

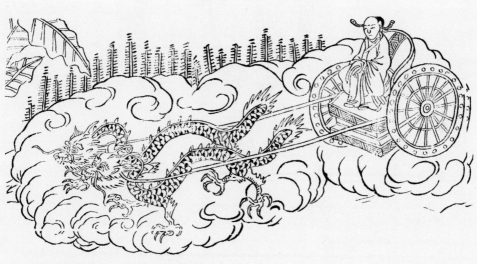

[그림 2] 하후개 청(淸)·사천(四川)성혹인회도본

|권16-21| 호인(互人)

【경문(經文)】

「대황서경(大荒西經)」: 호인국(互人國)이 있다. 염제(炎帝)의 손자를 영개(靈恝)라고 한다. 영개가 호인을 낳았는데, 하늘을 오르내릴 수 있다.

[有互人之國. 炎帝之孫, 名曰靈恝. 靈恝生互人, 是能上下於天[20].]

【해설(解說)】

호인국(互人國)은 즉 「해내남경(海內南經)」의 저인국(氐人國)[21]이다. 호인(互人)은 염제(炎帝)의 후예로, 사람의 얼굴에 물고기의 몸을 하고 있으며, 다리가 없지만, 대단히 신통하여 하늘을 오르내릴 수 있으며, 인간과 신을 소통하게 해주는 자이다.

[그림-왕불도본(汪紱圖本)]

[그림] 호인 청(淸)·왕불도본

---

20) 곽박은 주석하기를, "구름과 비를 탈 수 있는 것을 말한다.[言能乘雲雨也.]"라고 했다.
21) 저자주 : 학의행(郝懿行)은 주석하기를, '氐'자와 '互'자는 형태가 비슷하여 잘못 쓴 것이라고 했다.

|권16-22| 어부(魚婦)

【경문(經文)】

「대황서경(大荒西經)」: 어떤 물고기는 몸의 일부만이 물고기인데, 이름은 어부(魚婦)라고 한다. 전욱(顓頊)이 죽었다가 다시 살아난 것이다. 바람이 북쪽으로부터 불어오면, 곧 샘물이 몹시 넘쳐나고, 뱀이 물고기로 변하는데, 이것이 어부이다. 전욱이 죽었다가 다시 살아난 것이다.

[有魚偏枯, 名曰魚婦. 顓頊死即復蘇. 風道北來, 天及大水泉[22], 蛇乃化爲魚, 是爲魚婦. 顓頊死即復蘇.]

【해설(解說)】

어부(魚婦)는 절반은 사람이고 절반은 물고기로, 전욱(顓頊)이 죽은 후 다시 살아나 변한 것이다. 전설에 따르면, 거대한 바람이 북쪽에서 불어와, 지하의 샘물이 거센 바람으로 인해 지면으로 솟아오를 때, 뱀이 물고기로 변할 수 있는데, 죽은 전욱이 바로 물고기의 몸에 붙었다가, 다시 살아난 것이라고 한다. 이런 반인반어(半人半魚)의 생물을 어부라고 한다. 『회남자(淮南子)·지형훈(墜形訓)』에도 후직(后稷)이 죽은 후 몸의 절반이 물고기로 변한 고사가 기재되어 있다. 즉 "후직의 무덤이 건목(建木)의 서쪽에 있었는데, 그는 죽은 후 다시 살아나, 그 몸의 절반이 물고기가 되었다.[后稷壟在建木西, 其人死復蘇, 其半爲魚.]"

[그림—왕불도본(汪紱圖本)]

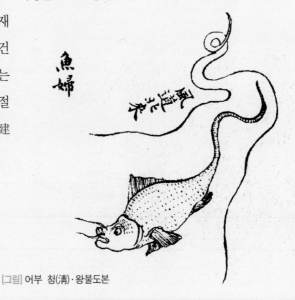

[그림] 어부 청(淸)·왕불도본

---

22) 경문의 "風道北來, 天乃大水泉"에 대해 곽박(郭璞)은 주석하기를, "샘물이 바람에 넘쳐나는 것을 말한다. '道'는 '從'과 같다.[言泉水得風暴溢出. 道, 猶從也.]"라고 했다.

|권16-23| 촉조(鸀鳥)

【경문(經文)】

「대황서경(大荒西經)」 : 호인국(互人國)이 있다. ……청조(靑鳥)가 있는데, 몸은 누렇고, 발은 붉으며, 대가리가 여섯 개이고, 이름은 촉조(鸀鳥)라 한다.

[有互人之國, ……有靑鳥, 身黃, 赤足, 六首, 名曰鸀鳥.]

【해설(解說)】

촉조[鸀('蜀'으로 발음)鳥]는 대가리가 여섯 개인 기이한 새로, 몸은 누렇고, 발은 붉다. 『이아(爾雅)·석조(釋鳥)』에서는, 촉(鸀)은 바로 산새[山鳥]라고 했다. 곽박은 주석하기를, 이 새는 까마귀처럼 생겼지만 작고, 붉은 부리를 가졌으며, 동굴에 살면서 번식하는데, 서방(西方)에서 난다고 했다.

[그림 1-장응호회도본(蔣應鎬繪圖本)]·[그림 2-오임신강희도본(吳任臣康熙圖本)]·[그림 3-성혹인회도본(成或因繪圖本)]·[그림 4-왕불도본(汪紱圖本)]·[그림 5-『금충전(禽蟲典)』]

[그림 1] 촉조 명(明)·장응호회도본

蜀鳥青鳥身黃赤足
蜀鳥六首出互人圖

[그림 2] 촉조 청(淸)·오임신강희도본

[그림 3] 촉조 청(淸)·사천(四川)성혹인회도본

蜀鳥

[그림 4] 촉조 청(淸)·왕불도본

蜀鳥

[그림 5] 촉조 청(淸)·『금충전』

第十七卷

大荒北經

제17권 대황북경

| 권17-1 | 비질(蜚蛭)

【경문(經文)】

「대황북경(大荒北經)」: 대황(大荒)의 가운데에, 어떤 산이 있는데, 이름이 불함(不咸)이다. ……비질(蜚蛭)이 있는데, 날개가 네 개이다.

[大荒之中, 有山, 名曰不咸. 有肅愼氏之國. 有蜚蛭, 四翼.]

【해설(解說)】

비질[蜚(飛)蛭]은 네 개의 날개가 있는 날벌레이다.

[그림−왕불도본(汪紱圖本)]

[그림] 비질 청(淸)·왕불도본

|권17-2| 금충(琴蟲)

【경문(經文)】

「대황북경(大荒北經)」: 대황(大荒)의 가운데에, 어떤 산이 있는데, 이름이 불함(不咸)이다. ······거기에 어떤 짐승이 있는데, 짐승의 대가리에 뱀의 몸을 하고 있으며, 이름은 금충(琴蟲)이라 한다.

[大荒之中, 有山, 名曰不咸. 有肅愼氏之國. 有蜚蛭, 四翼. 有蟲[1], 獸首蛇身, 名曰琴蟲.]

【해설(解說)】

금충(琴蟲)은 뱀과 짐승의 모습을 한 몸에 지닌 괴상한 뱀으로, 짐승의 대가리에 뱀의 몸을 하고 있다. 곽박은 주석하기를, 금충은 뱀 종류에 속한다고 했다. 학의행(郝懿行)은 해석하기를, 남산(南山) 사람들은 '충(蟲)'을 뱀으로 보았다고 했는데, 「해외남경(海外南經)」을 보라.

곽박(郭璞)의 『산해경도찬(山海經圖讚)』: "여기에 금충이 있는데, 뱀의 몸에 짐승의 대가리를 하고 있다네.[爰有琴蟲, 蛇身獸頭.]"

[그림 1-성혹인회도본(成或因繪圖本)]·[그림 2-왕불도본(汪紱圖本)]

[그림 2] 금충 청(淸)·왕불도본

1) '蟲'자는 '벌레'라는 뜻 외에 동물을 총칭하는 의미가 있다.

[그림 1] 금충 청(淸)·사천(四川)성혹인회도본

| 권17-3 | 엽렵(獵獵)

【경문(經文)】

「대황북경(大荒北經)」: 대황(大荒)의 가운데에, 형천(衡天)이라는 산이 있다. 선민산(先民山)이 있다. ……검은색 짐승이 있는데 곰처럼 생겼으며, 이름은 엽렵(獵獵)이라 한다.

[大荒之中, 有山名曰衡天. 有先民之山. 有樊木千里. 有叔歜國. 顓頊之子, 黍食, 使四鳥, 虎·豹·熊·羆. 有黑蟲如熊狀, 名曰獵獵.]

【해설(解說)】

엽렵[獵('夕'으로 발음)獵]은 곰처럼 생긴 검은 짐승이다. 경문에서는 '흑충(黑蟲)'이라고 했는데, 옛날에는 '蟲'과 '獸'가 서로 통용되었다. 학의행(郝懿行)은 주석하기를, "『광운(廣韻)』에서 또한 짐승의 이름을 말하면서 이 경문을 인용했다. 대개 '蟲'과 '獸'는 통하는 명칭이다.[『廣韻』亦云獸名, 引此經. 蓋蟲·獸通名耳.]"라고 했다. 『사물감주(事物紺珠)』에는, 엽렵은 곰처럼 생겼고, 검은색이라고 기재되어 있다.

곽박(郭璞)의 『산해경도찬(山海經圖讚)』: "엽렵은 곰과 비슷하게 생겼고, 단산(丹山)에 노을이 일게 한다네.[獵獵如熊, 丹山霞起.]"

[그림 1-왕불도본(汪紱圖本)]·[그림 2-『금충전(禽蟲典)』]

猎猎

[그림 1] 엽렵 청(淸)·왕불도본

[그림 2] 엽렵 청(淸)·『금충전』

|권17-4| 담이국(儋耳國)

【경문(經文)】

「대황북경(大荒北經)」: 담이국(儋耳國)이 있는데, 성이 임(任)씨이고, 우호(禺號)의 자손이며, 곡식을 먹고 산다.

[有儋耳之國, 任姓, 禺號(號)子[2], 食穀.]

【해설(解說)】

담이국(儋耳國)은 즉 섭이국(聶耳國)이다[「해외북경(海外北經)」을 보라]. 곽박은 말하기를, 이 나라 사람들은 귀가 커서 어깨까지 늘어진다고 했다. 담이국 사람들은 성이 임(任)씨이며, 동해의 해신(海神)인 우호(禺號 : 즉 禺號)의 자손인데, 우호는 황제의 자손이므로, 담이도 역시 황제(黃帝)의 후예이다. 그곳 사람들은 모두 귀가 매우 길어, 다닐 때 두 손으로 받쳐 들고 다니며, 곡식을 먹고 산다.

[그림-장응호회도본(蔣應鎬繪圖本)]

[그림] 담이국 명(明)·장응호회도본

---

2) 원가(袁珂)는 주석하기를, "우호(禺號)는 즉 우호(禺號)로, 곧 황제(黃帝)의 자손이며, 「대황동경(大荒東經)」에 나온다. 따라서 담이(儋耳)도 또한 황제의 후예이다.[禺號卽禺號, 乃黃帝之子, 見「大荒東經」, 故儋耳亦黃帝裔也.]"라고 했다.

|권17-5| 우강(禺疆)

【경문(經文)】

「대황북경(大荒北經)」: 북해(北海)의 섬에 어떤 신이 있는데, 사람의 얼굴에 새의 몸을 하고 있으며, 두 마리의 청사(青蛇)를 귀에 걸고 있고, 두 마리의 적사(赤蛇)를 밟고 있다. 이름은 우강(禺疆)이라 한다.

[北海之渚中, 有神, 人面鳥身, 珥兩靑蛇, 踐兩赤蛇, 名曰禺疆.]

【해설(解說)】

우강(禺疆)은 즉 우경(禺京)·우강(禺强)이며, 자(字)는 현명(玄冥)이다. 북해의 해신으로[이미 「해외북경(海外北經)」에서 보았음], 동해의 해신인 우호[禺貌 : 「대황동경(大荒東經)」을 보래]의 아들인데, 부자(父子)인 이들 두 신은 모두 사람의 얼굴에 새의 몸을 하고 있고, 뱀을 귀에 걸고 또 발로 밟고 있다. 장응호회도본(蔣應鎬繪圖本)은 두 폭의 그림을 이용하여 우강의 고사를 서술하고 있다. 그림의 조형 면에서 「해외북경」의 우강은 사람의 형상을 한 신이고, 이 「대황북경」의 우강은 새의 형상을 한 신이다. 구도 면에서 두 그림이 중시한 점은 다른데, 전자는 해신인 우강이 용을 타고 산수(山水)와 운해(雲海)를 노니는 늠름하고 위풍당당한 자태를 묘사하는 데 치중했으며, 한 폭의 줄거리가 있는 동태(動態)의 정경화(情景畵)이다. 그런데 후자는 해신으로서의 우강의 신성(神性) 특징을 돋보이게 했는데, 사람의 얼굴에 새의 몸을 하고 있고, 뱀을 귀에 걸고 또 발로 밟고 있어, 정태(靜態)의 묘사에 속한다.

[그림-장응호회도본]

[그림] 우강 명(明)·장응호회도본

|권17-6| 구봉(九鳳)

【경문(經文)】

「대황북경(大荒北經)」: 대황(大荒)의 가운데에 북극천궤(北極天櫃)라는 산이 있는데, 바닷물이 북쪽으로 흘러든다. 여기에 어떤 신이 있는데, 아홉 개의 대가리에 사람의 얼굴과 새의 몸을 하고 있으며, 이름은 구봉(九鳳)이라 한다.

[大荒之中, 有山名曰北極天櫃, 海水北注焉. 有神, 九首人面鳥身, 名曰九鳳.]

【해설(解說)】

구봉(九鳳)은 대가리가 아홉 개이고 사람의 얼굴을 한 새이다. 대황(大荒)의 가운데, 북해의 해변에 있는 '북극천궤(北極天櫃)'라는 산 일대에 사는데, 이는 북방 지역의 민중들이 믿고 숭배하는 조신(鳥神)이다. 구두조(九頭鳥)도 초(楚)나라 민족이 신봉하던 신조(神鳥)로, 초나라 사람들은 봉황과 숫자 구(九)를 숭배했다. 초나라 땅에서 구봉을 신으로 받드는 신앙은 매우 오래된 연원(淵源)을 가지고 있는데, 그러한 신앙은 초나라 땅에 사는 초나라 사람들의 마음속에 아주 깊이 각인되어 있다. 줄곧 지금까지 "천상의 구두조, 지하의 호북로(湖北佬)[天上九頭鳥, 地下湖北佬]"라는 속어가 여전히 호북(湖北) 지방에서 광범위하게 전해지고 있으니, 구두조는 그들 마음속의 신령한 새이다. 한대(漢代) 이후 기창(奇鶬)이라고 불리는, 대가리가 아홉 개인 신조가 출현했는데, 학의행(郝懿行)은 곽박(郭璞)이 「강부(江賦)」에서 "기창(奇鶬)은 대가리가 아홉 개[奇鶬九頭]"라고 한 것에 근거하여, 기창이 즉 구봉일 것이라고 추측했다. 기창은 민간에서 널리 전해지는 대가리가 아홉 개인 새로, 이 새는 또 귀거(鬼車)·귀조(鬼鳥)라고도 하며, 새를 잡아먹고, 사람의 혼백(魂魄)을 빼앗을 수 있는 흉악한 새이다. 이 흉조는 대가리가 아홉 개지만, 사람의 얼굴을 하고 있지 않으므로, 구봉과는 생김새와 역할이 모두 서로 다르다. 그러나 길고 긴 역사 과정에서, 이 둘은 자주 혼동되었으며, 이는 각종 판본의 산해경도(山海經圖)들에 반영되어 있다.

곽박의 『산해경도찬(山海經圖讚)』: "구봉은 높이 훨훨 날갯짓하며, 북쪽 끝에 머문다네.[九鳳軒翼, 北極是跱.]"

구봉의 그림에는 두 가지 형태가 있다.

첫째, 아홉 개의 대가리에 사람의 얼굴을 한 새로, [그림 1-장응호회도본(蔣應鎬繪

圖本)]·[그림 2-성혹인회도본(成或因繪圖本)]·[그림 3-왕불도본(汪紱圖本)]과 같은 것들이다.

둘째, 대가리가 아홉 개인 새로, [그림 4-오임신근문당도본(吳任臣近文堂圖本)]·[그림 5-상해금장도본(上海錦章圖本)]과 같은 것들이다.

[그림 1] 구봉 명(明)·장응호회도본

[그림 2] 구봉 청(淸)·사천(四川)성혹인회도본

第十七卷 大荒北經

1219

九鳳

[그림 3] 구봉 청(清)·왕불도본

九鳳
九首人面鳥身居
北極天櫃之山

[그림 4] 구봉 청(清)·오임신근문당도본

九鳳
人首人面鳥身居
丹櫃天櫃之山

[그림 5] 구봉 상해금장도본

|권17-7| 강량(彊良)

【경문(經文)】

「대황북경(大荒北經)」: 대황(大荒)의 가운데에 북극천궤(北極天櫃)라는 산이 있는데, 바닷물이 북쪽으로 흘러든다. 어떤 신이 있는데, 아홉 개의 대가리에 사람의 얼굴과 새의 몸을 하고 있으며, 이름은 구봉(九鳳)이라고 한다. 또 어떤 신은 뱀을, 입에는 물고 손에는 쥐고 있는데, 그 모습이 호랑이의 대가리에 사람의 몸을 하고 있으며, 네 개의 발굽이 있고, 팔이 매우 길며, 이름은 강량(彊良)이라고 한다.

[大荒之中, 有山名曰北極天櫃, 海水北注焉. 有神, 九首人面鳥身, 名曰九鳳. 又有神銜蛇操蛇, 其狀虎首人身, 四蹄長肘, 名曰彊良.]

【해설(解說)】

강량(彊良)은 강량(强梁)이라 쓰기도 하는데, 사람과 호랑이의 모습을 한 몸에 지닌 기이한 짐승이자, 사악한 귀신을 물리칠 수 있는 무서운 짐승이며, 옛날에 대나축역(大儺逐疫 : 이 책 〈권12-8〉 참조-역자)의 12신이자 12짐승[獸] 중 하나이다. 『후한서(後漢書)·예의지(禮儀志)』에는, "강량(强梁)·조명(祖明)은 몸이 찢겨 죽은 것을 함께 먹으며 기생한다.[强梁·祖明共食磔死寄生.]"라고 기록되어 있다. 강량의 생김새는 호랑이의 대가리에 사람의 몸을 하고 있고, 네 발은 짐승의 발굽으로 되어 있는데, 앞다리(팔꿈치)가 특히 길며, 입에 뱀을 물고 있고, 앞다리에는 뱀을 칭칭 감고 있다. 곽박(郭璞)은 말하기를, "또한 무서운 짐승의 그림 중에 있다.[亦在畏獸畫中.]"라고 했다.

곽박의 『산해경도찬(山海經圖讚)』: "용맹스러운 강량(强梁)은, 호랑이의 대가리에 네 개의 발굽이 있다네. 요사하고 사나운 것들을 물리치니, 귀신을 씹어 먹고 도깨비를 씹어 먹는다네. 뱀을 입에 물고 용맹을 떨치니, 두려운 짐승 중에서도 뛰어나도다.[仡仡强梁, 虎頭四蹄. 妖厲是御, 唯鬼咀魃. 銜蛇奮猛, 畏獸之奇.]"

강량의 그림에는 두 가지 형태가 있다.

첫째, 뱀을 입에 물고 있고, 뱀을 쥐고 있으며, 호랑이의 대가리에 사람의 몸과 짐승의 발굽을 하고 있는 신으로, [그림 1-장응호회도본(蔣應鎬繪圖本)]·[그림 2-성혹인회도본(成或因繪圖本)]·[그림 3-왕불도본(汪紱圖本)]과 같은 것들이다.

둘째, 단지 뱀을 입에 물고 있으나 뱀을 쥐고 있지는 않으며, 호랑이의 대가리에 사람의 몸과 짐승의 발굽을 하고 있는 신으로, [그림 4-호문환도본(胡文煥圖本)]·[그림 5-일본도본(日本圖本)]·[그림 6-오임신강희도본(吳任臣康熙圖本)]·[그림 7-상해금장도본(上海錦章圖本)]과 같은 것들이다.

[그림 1] 강량(彊良) 명(明)·장응호회도본

[그림 2] 강량 청(淸)·사천(四川)성혹인회도본

[그림 3] 강량 청(淸)·왕불도본

[그림 4] 강량(殭良 : 强良) 명(明)·호문환도본

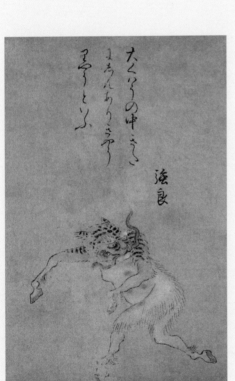

[그림 5] 강량 일본도본

彊良虎首人身四踶長肘衔蛇操蛇其九瓦同山

[그림 6] 강량 청(淸)·오임신강희도본

彊良虎首人面四踶長肘操蛇嚙蛇與九鳳同山

[그림 7] 강량 상해금장도본

|권17-8| 황제여발(黃帝女魃)

【경문(經文)】

「대황북경(大荒北經)」: 대황(大荒)의 가운데에 불구(不句)라는 산이 있는데, 바닷물이 북쪽으로 흘러든다. 계곤산(係昆山)이라는 산이 있는데, 공공대(共工臺)가 있어 활을 쏘는 사람이 감히 북쪽을 향해 쏘지 못한다. 어떤 사람은 푸른 옷을 입고 있는데, 이름은 황제여발(黃帝女魃)이라 한다. 치우(蚩尤)가 군대를 일으켜 황제(黃帝)를 공격하자, 황제는 이에 응룡(應龍)에게 명령하여 기주(冀州)의 들판을 공격하게 했다. 응룡이 물을 가두어 두자, 치우가 풍백(風伯)과 우사(雨師)에게 청해 큰 비바람이 몰아치게 했다. 황제가 이에 천녀(天女)인 발(魃)을 내려 보내자, 비가 그쳤으며, 마침내 치우를 죽였다. 발은 다시 하늘로 올라가지 못했는데, 그녀가 머무는 곳에는 비가 내리지 않았다. 숙균(叔均)이 이를 황제한테 아뢰자, 후에 그를 적수(赤水)의 북쪽에 살도록 했다. 숙균은 이리하여 농사를 다스리는 신[田祖]이 되었다. 발이 때때로 그곳을 도망쳐 나오면, 그를 쫓아내려는 사람들이, "신이여, 북쪽으로 돌아가시오![神北行!]"[3]라고 요구했다. 먼저 물길을 잘 트이게 하고, 도랑을 파서 통하도록 해놓았다.

[大荒之中, 有山名曰不句, 海水北入焉. 有係昆之山者, 有共工之臺, 射者不敢北郷. 有人衣青衣, 名曰黃帝女魃. 蚩尤作兵伐黃帝, 黃帝乃令應龍攻之冀州之野. 應龍畜水, 蚩尤請風伯雨師, 縱大風雨. 黃帝乃下天女曰魃, 雨止, 遂殺蚩尤. 魃不得復上, 所居不雨. 叔均言之帝, 後置之赤水之北. 叔均乃爲田祖. 魃時亡之[4]. 所欲逐之者, 令曰, "神北行!" 先除水道, 決通溝瀆[5].]

【해설(解說)】

황제여발(黃帝女魃)은 여발(女妭)·한발(旱魃)이라고도 하며, 황제(黃帝)의 딸이다. 전설에 따르면 여발(女魃)은 계곤산(係昆山)의 공공대(共工臺)에 사는데, 대머리여서 머리

---

3) 학의행(郝懿行)은 주석하기를, "'북행(北行)'이라는 것은 적수(赤水)의 북쪽으로 돌아가게 하는 것이다.[北行者, 令歸赤水之北也.]"라고 했다.

4) 학의행은 "'亡'은 잘 달아나는 것을 일컫는다.[亡謂善逃逸也.]"라고 했다.

5) 곽박(郭璞)은 주석하기를, "쫓아내면 반드시 비가 오기 때문에, 먼저 물길을 잘 트이게 하는 것이다. 지금의 발(魃)을 쫓아내는 방식도 이러하다.[言逐之必得雨, 故見先除水道, 今之逐魃, 是也.]"라고 했다.

카락이 없으며, 항상 푸른색 옷을 입는다고 하며, 그녀가 거주하는 곳에는 하늘에서 비가 내리지 않는다고 한다. 치우(蚩尤)가 군대를 일으켜 황제를 공격한 전쟁에서, 황제가 응룡(應龍)에게 명령하여 물을 가두어 두도록 하자, 치우는 풍백(風伯)과 우사(雨師)를 초청하여 폭풍우를 마구 일으키게 했다. 그때 황제가 그의 딸 여발을 내려 보내, 폭풍우를 멈추게 하자, 치우는 크게 패하여 황제한테 죽임을 당했다. 여발은 비록 전쟁에서 공을 세웠지만, 그녀가 사는 곳은 비가 내리지 않아, 재해가 해마다 이어져 민중들이 몹시 원망했으므로, 땅을 갈고 파종하는 농사를 다스리는 신인 숙균[叔均 : 오곡의 신인 후직(后稷)의 자손]이 황제에게 이러한 상황을 보고했다. 그러자 황제는 곧 그녀를 적수(赤水)의 북쪽에 살게 하고는, 함부로 날뛰지 못하게 했다. 그러나 여발은 본분을 지키지 않는 자였기에, 항상 사방으로 도망쳤으니, 그녀가 가는 곳마다 백성들은 어쩔 수 없이 한발을 쫓는 활동을 해야만 했다. 한발을 쫓기 전에, 먼저 물길을 잘 트이게 하고, 도랑을 파서 잘 통하게 한 다음에, 그녀를 향해 "신이시여, 적수 북쪽에 있는 당신의 집으로 돌아가시오![神啊, 回到赤水以北你的老家去吧!]"라고 빌었다. 전설에 따르면, 발(魃)을 쫓은 다음에는 반드시 단비가 내려 기뻐하게 된다고 한다. 곽박은 주석하기를, "그를 쫓고 나면 반드시 비가 내렸으므로, 먼저 물길을 잘 트이게 했다고 하며, 지금의 발을 쫓는 것도 역시 그러하다.[言逐之必得雨, 故見先除水道, 今之逐魃是也.]"라고 했다. 그와 같이 발을 쫓고 비를 구하는 풍속 및 발을 쫓는 데 사용되던 주문은 지금까지 줄곧 계속되고 있다.

『신이경(神異經)』에는 고대의 발을 쫓던 풍속에 대해 다음과 같이 기록되어 있다. "남방에 키가 1~2척 정도 되는 사람이 사는데, 옷을 입지 않고, 눈이 머리꼭대기에 있으며, 바람처럼 빠르다. 이름은 발이라 하고, 그가 나타나는 나라에는 큰 가뭄이 들어, 천 리가 다 적지(赤地)[6]가 된다. 일명 학(狢)이라고도 한다. 사람이 그를 잡아 뒷간 속에 던져버리면 곧 죽고, 가뭄도 사라진다.[南方有人長二三尺, 袒身而目在頂上, 走行如風, 名曰魃, 所見之國大旱, 赤地千里. 一名狢. 遇者得之, 投溷中乃死, 旱災消.]" 『신이경』에는, 발은 사람처럼 생겼는데, 키가 3척 정도이고, 눈이 머리 꼭대기에 달려 있으며, 나는 듯이 빠르고, 이를 보는 사람이 잡아서 뒷간에 던져버리면, 곧 가뭄이 그친다고 기록되어 있다.

곽박의 『산해경도찬(山海經圖讚)』: "치우는 둑을 만들고, 비바람을 일으켜 물리쳤노

---

6) 흉년으로 인해 농작물을 거둘 수 없게 된 땅을 가리킨다.

라. 황제는 응룡한테 명하여 물을 가두고, 천녀(天女)를 내려 보냈도다. 그 술책에 견줄
바가 없으니, 무용(武勇)이 뛰어나다 하는구나.[蚩尤作兵, 從御風雨. 帝命應龍, 爰下天女.
厥謀無方, 所謂神武.]"

　　[그림-왕불도본(汪紱圖本)]은, 그림에서 한 명의 천녀(天女)가 한 명의 머리가 벗겨진
한발을 끌고 가고 있다.

女魃

[그림] 여발 청(淸)·왕불도본

【경문(經文)】

「대황북경(大荒北經)」 : 치우(蚩尤)가 군대를 일으켜 황제(黃帝)를 공격하자, 황제는 이에 응룡(應龍)에게 명령하여 기주(冀州)의 들판을 공격하게 했다. 응룡이 물을 가두어 두자, 치우가 풍백(風伯)과 우사(雨師)에게 청해 큰 비바람이 몰아치게 했다. 황제가 이에 천녀(天女)인 발(魃)을 내려 보내자, 비가 그쳤으며, 마침내 치우를 죽였다.

[蚩尤作兵伐黃帝, 黃帝乃令應龍攻之冀州之野. 應龍畜水, 蚩尤請風伯雨師, 縱大風雨. 黃帝乃下天女曰魃, 雨止, 遂殺蚩尤.]

【해설(解說)】

전쟁의 신인 치우(蚩尤)는 염제(炎帝)의 후예에 속하며, 남방에 산다. 전설에 따르면 치우는 인간과 짐승이 합쳐진 거인족으로, 81명 혹은 72명의 형제들이 있는데, 모두가 매우 위엄 있고 씩씩하다고 한다. 치우는 짐승의 몸을 하고 있으면서 사람의 말을 하고, 동(銅)으로 된 머리와 쇠[鐵]로 된 이마를 가지고 있으며, 돌과 쇠를 먹는다. 일설에는 치우가 사람의 몸에 소의 발굽을 하고 있으며, 눈이 네 개이고, 손이 여섯 개이며, 머리에 뿔이 있다고도 한다[『용어하도(龍魚河圖)』・『술이기(述異記)』를 보라].

치우는 고대에 전쟁의 신으로, 전쟁에 능하며, 각종 병기를 잘 만들었는데, 『세본(世本)』[7]에, "치우는 다섯 가지 병기인 과(戈)・모(矛)[8]・극(戟)[9]・추모(酋矛)・이모(夷矛)[10]를 만들었다.[蚩尤作五兵, 戈・矛・戟・酋矛・夷矛.]"라고 기재되어 있다. 그와 관련된 고사들 중 가장 유명한 것은, 이 「대황북경」에 기재되어 있는데, 치우가 병기를 만들어 황제(黃帝)를 공격한 신화이다. 전설에 따르면 황제와 치우는 탁록(涿鹿)의 들판에서 전쟁을 벌였는데, 황제가 응룡(應龍)에게 명령하여 물을 가두어 그를 공격하게 하자[「대

---

7) 선진(先秦) 시대 사관(史官)의 기록과 일부 공문서 자료들을 보존한 것으로, 진(秦)・한(漢) 시기에 저술되었다.

8) 자루가 긴 창.

9) 창끝이 두 갈래로 갈라져 있는 창.

10) 자루가 긴 창으로, 주척(周尺 : 주나라 때의 길이 단위-역자)으로, 2장(丈)인 것을 추모(酋矛), 2장 4척(尺)인 것을 이모(夷矛)라고 한다.

황동경(大荒東經)」을 보라], 치우는 풍백(風伯)과 우사(雨師)에게 도움을 청해, 폭풍우를 마구 일으키게 했다. 황제는 막아낼 수 없자, 곧 자신의 딸 여발(女魃)을 내보내, 폭풍우를 그치게 했다. 치우는 크게 패하여, 청구(靑丘)에서 황제한테 죽임을 당했다[『귀장(歸藏)·계서(啓筮)』를 보라]. 지금 보이는 왕불도본(汪紱圖本)의 치우 그림에서, 치우는 죽임을 당한 후 몸과 머리가 다른 곳에 널려 있는 모습을 하고 있다. 『산해경』에는 또한 치우가 죽임을 당한 뒤, 그의 몸에 채워져 있던 차꼬를 대황(大荒) 가운데에 버리자, 즉시 단풍나무 숲이 되었다고 기록되어 있는데[「대황남경(大荒南經)」을 보라], 그 붉은 단풍나무 잎에 여전히 흐르고 있는 핏자국은, 후세 사람들이 치우에 대한 무한한 그리움을 기탁한 것이다. 후세에 민간에는 치우혈(蚩尤血)·치우희(蚩尤戲)·치우성(蚩尤城)·치우총(蚩尤冢)·치우사(蚩尤祠)·치우기(蚩尤旗)·치우상(蚩尤像) 등과 같은 말들이 있는데, 모두 이미 습속이 되었다.

[그림-왕불도본(汪紱圖本)]

[그림] 치우 청(淸)·왕불도본

|권17-10| 적수여자헌(赤水女子獻)

【경문(經文)】

「대황북경(大荒北經)」: 종산(鍾山)이라는 곳이 있다. 푸른 옷을 입은 여자가 있는데, 이름은 적수여자헌(赤水女子獻)이라 한다.

[有鍾山者. 有女子衣靑衣, 名曰赤水女子獻.]

【해설(解說)】

적수여자헌(赤水女子獻)은 아마도 적수(赤水)의 북쪽에 살던 황제(黃帝)의 딸인 여발(女魃)일 것이다. 오승지(吳承志)는 말하기를, "'獻'은 마땅히 '魃'이라고 써야 한다. 위 문장에서 푸른 옷을 입고 있는 사람을 황제의 딸인 여발이라고 부르는데, 후에 적수의 북쪽에 있게 했다. 적수여자헌은 바로 황제의 딸인 여발이다."라고 했다. 곽박(郭璞)은 주석에서, "신녀이다.[神女也.]"라고 했다. 곽박의 주석과 도찬(圖讚)으로 볼 때, 이 강변의 요조숙녀는 가뭄이 심하여 적수의 북쪽으로 쫓겨난 대머리의 여발과 외형과 품격에서 상당히 큰 차이가 있는 것 같다.

곽박의 『산해경도찬(山海經圖讚)』: "강가에 요조숙녀 있으니, 물에서 태어났고 미모가 빼어나다네. 저 아름답고 영험한 헌(獻)이여, 가히 신(神)임을 알겠노라. 교보(交甫)[11]는 패옥(佩玉) 잃어버리고도, 멀리 있는 사람을 그리워함이 없구나.[江有窈窕, 水生艶濱. 彼美靈獻, 可以寤神. 交甫喪佩, 無思遠人.]"

[그림 1−장응호회도본(蔣應鎬繪圖本)]·[그림 2−성혹인회도본(成或因繪圖本)]·[그림 3−왕불도본(汪紱圖本)]

---

11) 주(周)나라의 정교보(鄭交甫)를 가리킨다. 『한시외전(韓詩外傳)』에 따르면, 정교보가 한고대(漢皐臺)를 지나다가 명주(明珠)를 차고 있는 두 명의 여자를 만났는데, 그들에게 명주를 달라고 요구하자, 그들이 명주를 풀어 그에게 주었다고 한다.

[그림 1] 적수여자헌 명(明)·장응호회도본

[그림 2] 적수여자헌 청(淸)·사천(四川)성혹인회도본

[그림 3] 적수여자헌 청(淸)·왕불도본

赤水女子獻

| 권17-11 | 견융(犬戎)

【경문(經文)】

「대황북경(大荒北經)」: 대황(大荒)의 가운데에, 융보산(融父山)이라는 산이 있는데, 순수(順水)가 흘러든다. 견융(犬戎)이라는 사람이 있다. 황제(黃帝)가 묘용(苗龍)을 낳고, 묘용이 융오(融吾)를 낳고, 융오가 농명(弄明)을 낳고, 농명이 백견(白犬)을 낳았는데, 백견은 암컷과 수컷이 있다. 이들이 견융이 되었는데, 고기를 먹고 산다. ……견융국(犬戎國)이 있는데, 그곳에 있는 어떤 사람은, 사람의 얼굴에 짐승의 몸을 하고 있으며, 이름은 견융이라 한다.

[大荒之中, 有山名曰融父山, 順水入焉. 有人名曰犬戎. 黃帝生苗龍, 苗龍生融吾, 融吾生弄明, 弄明生白犬, 白犬有牝牡, 是爲犬戎, 肉食. ……有犬戎國, 有人[12], 人面獸身, 名曰犬戎.]

【해설(解說)】

견융(犬戎)은 고대의 민족이다. 『민족사전(民族詞典)』에 의하면, 견융은 역사적으로 '견융(畎戎)'·'견이(畎夷)'·'곤이(昆夷)'·'곤이(緄夷)'·'혼이(混夷)'라고도 불렸다. 상(商)·주(周) 시기에, 경수(涇水)와 위수(渭水) 유역의, 지금의 섬서(陝西) 빈현(彬縣) 기산(岐山) 일대에서 유목생활을 했으며, 마필(馬匹) 등을 가지고 주(周)나라와 교역을 했다. 또한 때로는 전쟁을 일으키기도 했다. 주나라 목왕(穆王) 때, 세력이 강대해져, 주나라 서쪽의 강적이 되었으며, 아울러 주나라와 서북 지역의 각 부족들이 왕래하는 데 장애가 되었다. 목왕은 군사를 이끌고 서쪽을 정벌하여, 일찍이 "그들의 다섯 왕[五王]들을 잡았으며[獲其五王]", 또한 그들 중 한 무리의 부족들을 태원(太原)으로 강제로 이주시켰다. 그리하여 서북으로 통하는 길을 열고, 서북 지역 각 부족들과의 관계를 강화했다. 주나라 유왕(幽王) 11년(기원전 771년)에, 그 우두머리가 신후(申侯)와 연합해 공격하여 여산(驪山) 아래에서 유왕을 죽임으로써, 주나라 왕실이 동쪽으로 옮겨가도록 압박했

---

12) 경문의 "有神"에 대해, 학의행(郝懿行)은 주석하기를, "견융은 황제(黃帝)의 현손(玄孫)으로, 이미 앞에서 보았다. 이 견융은 또한 사람인데, '神'자가 틀린 것 같다. 『사기(史記)·주본기(周本紀)』의 집해(集解)에서 이 경문을 인용하여 '人'자로 썼다.[犬戎, 黃帝之玄孫, 已見上文, 是犬戎亦人也, 神字疑訛. 『史記·周本紀』集解引此經正作人字.]"라고 했다.
저자주 : 원래는 '神'자인데, 원가가 학의행을 따라 바로잡아 고쳤다.

다. 춘추(春秋) 시기 초에, 진(秦)·호(虢)와 전쟁을 했다. 이후로, 일부는 북쪽으로 옮겨
가고, 일부는 그 지역의 각 부족들과 함께 진나라에 편입되었다.

경문에 따르면, 견융국(犬戎國)은 즉 견봉국(犬封國)·구국(狗國)으로, 이미 「해내북
경(海內北經)」에서 보인다. 전설에 따르면, 견융은 황제의 자손으로, 그들은 사람의 얼
굴에 개의 몸을 하고 있다. 황제의 현손(玄孫) 농명(弄明)이 암수 한 마리씩 두 마리의
백견(白犬)을 낳았는데, 이들 두 마리의 백견이 서로 교배하여, 견융이라는 이 나라로
번성한 것이다.

곽박(郭璞)의 『산해경도찬(山海經圖讚)』: "견융의 선조는, 백구(白狗)에서 나왔다네.
그것들이 두 마리를 낳아 길러, 스스로 서로 짝을 지었다네. 개의 몸에 돼지의 마음을
하고 있으니, 천성적으로 타고난 것이라네.[犬戎之先, 出自白狗. 厥育有二, 自相配偶. 實犬豕
心, 稟氣所受.]"

[그림 1-장응호회도본(蔣應鎬繪圖本)]·[그림 2-성혹인회도본(成或因繪圖本)]

[그림 1] 견융 명(明)·장응호회도본

[그림 2] 견융 청(淸)·사천(四川)성혹인회도본

|권17-12| 융선왕시(戎宣王尸)

【경문(經文)】

「대황북경(大荒北經)」: 대황(大荒)의 가운데에, 융보산(融父山)이라는 산이 있는데, 순수(順水)가 흘러든다. 견융(犬戎)이라는 사람이 있다. 황제(黃帝)가 묘용(苗龍)을 낳고, 묘용이 융오(融吾)를 낳고, 융오는 농명(弄明)을 낳고, 농명이 백견(白犬)을 낳았는데, 백견은 암컷과 수컷이 있다. 이들이 견융이 되었는데, 고기를 먹고 산다. 붉은색 짐승이 있는데, 말처럼 생겼지만 대가리가 없고, 이름은 융선왕시[戎宣王尸: 융선왕(戎宣王)의 시체-역자]라고 한다.

[大荒之中, 有山名曰融父山, 順水入焉. 有人名曰犬戎. 黃帝生苗龍, 苗龍生融吾, 融吾生弄明, 弄明生白犬, 白犬有牝牡, 是爲犬戎, 肉食. 有赤獸, 馬狀無首, 名曰戎宣王尸.]

【해설(解說)】

융선왕시(戎宣王尸)는, 융선왕이 죽임을 당했으나, 그 영혼이 죽지 않고 시체의 형태로 계속 활동했는데, 이 융선왕의 시체를 가리킨다. 그것의 생김새는 매우 괴상한데, 말과 비슷하게 생겼고, 붉은색이지만, 대가리가 없다. 융선왕시에 대한 역대 주석가들의 해석에는 두 가지가 있다. 첫째, 곽박(郭璞)은 융선왕시가 "견융(犬戎)의 신 이름[犬戎之神名也]"이라고 여겼다. 둘째, 원가(袁珂)는 이 "말처럼 생겼고 대가리가 없는[馬狀無首]" 신이, "형벌을 당해 죽은 후의 곤[鯀: 우왕(禹王)의 아버지][遭刑戮以後之鯀]"일 가능성이 있다고 보았는데, 『산해경』에서 "황제(黃帝)는 낙명(駱明)을 낳았고, 낙명은 백마(白馬)를 낳았는데, 백마가 바로 곤이 되었다.[黃帝生駱明, 駱明生白馬, 白馬是爲鯀.]"라고 한 것에 따르면, 이 대가리가 없는 백마가 백견(白犬)을 조상으로 하는 견융(犬戎)의 신이 되었다. 원가는 해석하기를, 백견이 견융을 낳았다는 신화와, 백마가 바로 곤이 되었다는 두 신화는, "아마도 동일한 신화가 분화된 것 같은데, 그 경문의 '백견'이 바로 이 경문의 '백마'일 것이다.[疑亦當是同一神話之分化, 彼經之'白犬'卽當於此經之'白馬'也.]"라고 했다.

[그림 1-왕불도본(汪紱圖本)]·[그림 2-『금충전(禽蟲典)』]

[그림 1] 융선왕시 청(淸)·왕불도본

[그림 2] 융선왕시 청(淸)·『금충전』

|권17-13| 위씨 소호의 아들[威姓少昊之子]

【경문(經文)】

「대황북경(大荒北經)」 : 어떤 사람은 눈이 하나이고, 얼굴의 가운데에 나 있는데, 성이 위(威)씨이고, 소호(少昊)의 아들이며, 기장을 먹고 산다고도 한다.

[有人一目, 當面中生, 一曰是威姓, 少昊之子, 食黍.]

【해설(解說)】

성(姓)이 위(威)씨인 소호(少昊)의 자손이 바로 일목국(一目國)이다. 일목국은 『회남자(淮南子)』에 기록되어 있는 해외 36국 중 하나로, 그 나라 백성들을 일목민(一目民)이라고 하는데, 하나뿐인 눈이 얼굴 한가운데에 나 있다. 그들은 성이 위씨이고, 소호의 아들이며, 곡식을 먹고 산다. 『산해경』에 기록되어 있는 눈이 하나인 사람은, 이 「대황북경」 외에도, 또한 「해외북경(海外北經)」의 일목국, 「해내북경(海內北經)」의 귀국[(鬼國) : '鬼'는 '威' 발음에 가깝다. 또한 당연히 이 나라이다.]이 있다.

[그림-장응호회도본(蔣應鎬繪圖本)]

[그림] 위씨 소호의 아들. 명(明)·장응호회도본

古
本
山
海
經
圖
說
(下)

| 권17-14 | 묘민(苗民)

【경문(經文)】

「대황북경(大荒北經)」: 서북해의 바깥, 흑수(黑水)의 북쪽에, 날개가 달린 사람이 사는데, 이름은 묘민(苗民)이라 한다. 전욱(顓頊)이 환두(驩頭)를 낳고, 환두가 묘민을 낳았는데, 묘민은 성이 이(釐)씨이고, 고기를 먹고 산다.

[西北海外, 黑水之北, 有人有翼, 名曰苗民. 顓頊生驩頭, 驩頭生苗民, 苗民釐姓, 食肉.]

【해설(解說)】

묘민(苗民)은 즉 삼묘(三苗)이다. 삼묘국(三苗國)은 『회남자(淮南子)』에 기록되어 있는 해외 36국 중 하나로, 삼모국(三毛國)이라고도 한다. 「해외북경(海外北經)」에는, "삼묘국은 적수(赤水)의 동쪽에 있으며, 그들은 사람됨이 서로 잘 어울린다. 삼모국이라고도 한다.[三苗國在赤水東, 其爲人相隨. 一曰三毛國.]"라고 했다. 곽박은 주석하기를, "옛날에 요(堯)임금이 천하를 순(舜)임금에게 넘겨주었는데, 삼묘의 왕이 그를 따르지 않아, 순임금이 그를 죽이자, 일부 묘민들이 반항하여 남해로 들어가 삼묘국을 이루었다.[昔堯以天下讓舜, 三苗之君非之, 帝殺之, 有苗之民, 叛入南海, 爲三苗國.]"라고 했다. 묘민은 날개가 달려 있지만 날지는 못하며, 고기를 먹고 산다. 『신이경(神異經)・서황경(西荒經)』에는, "서황(西荒) 가운데에 어떤 사람들이 살고 있는데, 얼굴과 손발은 모두 사람의 모습을 하고 있지만, 겨드랑이 아래에 날개가 돋아 있으며, 날지는 못한다. 사람됨이 탐욕스럽고, 방탕하고 도리를 모르는데, 이름이 묘민이라 한다.[西方荒中有人, 面目手足皆人形, 而胳下有翼, 不能飛. 爲人饕餮, 淫逸無理, 名曰苗民.]"라고 기록되어 있다.

묘민은 전욱(顓頊)의 후예이며, 환두(驩頭)의 아들이다. 환두국(驩頭國)은 바로 단주국(丹朱國)이며, 단주(丹朱)는 요(堯)임금의 아들이다. 전설에 따르면, 그가 매우 사납고 흉포했기 때문에, 요임금이 천하를 순(舜)임금에게 넘겨주고, 단주(丹朱)를 남방에 있는 단수(丹水)의 제후로 추방해버렸다고 한다. 그 지역 삼묘의 우두머리가 단주와 연합하여 요임금에게 대항하다가 죽임을 당했고, 삼묘의 우두머리가 죽은 후 단주는 스스로 남해에 빠져 죽었는데, 그의 영혼은 죽지 않고 주조(鴸鳥)로 변했다고 한다. 그리고 그의 후손들이 남해에 나라를 건설했는데, 그것이 곧 단주국이며, 또한 바로 환두국[「남차이경(南次二經)」·「해외남경(海外南經)」·「대황남경(大荒南經)」을 보라]으로, 묘민은 바로 환두의 후손이다. 환두·묘민이 모두 단주(주조)와 관련이 있기 때문에, 그의 후손들은 여전히 조류(鳥類)의 형태가 남아 있어, 한 쌍의 날개가 달려 있는데, 단지 날 수 없을 뿐이다.

[그림 1-장응호회도본(蔣應鎬繪圖本)]·[그림 2-성혹인회도본(成或因繪圖本)]·[그림 3-『변예전(邊裔典)』]

[그림 1] 묘민 명(明)·장응호회도본

[그림 2] 묘민 청(淸)·사천(四川)성혹인회도본

[그림 3] 묘민 청(淸)·『변예전』

|권17-15| 촉룡(燭龍)

【경문(經文)】

「대황북경(大荒北經)」 : 서북해의 바깥, 적수(赤水)의 북쪽에 장미산(章尾山)이 있다. 어떤 신이 있는데, 사람의 얼굴에 뱀의 몸을 하고 있으며, 붉은색이다. 세로로 나 있는 눈은 반듯하게 봉합되는데, 눈을 감으면 어두워지고 눈을 뜨면 밝아진다. 음식을 먹지도 않고 잠을 자지도 않고 숨을 쉬지도 않으며, 비와 바람을 먹고 산다. 구음(九陰)의 땅을 밝게 비추며, 촉룡(燭龍)이라 한다.

[西北海之外, 赤水之北, 有章尾山. 有神, 人面蛇身而赤, 直目正乘, 其瞑乃晦, 其視乃明, 不食不寢不息, 風雨是謁[13]. 是燭九陰, 是謂燭龍.]

【해설(解說)】

촉룡(燭龍)은 즉 촉음(燭陰)으로[이미 「해외북경(海外北經)」에 나왔음], 중국 신화에서 창세신이자 종산(鍾山)·장미산(章尾山)의 산신이다. 촉룡은 몸의 길이가 천 리에 달하고, 사람의 얼굴에 뱀의 몸을 하고 있으며, 붉은색이다. 눈은 세로로 나 있어, 감으면 한 줄로 곧게 봉합된다. 그의 눈이 한 번 뜨고 한 번 감으면 곧 낮이 되고 밤이 된다. 그는 음식을 먹지도 않고 잠을 자지고 않으며 숨을 쉬지도 않고, 단지 비바람만을 먹는다. 전설에 따르면 촉룡이 불꽃을 물고 천문(天門)을 비추면, 구음(九陰)의 땅을 모두 밝게 비추기 때문에, 또한 촉구음(燭九陰)·촉음이라 부른다고도 한다.

[그림 1-장응호회도본(蔣應鎬繪圖本)]·[그림 2-성혹인회도본(成或因繪圖本)]

---

13) 곽박은 "비구름을 일으킬 수 있는 것을 말한다.[言能請致風雨.]"라고 했고, 원가(袁珂)는 "비와 구름을 먹고 사는 것을 말한다.[言以風雨爲食也.]"라고 했다. 이 책에서는 원가의 설에 따라 번역했다.

[그림 1] 촉룡 명(明)·장응호회도본

[그림 2] 촉룡 청(淸)·사천(四川)성혹인회도본

第十八卷 海內經

제18권 해내경

| 권18-1 | 한류(韓流)

【경문(經文)】

「해내경(海內經)」: 유사(流沙)의 동쪽, 흑수(黑水)의 서쪽에 조운국(朝雲國)과 사체국(司彘國)이 있다. 황제(黃帝)의 아내 뇌조(雷祖)[1]가 창의(昌意)를 낳았는데, 창의는 하늘에서 내려와 약수(若水)에 살면서 한류(韓流)를 낳았다. 한류는 길쭉한 머리에 작은 귀가 달려 있고, 사람의 얼굴에 돼지의 주둥이가 달려 있으며, 기린(麒麟)의 몸에, 두 개의 굵은 넓적다리와 돼지의 발을 지녔다. 요자씨(淖子氏)의 딸인 아녀(阿女)[2]에게 장가들어, 천제인 전욱(顓頊)을 낳았다.

[流沙之東, 黑水之西, 有朝雲之國·司彘之國. 黃帝妻雷祖, 生昌意, 昌意降處若水[3], 生韓流. 韓流擢首·謹耳·人面·豕喙·麟身·渠股·豚止, 取淖子曰阿女, 生帝顓頊.]

【해설(解說)】

한류(韓流)는 황제(黃帝)의 손자이자, 전욱(顓頊)의 아버지이다. 전설에 따르면, 황제의 아내인 뇌조(雷祖)가 창의(昌意)를 낳았는데, 창의가 잘못을 저질러 강등되어 사천(四川)의 약수(若水)에 살면서, 한류를 낳았다고 한다. 한류는 인간과 짐승이 합쳐진 괴상한 신이다. 머리가 길쭉하고 귀가 작으며, 사람의 얼굴에 돼지의 주둥이와, 기린의 몸을 하고 있고, 두 개의 굵은 넓적다리와 돼지의 발굽이 나 있다. 한류는 요자씨(淖子氏)의 딸을 아내로 맞아 전욱을 낳았다. 전욱은 북방의 천제(天帝)로, 일찍이 신(神)인 중(重)과 여(黎)에게 명하여 하늘과 땅의 통로를 끊어버림으로써 공훈을 세웠다.

[그림 1-장응호회도본(蔣應鎬繪圖本)]·[그림 2-성혹인회도본(成或因繪圖本)]·[그림 3-왕불도본(汪紱圖本)]

---

1) 학의행(郝懿行)은 주석에서, "'雷'는 성이고 '祖'는 이름이다.[雷, 姓也, 祖, 名也.]"라고 했다.
2) 학의행은, 촉산씨(蜀山氏)의 자손으로, 옛날에는 '蜀'과 '淖'가 서로 통했다고 주석했다. 곽박은 주석하기를, "『세본(世本)』에 이르기를, '전욱의 어머니는 촉산씨의 자손으로, 이름은 창복(昌僕)이라' 했다.[世本云: 顓頊母濁山氏之子, 名昌僕.]"라고 했다.
3) 원가(袁珂)는, "그 본래의 의미는 마땅히 하늘로부터 내려와, 약수에 유배된 것이다.[其本義當爲自天下降, 謫居若水.]"라고 주석했다.

[그림 1] 한류 명(明)·장응호회도본

[그림 2] 한류 청(淸)·사천(四川)성혹인회도본

[그림 3] 한류 청(淸)·왕불도본

|권18-2| 백고(柏高)

【경문(經文)】

「해내경(海內經)」: 화산(華山)과 청수(靑水)의 동쪽에 조산(肇山)이라는 산이 있으며, 여기에 이름이 백고(柏高)[4]라는 사람이 있는데, 백고는 여기에서 오르내려, 하늘까지 이른다.

[華山靑水之東, 有山名曰肇山, 有人名曰柏高, 柏高上下於此, 至於天.]

【해설(解說)】

백고(柏高)는 신선의 이름으로, 일명 백고(伯高)·백자고(柏子高)라고도 하는데, 상고시대의 무사(巫師 : 남자무당-역자)이다. 전설에 따르면, 백고는 황제(黃帝)의 신하라고 하는데, 『관자(管子)·지수편(地數篇)』에, 황제가 백고에게 질문했다는 기록이 있다. 또 백고는 신선인데, 천제가 용정호(龍鼎湖)에서 하늘에 오르자 백고가 그를 따랐다고 한다. 신선 백고는 사람과 신의 중개자로 천제(天梯 : 하늘을 오르는 사다리-역자)인 조산(肇山)을 통해 하늘에 오르내릴 수 있다. 『관자』에 기록되어 있는, 황제와 백고의 광석 채굴과 산신한테 제사지내는 일에 관한 문답(問答)을 통해, 백고가 먼 옛날에 광산 지식에 정통했던 무사 부류의 지자(智者)였다는 것을 알 수 있다.

곽박(郭璞)의 『산해경도찬(山海經圖讚)』: "자고(子高)는 저 멀리 아득하니, 구름을 타고 안개를 탄다네. 하늘가를 날아다니고, 내려와서는 숭산(嵩山)과 화산(華山)에 모인다네. 너무 멀어 기대하기 어려운데, 그것을 바라는 자는 누구인가.[子高恍惚, 乘雲升霞. 翱翔天際, 下集嵩華. 眇焉難希, 求之誰家.]"

[그림 1-성혹인회도본(成或因繪圖本)]·[그림 2-왕불도본(汪紱圖本)]

---

4) 곽박은, "선인(仙人)이다.[仙者也.]"라고 했다.

[그림 1] 백고 청(淸)·사천(四川)성혹인회도본

柏高

[그림 2] 백고 청(淸)·왕불도본

古本 山海經 圖說 (下)

|권18-3| 연사(蝡蛇)

【경문(經文)】

「해내경(海內經)」: 영산(靈山)이라는 곳에, 붉은 뱀이 나무 위에 사는데, 이름은 연사(蝡蛇)라고 하며, 나무를 먹고 산다.

[有靈山, 有赤蛇在木上, 名曰蝡蛇, 木食.]

【해설(解說)】

연사[蝡('儒'로 발음)蛇]는 즉 연사(蠕蛇)이다. 영산(靈山)은 "열 명의 무당들이 하늘을 오르내리는[十巫從此升降]"[「대황서경(大荒西經)」을 보라] 천제(天梯: 하늘을 오르내리는 사다리-역자)인 신산(神山)인데, 이 산에 사는 연사(蝡蛇)는 신령한 뱀이며, 붉은색이고, 나무를 먹고 살며, 짐승을 잡아먹지 않는다.

곽박(郭璞)의 『산해경도찬(山海經圖讚)』: "붉은 뱀은 나무를 먹고, 새의 대가리를 한 오랑캐가 있다네.[赤蛇食木, 有夷鳥首.]"

[그림-왕불도본(汪紱圖本)]

[그림] 연사 청(淸)·왕불도본

| 권18-4 | 조씨(鳥氏)

【경문(經文)】

「해내경(海內經)」: 염장국(鹽長國)이 있다. 거기에 새의 대가리를 한 사람 있는데, 이름은 조씨(鳥氏)라고 한다.

[有鹽長之國. 有人焉鳥首, 名曰鳥氏[5].]

【해설(解說)】

　　조씨(鳥氏)는 즉 고서(古書)들에 기록되어 있는 조이(鳥夷)로, 동방(東方)의 원시 부락들 중 하나인데, 조이는 새의 대가리에 사람의 몸을 하고 있다고 전해진다. 역사서에, "동방에 조이가 있다[東有鳥夷]"·"조이가 가죽옷을 입는다[鳥夷皮服][6]"라는 기록들이 있다. 『사기(史記)·진본기(秦本紀)』에는, 대비(大費)가 두 명의 자식을 낳았으며, 그 중 하나를 대렴(大廉)이라고 했다는 기록이 있는데, 사실은 조속씨(鳥俗氏)이다. 조속씨는 새의 몸을 하고 있고, 사람의 말을 한다고 전해진다.

鳥氏

　　곽박(郭璞)의 『산해경도찬(山海經圖讚)』: "붉은 뱀은 나무를 먹고, 새의 대가리를 한 오랑캐가 있다네.[赤蛇食木, 有夷鳥首.]"

　　[그림 1-장응호회도본(蔣應鎬繪圖本)]·[그림 2-성혹인회도본(成或因繪圖本)]·[그림 3-왕불도본(汪紱圖本)]·[그림 4-『변예전(邊裔典)』, 염장국(鹽長國)이라 함]

[그림 3] 조씨 청(淸)·왕불도본

---

5) 학의행(郝懿行)은 주석에서, "조씨(鳥氏)는, 『태평어람(太平御覽)』(권797)에서 인용하면서 조민(鳥民)이라고 썼다. 오늘날의 판본들에서 '氏'자는 잘못된 것이다.[鳥氏, 『御覽』(卷七九七)引作鳥民, 今本氏字訛也.]"라고 했다.

6) "조이가 가죽을 공물로 바치다"라고 해석하기도 한다.

[그림 1] 조씨 명(明)·장응호회도본

[그림 2] 조씨 청(淸)·사천(四川)성혹인회도본

[그림 4] 염장국(鹽長國) 청(淸)·『변예전』

|권18-5| 흑사(黑蛇)

【경문(經文)】

「해내경(海內經)」: 주권국(朱卷國)이 있다. 흑사(黑蛇: 검은 뱀-역자)가 있는데, 대가리는 푸르고, 코끼리를 잡아먹는다.

[又有朱卷之國. 有黑蛇, 靑首, 食象.]

【해설(解說)】

흑사(黑蛇)는 즉 파사(巴蛇)로, 이미 「해내남경(海內南經)」에서 보았다. 이 「해내경」의 흑사는 머리가 푸르고, 또한 파사와 마찬가지로 코끼리를 잡아먹는다.

[그림-왕불도본(汪紱圖本)]

[그림] 흑사 청(淸)·왕불도본

【경문(經文)】

「해내경(海內經)」: 남방(南方)에, ······또한 흑인(黑人)이 있는데, 호랑이의 대가리에 새의 발을 지녔으며, 두 손에는 뱀을 쥐고서, 막 그것을 먹으려 하고 있다.

[南方有贛巨人, 人面長臂, 黑身有毛, 反踵, 見人笑亦笑, 脣蔽其面, 因即逃也. 又有黑人, 虎首鳥足, 兩手持蛇, 方啗之.]

【해설(解說)】

흑인(黑人)은 남방에 살며, 개화(開化)가 비교적 늦은 고대 부족이나 무리로 보인다. 뱀을 쥐고서 뱀을 먹는 것은 그들의 신앙생활 방식의 중요한 상징이다. 양신(楊愼)은 『보주(補注)』에서 이르기를, "지금 남중(南中)에 사는 어떤 오랑캐는 아창[娥昌 : 즉 지금의 아창족(阿昌族)─인용자]이라 하는데, 그 사람들은 손으로 뱀을 쥐고서 그것을 먹는다. 그들이 나무를 채취해서 돌아갈 때면, 바구니 속에 사로잡은 뱀이 수십 마리나 되며, 뱀들이 도망가지 못하는데, 무슨 기술인지 알 수 없지만, 아마도 바로 이러한 종류인 것 같다.[今南中有夷名娥昌, 其人手持蛇啗之. 其采樵歸, 籠中捕蛇數十; 蛇亦不能去, 不知何術也, 疑即此類.]"라고 했다. 경문에서 말한, 호랑이의 대가리에 새의 발이 달려 있고, 뱀을 먹는 흑인은 아마도 호랑이의 대가리 가죽과 닭 모양의 발과 발톱으로 분장한 신령(神靈)이거나 무당일 것이다. 경문에서 "막 그것을 먹으려 하고 있다[方啗之]"라고 한 것은, 그림을 보고 기록한 말이다.

흑인의 그림에는 두 가지 형태가 있다.

첫째, 호랑이의 대가리에 새의 발을 하고 있고, 두 손에는 뱀을 쥐고 있는 것으로, [그림 1-장응호회도본(蔣應鎬繪圖本)]·[그림 2-성혹인회도본(成或因繪圖本)]·[그림 3-왕불도본(汪紱圖本), 흑인은 두 손에 각각 뱀을 한 마리씩을 쥐고 있는데, 오른손은 막 뱀을 들어 입에 넣고 있다.]과 같은 것들이다.

둘째, 호랑이의 대가리에 사람의 몸과 사람의 발을 하고 있고, 두 손에는 뱀을 쥐고 있는데, 왼손은 뱀을 들어 입에 넣고 있는 것으로, [그림 4-호문환도본(胡文煥圖本)]과 같은 것이다. 호문환도설(胡文煥圖說)에서 이르기를, "남해에 있는 파수산(巴遂山)에 흑인이 사는데, 호랑이의 대가리를 하고 있고, 두 손에는 두 마리의 뱀을 쥐고서 그것을 먹으려 하고 있다.[南海之內, 巴遂山中有黑人, 虎首, 兩手持兩蛇啗之.]"라고 했다.

[그림 1] 흑인 명(明)·장응호회도본

[그림 2] 흑인 청(清)·사천(四川)성혹인회도본

[그림 3] 흑인 청(清)·왕불도본

[그림 4] 흑인 명(明)·호문환도본

|권18-7| 영민(嬴民)

【경문(經文)】

「해내경(海內經)」: 영민(嬴民)이라는 사람이 있는데, 새의 발을 지니고 있다.

[有嬴民, 鳥足.]

【해설(解說)】

영민[嬴('盈'으로 발음)民]은 즉 요민(搖民)[7]으로, 순(舜)임금의 후예이며, 진(秦)나라 사람들의 선조이다. 영민은 사람의 얼굴에 사람의 몸과 새의 발을 지니고 있는데, 이 고대 부족의 새 신앙과 관련이 있다. 「대황동경(大荒東經)」에 수록된 왕해(王亥)의 신화에서 언급했듯이, 은(殷)나라 사람들의 선조인 왕해가 일찍이 그의 소를 북방의 유역(有易)이라는 부족에게 길러 달라고 맡겼는데, 유역의 군주가 왕해를 죽이고 그의 소를 빼앗자, 은나라의 군주 상갑미(上甲微)는 군사를 보내 유역을 멸망시켰다. 유역의 남은 부족들은 강의 신인 하백(河伯)의 도움으로 새의 발이 달린 민족으로 변했으며, 그들이 바로 요민인데, 영민이라고도 불리며, 진나라 사람들의 선조가 되었다. 전설에 따르면, 요민은 순임금의 후손인데, 「대황동경」에서는, "순임금이 희(戲)를 낳고, 희가 요민을 낳았다.[帝舜生戲, 戲生搖民.]"라고 했다. 또 『사기(史記)·진본기(秦本紀)』에는, "맹희(孟戲)는 새의 몸을 하고 있고, 사람의 말을 한다.[孟戲, 鳥身人言.]"라고 했다.

[그림 1-장응호회도본(蔣應鎬繪圖本)]·[그림 2-왕불도본(汪紱圖本)]·[그림 3-『변예전(邊裔典)』]

---

7) 저자주 : '嬴'과 '搖'는 같은 음에서 변한 것이다.

嬴民

[그림 1] 영민 명(明)·장응호회도본

[그림 2] 영민 청(淸)·왕불도본

嬴民國

[그림 3] 영민 청(淸)·『변예전』

| 권18-8 | 봉시(封豕)

【경문(經文)】

「해내경(海內經)」: 영민(嬴民)이 있는데, 새의 발을 지니고 있다. 봉시(封豕)[8]가 있다.

[有嬴民, 鳥足. 有封豕.]

【해설(解說)】

봉시(封豕)는 즉 대시(大豕)·봉희(封豨)·야저(野豬)로, 고대의 해로운 짐승[害獸]이다. 『회남자(淮南子)·본경편(本經篇)』에서는, "요(堯)임금 때, 봉희(封豨)와 수사(修蛇)가 백성들에게 해를 끼치자, 요임금이 예(羿)로 하여금 상림(桑林)에서 봉희를 사로잡게 했다.[堯之時, 封豨修蛇皆爲民害, 堯乃使羿擒封豨於桑林.]"라고 했다. 고유(高誘)는 주석하기를, "봉희는 대시이다. 초(楚)나라 사람들은 '豕(돼지 시)'를 '豨(돼지 희)'라고 불렀다.[封豨, 大豕也. 楚人謂豕爲豨也.]"라고 했다.

곽박의 『산해경도찬(山海經圖讚)』: "탐욕스러운 짐승이 있으니, 봉시라고 부른다네. 먹을 것을 주면 싫어하는 게 없고, 마구 갈가리 찢는다네. 이에 예가 화살로 쏘아 맞추어, 천자에게 바쳐 재주를 드러냈다네.[有物貪婪, 號曰封豕. 荐食無厭, 肆其殘毀. 羿乃飲羽, 獻帝效技.]"

[그림-왕불도본(汪紱圖本)]

[그림] 봉시 청(淸)·왕불도본

---

8) 곽박(郭璞)은 주석하기를, "몸집이 큰 돼지로, 예(羿)가 쏘아 죽였다.[大豬也, 羿射殺之.]"라고 했다.

|권18-9| 연유(延維)

【경문(經文)】

「해내경(海內經)」: 묘민(苗民)[9]이라는 사람이 있다. 어떤 신이 있는데, 사람의 머리에 뱀의 몸을 하고 있으며, 길이가 수레의 끌채만하고, 좌우에 머리가 있으며, 자주색 옷에, 털로 된 관을 쓰고 있다. 이름은 연유(延維)라고 하는데, 군주가 이 신을 얻어 음식을 잘 대접하면 천하의 맹주가 된다.

[有人曰苗民. 有神焉, 人首蛇身, 長如轅, 左右有首, 衣紫衣, 冠旄冠, 名曰延維, 人主得而饗食之, 伯天下.]

【해설(解說)】

연유(延維)는 즉 위사(委蛇)·위유(委維)로, 연못의 신이다. 연유는 사람의 얼굴에 두 개의 머리와 뱀의 몸을 가진 신으로, 좌우에 머리가 달려 있으며, 자주색 옷에 붉은 관을 쓰고 있다. 『장자(莊子)·달생편(達生篇)』에는, 제(齊)나라 환공(桓公)이 대택(大澤)에서 사냥을 하다가 관중(管仲)과 함께 위사(委蛇)를 본 고사가 기재되어 있으며, 또한 위사의 생김새를 다음과 같이 묘사하고 있다. "위사는 그 크기가 수레바퀴만하고, 길이는 수레의 끌채만하며, 자주색 옷에, 붉은 관을 쓰고 있다. 그것은 뇌거(雷車 : 천둥-역자) 소리를 듣기 싫어하며, 나타나서는 머리를 들어 올리고 서 있는데, 이것을 본 사람은 임금 자리가 위태로워진다.[委蛇其大如轂, 其長如轅, 紫衣而朱冠. 其爲物也, 惡聞雷車之聲, 見則捧其首而立, 見之者殆乎霸.]" 문일다(聞一多)는 『복희고(伏羲考)』에서, 연유·위사는 즉 한대(漢代)의 그림에서 꼬리를 교차시키고 있는 복희(伏羲)와 여와(女媧)로, 남방 묘족(苗族)의 조상신이라고 했다.

곽박의 『산해경도찬(山海經圖讚)』: "위사는 재앙의 징조 중 으뜸이니, 환공이 이것을 보고는 병에 걸렸도다. 관자(管子)는 고상하고 총명했으니, 도리를 다하고 왕명에도 기세를 꺾지 않았다네. 길흉(吉凶)은 사람으로부터 연유하니, 어찌하여 재앙과 경사가 있게 되는가.[委蛇霸祥, 桓見致病. 管子雅曉, 窮理折命. 吉凶由人, 安有咎慶.]"

[그림 1-장응호회도본(蔣應鎬繪圖本)]·[그림 2-『신이전(神異典)』]·[그림 3-성혹인회도

---

9) 곽박(郭璞)은, "삼묘민이다.[三苗民也.]"라고 했다.

[그림 1] 연유 명(明)·장응호회도본

古本 山海經 圖說 (下)

[그림 2] 연유 청(淸)·『신이전』

[그림 3] 연유 청(淸)·사천(四川)성혹인회도본

[그림 4] 연유 청(淸)·왕불도본

| 권18-10 | 균구(菌狗)

【경문(經文)】

「해내경(海內經)」 : 또한 토끼처럼 생긴 푸른색의 짐승이 있는데, 이름은 균구(菌狗)라고 한다.

[又有靑獸如菟, 名曰菌狗.]

【해설(解說)】

균구[菌('菌'으로 발음)狗]는 토끼처럼 생긴 푸른색 짐승이다. 학의행(郝懿行)은 이렇게 주석했다. "균구라는 것은, 『주서(周書)·왕회편(王會篇)』에 수록된 「이윤사방령(伊尹四方令)」에서 이르기를, '정남(正南)이 균학(菌鶴)과 단구(短狗)를 바쳤다.'라고 했다. 아마도 이 짐승인 것 같다.[菌狗者, 『周書·王會篇』載「伊尹四方令」云, '正南以菌鶴短狗爲獻.' 疑卽此物也.]"

[그림 1-왕불도본(汪紱圖本)]·[그림 2-『금충전(禽蟲典)』]

[그림 1] 균구 청(淸)·왕불도본

[그림 2] 균구 청(淸)·『금충전』

古本 山海經 圖說 (下)

|권18-11| 공조(孔鳥)

【경문(經文)】

「해내경(海內經)」: 물총새[翠鳥]가 있다. 공작새[孔鳥]가 있다.

[有翠鳥. 有孔鳥.]

【해설(解說)】

공조(孔鳥)는 즉 공작(孔雀)이다. 이시진(李時珍)은 『본초강목(本草綱目)』에서, "공작은 교지(交趾)[10)]·뇌라(雷羅)의 여러 주(州)들에 매우 많다. 높은 산의 교목(喬木) 위에 사는데, 크기는 기러기만하고, 키는 3~4척(尺) 정도이다. 학(鶴)만하며, 목이 가늘고 등이 솟아 있으며, 머리에 1치[寸] 남짓 되는 깃털 세 개가 나 있다. 수십 마리가 무리지어 날고, 언덕이나 야트막한 산에서 서식하고 노닌다. 암컷은 꼬리가 짧고, 금취(金翠)[11)]가 없다. 수컷은 3년까지는 꼬리가 아직 짧지만, 5년이 되면 곧 길이가 2~3척에 이른다. 여름에는 털이 빠지고, 봄이 되면 다시 자라난다. 등에서 꼬리까지 동그란 무늬가 있는데, 다섯 가지 색깔의 금취 위에 서로 동전처럼 둘려져 있다.[孔雀, 交趾雷羅諸州甚多. 生高山喬木之上, 大如雁, 高三四尺, 不減於鶴, 細頸隆背, 頭栽三毛長寸許. 數十群飛, 栖遊岡陵. 雌者尾短, 無金翠, 雄者三年尾尙小, 五年乃長二三尺. 夏則脫毛, 至春復生. 自背至尾有圓文, 五色金翠, 相繞如錢.]"

[그림 1-왕불도본(汪紱圖本)]·[그림 2-『금충전(禽蟲典)』]

---

10) ① 현재(現在)의 베트남 북부(北部) 통킹·하노이 지방(地方)의 옛 이름으로, 전한(前漢)의 무제(武帝)가 남월(南越)을 멸망(滅亡)시키고, 교지군(交趾郡)을 설치했다. ② 베트남 사람이 살고 있는 지방(地方)을 막연(漠然)하게 부르는 말이다.

11) 화안(火眼)이 박혀 있는 꽁지의 깃털을 일컫는 말이다.

孔雀

[그림 1] 공작 청(淸)·왕불도본

孔雀圖

[그림 2] 공작 청(淸)·『금충전』

|권18-12| 예조(鷖鳥)

【경문(經文)】

「해내경(海內經)」: 북해(北海)의 안에 사산(蛇山)이라는 산이 있다. ……다섯 가지 색깔의 새가 있는데, 날면 한 고을을 덮어버리며, 이름이 예조(鷖鳥)라 한다.

[北海之內, 有蛇山者, 蛇水出焉, 東入於海. 有五采之鳥, 飛蔽一鄉, 名曰鷖鳥.]

【해설(解說)】

예조(鷖鳥)는 봉황류에 속하는 신조(神鳥)·길조이다. 『광아(廣雅)』에서는, "예조는 난새로, 봉황류에 속한다.[鷖鳥, 鸞鳥, 鳳凰屬也.]"라고 했다. 곽박(郭璞)은 주석하기를, "한(漢)나라 선제(宣帝) 원강(元康) 원년에 다섯 가지 색깔의 새 수만 마리가 촉도(蜀都)를 지나갔다고 했는데, 바로 이 새이다.[漢宣帝元康元年, 五色鳥以萬數, 過蜀都, 卽此鳥也.]"라고 했다.

곽박의 『산해경도찬(山海經圖讚)』: "다섯 색깔의 새가 날아오르면 한 고을을 온통 뒤덮는다네. 예조는 봉황의 무리로, 도가 있으면 무리지어 날아다닌다네.[五采之鳥, 飛蔽一邑. 鷖惟鳳屬, 有道翔集.]"

[그림 1-장응호회도본(蔣應鎬繪圖本)]·[그림 2-성혹인회도본(成或因繪圖本)]·[그림 3-왕불도본(汪紱圖本)]

[그림 1] 예조 명(明)·장응호회도본

[그림 2] 예조 청(淸)·사천(四川)성혹인회도본

[그림 3] 예조 청(淸)·왕불도본

| 권18-13 | 상고시(相顧尸)

【경문(經文)】

「해내경(海內經)」 : 북해(北海)의 안에, 두 손이 뒤로 묶여 형틀이 채워진 채 창을 들고 있는 상배(常倍)의 부하가 있는데, 이름은 상고시[相顧之尸 : 상고의 시체-역자]라고 한다.

[北海之內, 有反縛盜械·帶戈常倍之佐, 名曰相顧之尸.]

【해설(解說)】

상고시(相顧尸)는 이부(貳負)와 그의 신하인 위(危)가 알유(窫窳)를 죽인 신화[「해내서경(海內西經)」의 이부신위(貳負臣危)와 알유를 보라]의 또 다른 이야기[異文]이다. 곽박(郭璞)은 주석하기를, "또한 이부의 신하 위의 부류이다.[亦貳負臣危之類也.]"라고 했다. 전설에 따르면 이부는 사람의 얼굴에 뱀의 몸을 한 천신(天神)인데, 한번은 그와 그의 신하인 위가 사람의 얼굴에 뱀의 몸을 한 또 다른 천신인 알유를 죽였다. 황제(黃帝)는 이 사실을 안 다음, 명령을 내려 위(일설에는 이부라고도 함)를 소속산(疏屬山) 위에 묶어놓고, 그의 오른쪽 다리에 차꼬를 채우고, 두 손을 뒤로 묶은 뒤, 큰 나무 아래 묶어놓게 했다고 한다. 여기 「해내경」에 기록되어 있는, 차꼬를 차고 두 손이 뒤로 묶인 채 창을 들고 있는 상고의 시체도 역시 황제에 의해 형벌을 받은 이부의 신하 위(危)이다.

곽박의 『산해경도찬(山海經圖讚)』 : "형틀에 채워진 시체가 있으니, 누가 붙잡은 자인가.[盜械之尸, 誰者所執.]"

[그림-왕불도본(汪紱圖本)]

相顧之尸

[그림] 상고시[相顧之尸] 청(淸)·왕불도본

|권18-14| 저강(氐羌)

【경문(經文)】

「해내경(海內經)」: 백이보(伯夷父)가 서악(西岳)을 낳고, 서악이 선용(先龍)을 낳고, 선용이 비로소 저강(氐羌)을 낳았는데, 저강은 성이 걸(乞)씨이다.

[伯夷父生西岳, 西岳生先龍, 先龍是始生氐羌, 氐羌乞姓.]

【해설(解說)】

강인(羌人)은 고대 민족이다. 저강(氐羌)은 저(氐) 지역의 강인이다. 옛 강인은 또한 강융(羌戎)이라고도 했다. 그 이름은 갑골문 복사(卜辭)에서 최초로 보인다. 상(商)·주(周) 시대에 이미 지금의 청해(靑海)·감숙(甘肅)·신강(新疆) 남부와 사천(四川) 서부 일대에 광범위하게 분포했고, 일부는 일찍이 중원에 들어가 정착했다. 상(商)나라 말기에, 주나라 무왕(武王)을 따라 주(紂)왕을 정벌했다. 거주지가 분산되어 있었으며, 모두 유목을 위주로 했다. 그 중 한인(漢人)들과 섞여 살던 사람들은, 일찍이 전국(戰國) 시대와 진(秦)·한(漢) 시기에 이미 점차 정착하여 농사를 지었다. 동진(東晉)부터 북송(北宋)까지의 사이에, 차례로 후진(後秦)·서하(西夏) 등의 정권을 세웠다. 후에 점차 서북 지구의 한족 및 기타 민족들에 흡수되었다.

氐羌

[그림-왕불도본(汪紱圖本)]

[그림] 저강 청(淸)·왕불도본

| 권18-15 | 현표(玄豹)

【경문(經文)】

「해내경(海內經)」: 북해(北海)의 안에 어떤 산이 있는데, 이름이 유도산(幽都山)이라 하며, 흑수(黑水)가 시작되어 나온다. 그 위에는 ……현표(玄豹 : 검은 표범−역자)가 있다. …….

[北海之內, 有山, 名曰幽都之山, 黑水出焉. 其上有玄鳥·玄蛇·玄(元)豹·玄虎·玄狐 蓬尾.]

【해설(解說)】

　현표(玄豹)는 즉 원표(元豹)로, 일종의 진귀한 짐승이다. 현표는 흑표(黑豹)라고도 부르는데, 호랑이의 몸에 흰 점이 있다. 유연(幽燕)의 동북쪽에는 실로 좋은 가죽옷이 많이 나는데, 원표·원호(元狐)·원초(元貂 : 검은 담비−역자)가 특히 진귀하다. 전설에 따르면 문왕(文王)이 유리(羑里)에 감금되었는데, 산의생(散宜生)이 현표를 잡아 주(紂)왕에게 헌상하자, 주왕이 크게 기뻐하여, 문왕이 풀려날 수 있었다고 한다.

　[그림 1−호문환도본(胡文煥圖本)]·[그림 2−왕불도본(汪紱圖本)]

[그림 1] 현표(玄豹) 명(明)·호문환도본　　　　　　[그림 2] 원표(元豹) 청(淸)·왕불도본

|권18-16| 현호(玄虎)

【경문(經文)】

「해내경(海內經)」: 북해(北海)의 안에 어떤 산이 있는데, 이름은 유도산(幽都山)이라 하며, 흑수(黑水)가 시작되어 나온다. 그 위에는 ……현호(玄虎 : 검은 호랑이-역자)가 있다. …….

[北海之內, 有山, 名曰幽都之山, 黑水出焉. 其上有玄鳥·玄蛇·玄豹·玄(元)虎·玄狐蓬尾.]

【해설(解說)】

현호(玄虎)는 즉 원호(元虎)·흑호(黑虎)이다. 『이아(爾雅)·석수(釋獸)』에, "숙(虪)은 흑호이다. 진(晉)나라 영가(永嘉) 4년에 건평현(建平縣)과 자귀현(秭歸縣)에서 이것을 잡았는데, 생김새가 작은 호랑이처럼 생겼지만 검었다. 털빛이 진한 것이 무늬를 이루었다. 『산해경』에서는, 유도산(幽都山)에 흑호·흑표(黑豹)가 많다고 했다. 흑호는 일명 숙(虪)이라 한다.[虪, 黑虎. 晉永嘉四年, 建平秭歸縣檻得之, 狀如小虎而黑, 毛深者爲斑. 『山海經』云, 幽都山多黑虎·黑豹也. 黑虎, 一名虪.]"라고 했다.

[그림-왕불도본(汪紱圖本)]

[그림] 원호(元虎) 청(淸)·왕불도본

【경문(經文)】

「해내경(海內經)」: 북해(北海)의 안에 어떤 산이 있는데, 이름은 유도산(幽都山)이라 하며, 흑수(黑水)가 시작되어 나온다. 그 위에는 ……꼬리털이 무성한 현호(玄狐: 검은 여우-역자)가 살고 있다.

[北海之內, 有山, 名曰幽都之山, 黑水出焉. 其上有玄鳥·玄蛇·玄豹·玄虎·玄(元)狐蓬尾.]

【해설(解說)】

　현호(玄狐)는 즉 원호(元狐)·흑호(黑狐)인데, 역시 신수(神獸)·진수(珍獸 : 진귀한 짐승-역자)·서수(瑞獸 : 상서로운 짐승-역자)에 속한다. 왕불(汪紱)은, 원호는 진귀한 짐승이며, 꼬리는 크고 털이 텁수룩하며 무성하다고 했다. 이시진(李時珍)의 『본초강목(本草綱目)』에 흑호가 나오는데, "호(狐 : 여우-역자)는 남방과 북방에 모두 사는데, 북방에 가장 많으며, 노란색·검은색·흰색의 세 종류가 있다.[狐, 南北皆有之, 北方最多, 有黃黑白三種.]"라고 했다. 호문환도설(胡文煥圖說)에서는 "북쪽의 산에 흑호라는 것이 있는데, 신수이다. 왕이 태평성대를 이루면, 곧 이 짐승이 나타나며, 사이(四夷)가 공물로 바쳐 온다. 일찍이 주(周)나라 성왕(成王) 때 나타난 적이 있다.[北山有黑狐者, 神獸也. 王者能致太平, 則此獸見, 四夷來貢. 周成王時嘗有之.]"라고 했다.

　[그림 1-호문환도본(胡文煥圖本)]·[그림 2-왕불도본(汪紱圖本)]

黑狐

[그림 1] 흑호(黑狐) 명(明)·호문환도본

元狐

[그림 2] 원호(元狐) 청(淸)·왕불도본

|권18-18| 현구민(玄丘民)

【경문(經文)】

「해내경(海內經)」: 북해(北海)의 안에 ······ 대현산(大玄山)이 있고, 현구민(玄丘民)이 있다.

[北海之內, 有山, 名曰幽都之山, 黑水出焉. 其上有玄鳥·玄蛇·玄豹·玄虎·玄狐蓬尾. 有大玄之山, 有玄(元)丘之民.]

【해설(解說)】

현구민(玄丘民)은 즉 원구민(元丘民)이다. 곽박(郭璞)은 주석하기를, "언덕에 사는 사람들은 모두 검다고 한다.[言丘上人物盡黑也.]"라고 했다. 학의행(郝懿行)은 주석하기를, "사람들이 모두 검다고 한 것은, 아마도 원래 경문에 있었는데, 지금은 그것이 빠진 것 같다. 『수경(水經)·온수(溫水)』의 주석에서 이르기를, 임읍국(林邑國) 사람들은 검은 것을 아름답다고 여기며, 이른바 현국(玄國)이라 한다고 했는데, 또한 이러한 부류이다.[人物盡黑, 疑本在經中, 今脫去之. 『水經·溫水』注云, 林邑國人以黑爲美, 所謂玄國, 亦斯類也.]"라고 했다.

[그림 1-왕불도본(汪紱圖本)]·[그림 2-『변예전(邊裔典)』]

[그림 1] 원구민 청(淸)·왕불도본   [그림 2] 현구민 청(淸)·『변예전』

| 권18-19 | 적경민(赤脛民)

【경문(經文)】

「해내경(海內經)」: 북해(北海)의 안에 유도산(幽都山)이라는 산이 있는데, 흑수(黑水)가 여기에서 나온다. ……대유국(大幽國)이 있다. 적경민(赤脛民)이 있다.

[北海之內, 有山, 名曰幽都之山, 黑水出焉. 其上有玄鳥·玄蛇·玄豹·玄虎·玄狐蓬尾. 有大玄之山, 有玄(元)丘之民. 有大幽之國. 有赤脛之民.]

【해설(解說)】

적경민(赤脛民)은 유도산(幽都山)에 있는 대유국(大幽國)이다. 그 나라 사람들은 무릎 아래는 온통 붉은색이고, 동굴에 살며, 옷을 입지 않는다.

곽박(郭璞)의 『산해경도찬(山海經圖讚)』: "어떤 사람들은 그 정강이가 검고, 어떤 사람들은 그 무릎이 붉다네. 형체는 헛되이 받지 않으니, 모두 그 부여받은 성질을 따른 것이라네. 두루 만물을 이해하고, 그것에 통달해야 성인이로세.[或黑其股, 或赤其脛. 形不虛授, 皆循厥性. 智周萬類, 通之惟聖.]"

[그림-왕불도본(汪紱圖本)]

[그림] 적경민 청(淸)·왕불도본

|권18-20| 정령국(釘靈國)

【경문(經文)】

「해내경(海內經)」 : 정령국(釘靈國)이 있는데, 그 백성들은 무릎 아래쪽에 털이 나 있고, 말굽이 있으며, 잘 달린다.

[有釘靈之國, 其民從䣛已下有毛, 馬蹄, 善走.]

【해설(解說)】

정령국(釘靈國)은 정령(丁靈)·정령(丁零)·정령(丁令)이라고도 쓰며, 또한 마경국(馬脛國)이라고도 쓴다. 그곳 사람들은 말과 사람의 모습을 하고 있는데, 무릎 위로는 사람의 머리에 사람의 몸을 하고 있고, 무릎 아래로는 말의 다리와 말굽을 하고 있다. 그들은 말을 타지는 못하지만 말처럼 잘 달린다. 『삼국지(三國志)·위지(魏志)·동이전(東夷傳)』의 주석에서는 『위략(魏略)』을 인용하여, "오손(烏孫)의 장로(長老)가 말하기를, 북쪽 정령(丁令)에 마경국이 있는데, 그 나라 사람들은 기러기와 집오리가 우는 것 같은 소리를 낸다. 무릎 위로 몸과 머리는 사람이고, 무릎 아래로는 털이 나 있으며, 말의 다리와 말굽을 하고 있고, 말을 타지는 못하지만 말보다 빨리 달린다고 했다.[烏孫長老言 : 北丁令有馬脛國, 其人聲似雁鶩, 從膝以上身頭, 人也. 膝以下生毛, 馬脛馬蹄, 不騎馬而走疾于馬.]"라고 기록하고 있다. 『이역지(異域志)』 권하(卷下)에는, "정령국(丁靈國)은 북쪽 해내에 있는데, 그곳 사람들은 무릎 아래로는 털이 나 있고, 말굽이 있으며, 잘 달린다. 스스로 자신의 다리를 채찍질하여, 하루에 3백 리를 갈 수 있다.[丁靈國, 其爲在(北)海內, 人從膝下生毛, 馬蹄, 善走. 自鞭其脚, 一日可行三百里.]"라고 기록되어 있다. 왕불(汪紱)은 주석하기를, "정령국은 또 정령(丁零)이라고도 쓰는데, 담비가 나온다. 그 나라 사람들은 털이 많아, 가죽으로 옷을 만들고도 남으며, 말굽처럼 생겨서 잘 달리는데, 즉 후세의 가죽신이 이것으로, 진짜 말굽은 아니다.[釘靈國亦作丁零, 出貂. 其人多毛, 以皮爲足衣, 如馬蹄而便走, 卽後世之靴是矣, 非眞馬蹄也.]"라고 했다. 왕불의 해석은 매우 민족학적 관점을 지니고 있는데, 정령국의 형상을, 옛날 사람들이 북방의 기마민족은 반인반마(半人半馬)라고 여겼던 환상을 가지고 묘사한 것이 분명하다.

곽박(郭璞)의 『산해경도찬(山海經圖讚)』 : "말굽을 가진 오랑캐, 채찍을 휘둘러 스스로를 채찍질한다네. 그 걸음이 질주하듯이 빠르니, 뒤쫓기 어렵구나. 몸은 정상적인 모습이 아니지만, 오직 이치만은 알맞도다.[馬蹄之羌, 揮鞭自策. 厥步如馳, 難與等迹. 體無常形, 惟理所適.]"

[그림 1-장응호회도본(蔣應鎬繪圖本)]·[그림 2-오임신근문당도본(吳任臣近文堂圖本)]·[그림 3-성혹인회도본(成或因繪圖本)]·[그림 4-왕불도본(汪紱圖本)]·[그림 5-『변예전(邊裔典)』]

[그림 1] 정령국 명(明)·장응호회도본

釘靈國其人從膝已下有毛馬蹄善走在康居北

[그림 2] 정령국 청(淸)·오임신근문당도본

[그림 3] 정령국 청(淸)·사천(四川)성혹인회도본

釘靈

[그림 4] 정령국 청(淸)·왕불도본

[그림 5] 정령국 청(淸)·『변예전』

도판목록

古本 山海經 圖說 (下)

古 本 山 海 經 圖 說 (下)

古本 山海經 圖說 (下)

도판목록

古本 山海經 圖說 (下)

도 판 목 록

古
本
山
海
經
圖
說
（下）

古本 山海經 圖說 (下)

[1] 明·蔣應鎬繪圖本
[2] 淸·四川成或因繪圖本

卷8-10 夸父國

[1] 明·蔣應鎬繪圖本
[2] 淸·四川成或因繪圖本
[3] 淸『邊裔典』, 博父國이라 함.

卷8-11 拘纓國

[1] 淸『邊裔典』

卷8-12 跂踵國

[1] 明·蔣應鎬繪圖本
[2] 淸·四川成或因繪圖本
[3] 淸·汪紱圖本

卷8-13 歐絲國

[1] 淸·四川成或因繪圖本
[2] 淸『邊裔典』

卷8-14 駒驕

[1] 明·蔣應鎬繪圖本
[2] 淸·四川成或因繪圖本

卷8-15 羅羅

[1] 明·蔣應鎬繪圖本
[2] 淸·四川成或因繪圖本
[3] 淸『禽蟲典』

卷8-16 禺彊

[1] 겨울[冬]을 관장하는 神 玄冥. 楚 帛書 十二月神圖
[2] 새[鳥]와 물고기[魚]의 합체에, 巫師의 職能을 겸하는 海神 禺彊. 湖北에 있는 戰國 時代 曾侯乙 墓의 內棺 동쪽 壁板의 문양
[3] 海神 玄冥과 風神 伯强. 淸·蕭雲從『離騷圖·遠游』와『天問圖』
[4] 明·蔣應鎬繪圖本
[5] 淸『神異典』
[6] 淸·四川成或因繪圖本

[7] 淸·汪紱圖本

第九卷「海外東經」(38圖)

卷9-1 大人國

[1] 明·蔣應鎬繪圖本「大荒東經」圖
[2] 淸·汪紱圖本
[3] 淸『邊裔典』

卷9-2 奢比尸

[1] 明初『永樂大典』卷九一〇
[2] 明·蔣應鎬繪圖本
[3] 明·蔣應鎬繪圖本「大荒東經」圖
[4] 明·胡文煥圖本, 奢尸라 함.
[5] 日本圖本, 奢尸라 함.
[6] 淸·吳任臣近文堂圖本
[7] 淸·汪紱圖本

卷9-3 君子國

[1] 淸·四川成或因繪圖本
[2] 淸·汪紱圖本
[3] 淸『邊裔典』

卷9-4 天吳

[1] 人面八首虎身神 山東 武氏祠에 있는 漢 畵像石
[2] 明·蔣應鎬繪圖本
[3] 明·胡文煥圖本
[4] 淸·吳任臣近文堂圖本
[5] 淸·四川成或因繪圖本
[6] 淸·汪紱圖本

卷9-5 黑齒國

[1] 淸·汪紱圖本

卷9-6 雨師妾

[1] 明·胡文煥圖本, 黑人이라 함.
[2] 淸·吳任臣近文堂圖本
[3] 淸·汪紱圖本

[4] 淸 『禽蟲典』, 屛翳라 함.

卷9-7 玄股國(元股國)

[1] 淸·汪紱圖本
[2] 淸 『邊裔典』

卷9-8 毛民國

[1] 明·蔣應鎬繪圖本 「大荒北經」 圖
[2] 淸·吳任臣近文堂圖本
[3] 淸·四川成或因繪圖本
[4] 淸·汪紱圖本
[5] 上海錦章圖本
[6] 淸 『邊裔典』

卷9-9 勞民國

[1] 明·蔣應鎬繪圖本
[2] 淸 『邊裔典』

卷9-10 句芒

[1] 봄[春]을 관장하는 神 句芒. 楚 帛書 十二月神圖
[2] 明·蔣應鎬繪圖本
[3] 淸·四川成或因繪圖本
[4] 淸·汪紱圖本, 東方句芒이라 함.

第十卷 「海内南經」 (22圖)

卷10-1 梟陽國

[1] 明·蔣應鎬繪圖本
[2] 明·胡文煥圖本, 如人이라 함.
[3] 日本圖本, 狒狒라 함.
[4] 淸·吳任臣近文堂圖本
[5] 淸·四川成或因繪圖本
[6] 淸·汪紱圖本
[7] 淸 『邊裔典』

卷10-2 窫窳

[1] 明·蔣應鎬繪圖本
[2] 淸·四川成或因繪圖本

卷10-3 氐人國

[1] 明·蔣應鎬繪圖本
[2] 淸·吳任臣近文堂圖本
[3] 淸·四川成或因繪圖本
[4] 淸·汪紱圖本
[5] 淸 『邊裔典』

卷10-4 巴蛇

[1] "巴蛇吞象" 淸·蕭雲從 『離騷圖·天問』
[2] 明·蔣應鎬繪圖本
[3] 明·胡文煥圖本
[4] 淸·汪紱圖本
[5] 淸 『禽蟲典』

卷10-5 旄馬

[1] 明·胡文煥圖本
[2] 淸·吳任臣康熙圖本
[3] 淸·汪紱圖本

第十一卷 「海内西經」 (20圖)

卷11-1 貳負臣危

[1] 明·蔣應鎬繪圖本
[2] 淸 『神異典』
[3] 淸·四川成或因繪圖本
[4] 淸·郝懿行圖本
[5] 淸·汪紱圖本

卷11-2 開明獸

[1] 人面九頭獸 ① 山東 濟寧縣 城南張에 있는 漢 畵像石 ② 山東 嘉祥縣 花林에 있는 漢 畵像石
[2] 明·蔣應鎬繪圖本
[3] 淸·四川成或因繪圖本
[4] 淸·汪紱圖本
[5] 淸 『禽蟲典』

卷11-3 鳳皇

[1] 明·蔣應鎬繪圖本

[3] 清·汪紱圖本

卷12-14 戎

[1] 明·蔣應鎬繪圖本
[2] 清·四川成或因繪圖本
[3] 清·汪紱圖本

卷12-15 驃吾

[1] 楚 帛書인 十二月神圖
[2] 明·蔣應鎬繪圖本
[3] 清·四川成或因繪圖本
[4] 明·胡文煥圖本
[5] 日本圖本
[6] 清·吳任臣近文堂圖本
[7] 清·汪紱圖本
[8] 清『禽蟲典』

卷12-16 冰夷(河伯)

[1] 明·蔣應鎬繪圖本
[2] 清『神異典』

卷12-17 列姑射山

[1] 明·蔣應鎬繪圖本

卷12-18 大蟹

[1] 明·蔣應鎬繪圖本
[2] 清·汪紱圖本

卷12-19 陵魚

[1] 明·蔣應鎬繪圖本
[2] 清·吳任臣康熙圖本
[3] 清·汪紱圖本
[4] 清『禽蟲典』

卷12-20 蓬萊山

[1] 明·蔣應鎬繪圖本

第十三卷「海内東經」(6圖)

卷13-1 雷神

[1] 明·蔣應鎬繪圖本
[2] 清·吳任臣近文堂圖本
[3] 清·四川成或因繪圖本
[4] 清·汪紱圖本

卷13-2 四蛇

[1] 明·蔣應鎬繪圖本
[2] 清·四川成或因繪圖本

第十四卷「大荒東經」(27圖)

卷14-1 小人國

[1] 明·蔣應鎬繪圖本
[2] 清·吳任臣近文堂圖本
[3] 清·四川成或因繪圖本
[4] 清·汪紱圖本
[5] 清『邊裔典』
[6] 上海錦章圖本

卷14-2 犁䰏之尸

[1] 明·蔣應鎬繪圖本
[2] 清『神異典』
[3] 清·四川成或因繪圖本
[4] 清·汪紱圖本

卷14-3 折丹

[1] 清·汪紱圖本

卷14-4 禺䝞

[1] 清·汪紱圖本

卷14-5 王亥

[1] 因民國, 清『邊裔典』
[2] 明·蔣應鎬繪圖本
[3] 清·汪紱圖本

[3] 淸·汪紱圖本

卷18-13 相顧尸
[1] 淸·汪紱圖本

卷18-14 氐羌
[1] 淸·汪紱圖本

卷18-15 玄豹
[1] 明·胡文煥圖本
[2] 淸·汪紱圖本

卷18-16 玄虎
[1] 淸·汪紱圖本

卷18-17 玄狐
[1] 明·胡文煥圖本, 黑狐라 함.

[2] 淸·汪紱圖本, 元狐라 함.

卷18-18 玄丘氏
[1] 淸·汪紱圖本, 元丘民이라 함.
[2] 淸『邊裔典』

卷18-19 赤脛民
[1] 淸·汪紱圖本

卷18-20 釘靈國
[1] 明·蔣應鎬繪圖本
[2] 淸·吳任臣近文堂圖本
[3] 淸·四川成或因繪圖本
[4] 淸·汪紱圖本
[5] 淸『邊裔典』

참고문헌

[晉] 郭璞 注『山海經』, 宋 淳熙 7年(1180年) 池陽郡 齋尤袤 刻本『山海經傳』, 中華書局 影印, 1984年

[晉] 郭璞 「山海經圖讚」,『漢魏六朝百三名家集』(六)『郭弘農集』;『足本山海經圖讚』, 張宗祥 校錄, 上海古典文學出版社, 1958年;『百子全書』掃葉山房 1919年 石印本을 影印, 浙江人民出版社, 1984年

[明] 楊愼『山海經補注』, 淸 光緒 元年(1875年) 湖北 崇文書局 刻『百子全書』本; 浙江人民出版社 掃葉山房本에 의거하여 影印, 1984年; 中華書局, 1991年

[明] 胡文煥『山海經圖』, 格致叢書本, 明 萬曆 21年(1593年) 刊行. 上·下卷, 그림 133幅 수록. 上卷에는 胡文煥·莊汝敬의 「山海經圖序」가 있고, 下卷 말미에는 季光盛의 「跋山海經圖」가 있다.『中國古代版畫叢刊二編』第一輯, 上海古籍出版社, 1994年에 수록; 또 馬昌儀『全像山海經圖比較』, 學苑出版社, 2003年을 보라.

[明]『山海經(圖繪全像)』, 蔣應鎬·武臨父 繪圖, 李文孝 鐫, 聚錦堂 刊本, 明 萬曆 25年(1597年) 刊行, 그림 74幅 수록; 馬昌儀『全像山海經圖比較』, 學苑出版社, 2003年에 수록.

[明] 王崇慶『山海經釋義』18卷, 嘉靖 16年(1537年) 刻本; 또한 蔣一葵 堯山堂 刻本, 董漢儒 校, 明 萬曆 25年(1597年)에 板刻을 시작하여, 萬曆 47年(1619年)에 刊行; 一函四冊, 第一冊『圖像山海經』모두 75卷

[明]『山海經』18卷 日本 刊本, 一函四冊, 卷 앞에 明 楊愼의 「山海經圖序」(즉 「山海經後序」)와 晉 郭璞의 「山海經序」가 있다. 전체 책에 일본 독자들이 열독(閱讀)하는 한문 훈독(訓讀)이 첨부되어 있다. 그림 74幅이 수록되어 있는데, 이는 明代 蔣應鎬繪圖本의 摹刻本이다.

[日]『怪奇鳥獸圖卷』, 日本 江戶 時代(中國의 明·淸 時代에 해당) 日本 畫家가 中國의『山海經』과 山海圖에 근거하여 그린 山海經圖本; 日本 文唱堂 株式會社 2001年版, 그림 76幅이 있다.

[淸] 吳任臣 注『山海經廣注』, 康熙 6年(1667年) 刊行, 圖五圈, 모두 144幅

[淸] 吳任臣 注『增補繪像山海經廣注』十八卷, 圖五圈, 모두 144幅: 淸 乾隆 51年(1786年) 金閶 書業堂 刻本; 柴紹炳 「山海經廣注序」·吳任臣 「山海經廣注序」·「讀山海經語」·「山海經雜述」·「山海經圖跋」이 수록되어 있다.; 馬昌儀『全像山海經圖比較』, 學苑出版社, 2003年에 수록.

[淸] 吳任臣 注『增補繪像山海經廣注』, 吳士珩 校本, 佛山舍人街 후가(後街)의 近文堂 刻本; 卷首에 柴紹炳 「山海經廣注序」·吳任臣 「山海經雜述」이 수록되어 있다.; 一函 四冊, 圖五卷, 모두 144幅

[淸] 吳任臣 注『山海經繪圖廣注』, 四川 蜀北 梁城 成或因 繪圖, 四川 順慶 海淸樓板, 咸豐 5

年(1855年) 刻本; 모두 4冊, 그림 74幅 수록.

[淸] 畢沅 『山海經』, 淸 光緖 16年(1890年)에 學庫山房에서 畢沅 圖注의 原本을 모방하여 校刊; 『山海經新校正』·『山海經古今本篇目考』에 수록; 一函四冊, 第一冊『山海經圖』, 그림 144幅 수록.

[淸] 郝懿行『山海經箋疏』, 十八卷, 圖讚 一卷, 訂僞 一卷, 圖五卷, 그림 144幅 수록; 淸 光緖 壬辰 18年(1892年) 五彩公司 石印本

[淸] 汪紱 釋『山海經存』, 圖九卷, 光緖 21年(1895年) 立雪齋 印本; 杭州古籍書店 影印, 1984年; 馬昌儀『全像山海經圖比較』, 學苑出版社, 2003年에 수록.

[淸] 陳夢雷·蔣廷錫 等 撰『古今圖書集成』, 雍正 4年(1726年) 內府 銅活字本. 그 중『博物匯編 ·禽蟲典』·『博物匯編·神異典』·『方輿匯編·邊裔典』은『山海經』을 제재(題材)로 삼은 판화 삽도를 집중적으로 수록했다.

『山海經圖說』, 上海錦章圖書局 民國 8年(1919年) 印行, 全書 모두 四冊, 수록 그림 144幅, 이는 畢沅圖本의 摹本이다.

[淸] 陳逢衡『山海經匯說』, 道光 乙巳版(1845年)

[漢] 宋衷 注 [淸] 茆泮林 輯『世本』, 王雲五 主編『叢書集成初編』, 商務印書館, 1937年에 수록.

[漢] 王充『論衡』, 上海人民出版社, 1974年

[漢] 劉安『淮南子』, 劉文典 撰『淮南鴻烈集解』, 中華書局, 1989年을 보라.

[晉] 陶淵明『陶淵明集』, 中華書局, 1979年

[唐] 段成式『酉陽雜俎』, 中華書局, 1981年

[唐] 張彦遠『歷代名畫集』[附『圖畫見聞志』等], 京華出版社, 2000年

[唐] 徐堅『初學記』, 京華出版社, 2000年

[宋] 朱熹『楚辭集注』, 上海古籍出版社, 1979年

[宋] 李昉 等『太平御覽』, 中華書局 影印本, 1960年

[宋] 歐陽修『歐陽修全集』, 中國書店, 1986年

[宋] 陳騤·趙士煒 輯考『中興館閣書目輯考 五卷』, 許逸民·常振國編『中國歷代書目叢刊』, 現代 出版社, 1987年에 수록.

[宋] 姚寬『西溪叢語』, 中華書局, 1993年

[宋] 薛季宣『浪語集』卷三十「敍山海經」, 文淵閣本『四庫全書』1159冊

[宋] 王應麟『玉海』

[明] 王圻 等『三才圖會』, 上海古籍出版社 影印本, 1988年

[明] 胡應麟『少室山房筆談』, 中華書局, 1958年

[明] 張居正『帝鑑圖說』, 陳生璽·賈乃謙 整理, 中州古籍出版社, 1996年

[淸] 蕭雲從『離騷圖』, 淸 順治 2年(1645年) 刊行; 鄭振鐸 編『中國古代版畫叢刊』四, 上海古籍 出版社, 1988年에 수록.

[淸] 兪樾『春在堂全書』, 同治 10年 德淸兪氏 增刻本

[淸] 吳友如 等 畵『點石齋畵報』, 上海文藝出版社, 1998年

[淸] 吳友如『吳友如畵寶』, 中國靑年出版社, 1988年

[淸] 張之洞『書目答問』, 三聯書店, 1998年

[淸] 顧炎武『日知錄』, 黃汝成集釋, 岳麓書社, 1994年

[淸]『尙書圖解』[原名『欽定書經圖說』孫家鼎 等 編, 光緖 31年에 완성], 上海書店出版社, 2001年

[淸]『爾雅音圖』[淸 嘉慶 曾燠의 影印本에 의거], 學苑出版社, 2000年

[淸]『淸殿版畵匯刊』, 學苑出版社, 2000年

『古本小說版畵圖錄』, 學苑出版社, 2000年

顧頡剛 編著『古史辨』(一), 朴社 1926年: 上海古籍出版社 重印, 1982年

胡欽甫「從山海經的神話中所得到的古史觀」,『中國文學 季刊』(中國公學大學部) 創刊號, 1929年

吳晗「山海經中的古代故事及其系統」,『史學年報』第3期, 1931年

[日] 小川琢治「山海經考」,『先秦經籍考』下冊, 江俠庵 編譯, 商務印書館, 1931年에 게재.

王以中「山海經圖與職貢圖」,『禹貢』, 1934年, 第1卷 第3期

賀次君「山海經圖與職貢圖的討論」,『禹貢』, 1934年, 第1卷 第8期

江紹原『中國古代旅行之研究』, 北平中法文化出版委員會 1935年 編輯, 商務印書館, 1937年, 上
　　海文藝出版社 影印, 1989年

梁啓超『中國近三百年學術史』, 中華書局 1936年 原版; 東方出版社 1996年 編校 再版

羅振玉 編集『三代吉金文存』, 1937年 影印本

[프] Henri Maspero『書經中的神話』, 馮沅君 譯, 國立北平研究院 史學研究會 出版, 商務印書
　　館 發行, 1937年

容庚「商周彛器通考」,『燕京學報』特輯號의 17, 民國 30年(1941年)

呂思勉·童書業 編著『古史辨』(七), 開明書店, 1941年; 上海古籍出版社 重印, 1982年

楊寬「中國上古史導論」, 呂思勉·童書業 編著『古史辨』(七), 開明書店 1941年에 수록; 上海古籍
　　出版社 重印, 1982年

徐旭生『中國古史的傳說時代』, 中國文化服務社, 1943年; 文物出版社, 1985年; 光緖師範大學出
　　版社, 2003年; 附錄 三:「讀山海經札記」

曾昭燏 等『沂南古畵像石墓發掘報告』, 文化部 文物管理處, 1956年

郭寶鈞『山彪鎭與琉璃閣』, 科學出版社, 1959年

丁山『中國古代宗敎與神話考』, 龍門聯合書局 1961年 出版, 科學出版社 發行

凌純聲 等『山海經新論』, 國立北京大學 中國民俗學會 民俗叢書 第142種, 臺灣 東文文化供應
　　社 影印, 1970年

湖南博物館 等『長沙馬王堆一號漢墓』, 文物出版社, 1973年

杜而未『山海經的神話系統』, 臺北: 學生書局 1977年 再版

[美] John William. Schiffeler『山海經之神怪』(그림이 있음), 編纂者 婁子匡, 出版者 臺北東方文
　　化書局, 印刷者 群益公司, 1977年

凌純聲『中國邊疆民族與環太平洋文化』, 臺北: 聯經書局, 1979年

余嘉錫『四庫提要辨證』, 中華書局, 1980年

聞一多『天問疏證』, 三聯書店, 1980年

周士琦「論元代曹善手抄本山海經」, 『中國歷史文獻研究集刊』第1輯, 湖南人民出版社, 1980年

袁珂『山海經校注』, 上海古籍出版社, 1980年; 巴蜀書社, 1996年

鄭德坤『中國歷史地理論文集』, 香港中文大學出版社, 1980年

魯迅『魯迅全集』, 人民文學出版社, 1981年

『山東漢畫像石選集』, 齊魯書社, 1981年

蒙文通「略論山海經的寫作時代及其產生地域」, 『巴蜀古史論述』, 四川人民出版社, 1981年에 수록.

李豐楙『神話的故鄉—山海經』, 臺北: 時報出版公司, 1981年

顧頡剛「山海經中的昆侖區」, 『中國社會科學』, 1982年 第1期

呂思勉「讀山海經偶記」, 『呂思勉讀史札記』, 上海古籍出版社, 1982年을 보라.

朱芳圃『中國古代神話與史實』, 中州書畫社, 1982年

『中國歷史要籍序論文選注』, 岳麓書社, 1982年

[日] 白川靜『中國神話』, 王孝廉 譯, 臺北: 長安出版社, 1983年

王重民『中國善本書提要』, 上海古籍出版社, 1983年

張光直『中國青銅時代』, 三聯書店, 1983年

王伯敏 編釋『古肖形印臆釋』, 上海書畫出版社, 1983年

鄭振鐸「光芒萬丈的萬曆時代—中國古木刻畫史略選刊」(五, 上), 『版畫世界』第7期, 1984年

呂子方「讀山海經雜記」, 『中國科學技術史論文集』下冊, 四川人民出版社, 1984年에 수록

『商周青銅器紋飾』, 上海博物館·文物出版社, 1984年

常任俠『常任俠藝術考古論文選集』, 文物出版社, 1984年

高步瀛『文選李注義疏』, 中華書局, 1985年

侯忠義『中國文言小說參考資料』, 北京大學出版社, 1985年

袁珂·周明 編『中國神話資料萃編』, 四川省 社會科學出版社, 1985年

『二十五史』, 上海古籍出版社·上解書店, 1986年

張光直『考古學專題六講』, 文物出版社, 1986年

河南文物研究所『信陽楚墓』, 文物出版社, 1986年

中國山海經學術討論會 編『山海經新探』, 四川社會科學院出版社, 1986年

謝選駿『神話與民族精神』, 山東文藝出版社, 1986年

蕭兵『楚辭與神話』, 江蘇古籍出版社, 1986年

陳履生『神話神主研究』, 紫禁城出版社, 1987年

淮陰市博物館「淮陰高莊戰國墓」, 『考古學報』, 1988年 第2期

袁珂『中國神話史』, 上海文藝出版社, 1988年

王伯敏 主編『中國美術通史』, 山東教育出版社, 1988年

湖北博物館『曾侯乙墓』, 文物出版社, 1989年

『南陽漢畫像石』, 河南美術出版社, 1989年

[日] 伊藤淸司 『山海經中的鬼神世界』, 劉曄原 譯, 中國民間文藝出版社, 1989年

潛明玆 『神話學的歷程』, 北方文化出版社, 1989年

顧頡剛 『顧頡剛讀書筆記』 第1卷~第10卷, 臺北: 聯經出版事業公司, 1990年

張光直 『中國靑銅時代』 二集, 三聯書店, 1990年, 臺北聯經出版事業公司, 1990年을 보라.

文崇一 『中國古文化』, 臺北: 東大圖書公司, 1990年

孫機 「三足烏」, 『文物天地』, 1990年 第1期

徐顯之 『山海經探原』, 武漢出版社, 1991年

王孝廉 『中國的神話世界』, 臺北: 時報文化出版公司, 1992年

葉舒憲 『中國神話哲學』, 中國社會科學出版社, 1992年

楊寬 『歷史激流中的動蕩和曲折―楊寬自傳』, 臺北: 時報文化出版公司, 1993年

張光直 『美術·神話與祭祀』, 臺北稻鄕出版社, 1993年

饒宗頤 『畫頻―國畫史論集』, 臺北時報文化出版公司, 1993年

[日] 小南一郎 『中國的神話傳說與古小說』, 孫昌武 譯, 中華書局, 1993年

[美] Mertz, Henriette 『幾近褪色的記錄 : 關於中國人到達美洲探險的兩份古代文獻』, 崔巖峙
　　　等 譯, 海洋出版社, 1993年

李零 『中國方術考』, 人民中國出版社, 1993年

李少雍 「經學家對'怪'的態度―詩經神話脞議」, 『文學評論』, 1993年 第3期

劉敦願 『美術考古與古代文明』, 臺北允晨文化出版, 1994年

王國維 『古史新證』, 淸華大學出版社 影印本, 1994年

『緯書集成』, 上海古籍出版社, 1994年

馬昌儀 編 『中國神話學文論選萃』, 中國廣播電視出版社, 1994年

劉信芳 「中國最早的物候曆月名―楚帛書月名及神祇硏究」, 『中華文史論叢』 第53輯, 上海古籍出
　　　版社, 1994年

劉曉路 『中國帛畫』, 中國書店, 1994年

李零 「考古發現與神話傳說」, 『學人』 第5輯, 1995年에 게재; 『李零自選集』, 廣西師大出版社,
　　　1998年에 수록.

芮傳明·余太山 『中西紋飾比較』, 上海古籍出版社, 1995年

宮玉海 『山海經與世界文化之謎』, 吉林大學出版社, 1995年

袁珂 『袁珂神話論集』, 四川大學出版社, 1996年

饒宗頤 『澄心論萃』, 胡曉明 編, 上海文藝出版社, 1996年

丁錫根 編著 『中國歷代小說序跋集』, 人民文學出版社, 1996年

謝巍 『中國畫學著作考錄』, 上海書畫出版社, 1996年

王紅旗·孫曉琴 『繪圖神異全圖山海經』, 昆侖出版社, 1996年

[日] 伊藤淸司 『中國古代文化與日本―伊藤淸司學術論文自選集』, 張正軍 譯, 雲南大學出版社,
　　　1997年

楊泓『美術考古半世紀─中國美術考古發現史』, 文物出版社, 1997年

楊利慧『女媧的神話與信仰』中國社會科學出版社, 1997年

胡遠鵬「論現階段山海經研究」,『淮陰師院學報』, 1997年 第2期

吳郁芳「元曹善山海經手抄本簡介」,『古籍整理研究學刊』, 1997年 第1期

袁珂『中國神話大辭典』, 四川辭書出版社, 1998年

楊寬『戰國史』(增訂本), 上海人民出版社, 1998年

王昆吾『中國早期藝術與宗教』, 東方出版中心, 1998年

朱玲玲「從郭璞山海經圖讚說山海經圖的性質」,『中國史研究』, 1998年 第3期

扶永發『神州的發現─山海經地理考』(增訂本), 雲南人民出版社, 1998年

楊寬『西周史』, 上海人民出版社, 1999年

張巖『山海經與古代社會』, 文化藝術出版社, 1999年

葉舒憲「山海經的神話地理」,『民族藝術』, 1999年 第3期

常金倉「由鯀禹故事演變引出的啓示」,『齊魯學刊』, 1999年 第6期

賀學君・櫻井龍彦『中日學者中國神話研究論著目錄總匯』, 日本名古屋大學大學院國際開發研究
　　科, 1999年

[말레이시아] 丁振宗『古中國的X檔案─以現代科技知識解山海經之謎』, 臺北昭明出版社, 1999
　　年; 中州古籍出版社, 2001年

中國畫像石全集編委會 編『中國畫像石全集』(모두 8卷), 山東美術出版社・河南美術出版社,
　　2000年

張光直『靑銅揮塵』劉士林 編, 上海文藝出版社, 2000年

李松 主編『中國美術史・夏商周卷』, 齊魯書社・明天出版社, 2000年

李淞『論漢代藝術中的西王母圖像』, 湖南教育出版社, 2000年

李淞『遠古至先秦繪畫史』, 人民美術出版社, 2000年

葉舒憲「'大荒'意象的文化分析」,『北大學報』, 2000年 第4期

馬昌儀「山海經圖：尋找山海經的另一半」,『文學遺産』, 2000年 第6期

常金倉「中國神話學的基本問題：神話的歷史化還是歷史的神話化?」,『陜西師大學報』, 2000年
　　第3期

常金倉「山海經與戰國時期的造神運動」,『中國社會科學』, 2000年 第6期

金榮權「山海經研究兩千年述評」,『信陽師範學院學報』, 2000年 第4期

胡萬川「撈泥造陸─鯀禹神話新探」, 원래『新古典新義』, 臺北：學生書局, 2001年에 게재,『眞
　　實與想像─神話傳說探微』, 臺灣淸華大學出版社, 2004年에 수록.

羅志田「山海經與中國近代史學」,『中國社會科學』, 2001年 第1期

呂微『神話何爲─神聖敍事的傳承與闡釋』, 社會科學文獻出版社, 2001年

馮時『中國天文考古學』, 社會科學文獻出版社, 2001年

馬昌儀『古本山海經圖說』, 山東畫報出版社, 2001年

高有鵬・孟芳『神話之源─山海經與中國文化』, 河南大學出版社, 2001年

古 本 山 海 經 圖 說 (下)

何平立 『崇山理念與中國文化』, 齊魯書社, 2001年

張祝平 「宋人所論山海經圖辨證」, 『中國歷史地理論叢』, 2001年 第4期

王孝廉 『嶺雲關雪―民族神話學論集』, 學苑出版社, 2002年

鹿憶鹿 『洪水神話―以中國南方民族與臺灣原住民爲中心』, 臺北 : 里仁書局, 2002年

連鎭標 『郭璞研究』, 上海三聯書店, 2002年

[日] 伊藤淸司 著・王汝瀾 譯 「日本的山海經圖―關於怪奇鳥獸圖卷的解說」, 『中國歷史文物』, 2002年 第2期

馬昌儀 「明代中日山海經圖比較―對日本怪奇鳥獸圖卷的初步考察」, 『中國歷史文物』, 2002年 第2期

王伯敏 『中國版畵通史』, 河北美術出版社, 2002年

胡太玉 『破譯山海經』, 中國言實出版社, 2002年

常金倉 「伏羲女媧神話的歷史考察」, 『陝西師大學報』, 2002年 第6期

楊寬 『楊寬古史論文選集』, 上海人民出版社, 2003年

孫作雲 『楚辭研究』 上・下, 河南大學出版社, 2003年

孫作雲 『中國古代神話傳說研究』 上・下, 河南大學出版社, 2003年

孫作雲 『美術考古與民俗研究』, 河南大學出版社, 2003年

馬昌儀 『全像山海經圖比較』, 學苑出版社, 2003年

張步天 『山海經槪論』, 天馬圖書有限公司, 2003年

尹榮方 『神話求原』, 上海古籍出版社, 2003年

王紅旗 『經典圖讀山海經』, 上海辭書出版社, 2003年

葉舒憲・蕭兵・[韓] 鄭在書 『山海經的文化尋踪』, 湖北人民出版社, 2004年

胡萬川 『眞實與想像―神話傳說探微』, 臺灣淸華大學出版社, 2004年

郭璞 『山海經注證』, 中國社會科學出版社, 2004年

張步天 『山海經解』 十八卷, 『山海經地理圖解』 二卷・『山海經校勘』 一卷 부록, 天馬圖書公司, 2004年

徐南洲 『古巴蜀與山海經』, 四川人民出版社, 2004年

丁山 『古代神話與民族』, 商務印書館, 2005年

巫鴻 『禮儀中的美術 : 巫鴻中國古代美術史文編』, 三聯書店, 2005年

[프] Marcel Granet 『古代中國的節慶與歌謠』, 趙丙祥・張宏明 譯, 光緖師範大學出版社, 2005年

찾아보기

古本 山海經 圖說 (下)